人工智能技术丛书

TensorFlow与神经网络

——图解深度学习的框架搭建、算法机制和场景应用

李昂◎著

·北京·

内 容 提 要

本书从人工智能的发展史讲起，逐步深入到神经网络的框架结构以及算法优化的原理，最后通过经典实战案例演示神经网络的具体工作流程，让读者通过理论结合实战的方式深入了解深度学习的核心特点及用法。

本书共 10 章，涵盖的主要内容有深度学习探索、安装 TensorFlow、初识 TensorFlow、深度神经网络、机器学习优化问题、全连接神经网络的经典实战、卷积神经网络、经典卷积神经网络实战系列、循环神经网络、对抗神经网络。

本书配有漫画插图，以经典案例和身边的生活场景作为算法实操的素材来源，极大地增强了本书的可读性，非常适合深度学习及人工智能爱好者阅读。另外，本书也可作为高等院校或相关培训机构的教材。

图书在版编目（CIP）数据

TensorFlow与神经网络 ：-图解深度学习的框架搭建、算法机制和场景应用 / 李昂著. -- 北京 ：中国水利水电出版社，2023.9

（人工智能技术丛书）

ISBN 978-7-5226-1727-5

Ⅰ. ①T… Ⅱ. ①李… Ⅲ. ①人工神经网络 Ⅳ. ①TP183

中国国家版本馆 CIP 数据核字(2023)第 142397 号

丛 书 名	人工智能技术丛书
书　　名	TensorFlow 与神经网络——图解深度学习的框架搭建、算法机制和场景应用 TensorFlow YU SHENJING WANGLUO—TUJIE SHENDU XUEXI DE KUANGJIA DAJIAN SUANFA JIZHI HE CHANGJING YINGYONG
作　　者	李昂　著
出版发行	中国水利水电出版社 （北京市海淀区玉渊潭南路 1 号 D 座　100038） 网址：www.waterpub.com.cn E-mail：zhiboshangshu@163.com 电话：（010）62572966-2205/2266/2201（营销中心）
经　　售	北京科水图书销售有限公司 电话：（010）68545874、63202643 全国各地新华书店和相关出版物销售网点
排　　版	北京智博尚书文化传媒有限公司
印　　刷	河北文福旺印刷有限公司
规　　格	190mm×235mm　16 开本　17.75 印张　450 千字
版　　次	2023 年 9 月第 1 版　2023 年 9 月第 1 次印刷
印　　数	0001—3000 册
定　　价	79.80 元

前　言

深度学习技术有什么前途

深度学习是如今最热门的学科术语，基于深度学习的应用已经深入到我们生活的各个方面。当你打开手机时，深度学习的相关应用技术就已经开始为你服务了。例如，当你搜索美食时，App 会根据你的喜好给你推荐相应的商家；当你打开邮箱时，系统已经帮你区分了垃圾邮件与正常邮件；当你想要付款时，甚至不需要密码和指纹，通过人脸识别系统就可以确定你的账号信息等。可以说深度学习的应用带给了人们全新的生活体验。

一提到深度学习，第一印象可能都是高端、深奥、与我无关。因为和深度学习紧密结合的应用领域通常是医疗健康、机器人、通信服务、大数据分析、智能家庭、媒体社交等。这些领域对开发者的要求通常包括精通计算机、数学功底扎实、逻辑思维敏捷等。

目前有多种深度学习的开发框架，本书以其中的典型代表 TensorFlow 为例，结合 Python 语言，为读者深入浅出地分析深度学习的计算流程和算法原理，让读者快速理解深度学习的设计内核，为将来深入该领域学习打下坚实的基础。

笔者的使用体会

本书用最通俗易懂的语言对深度学习晦涩的概念进行了全面讲解。打开本书，呈现在您面前的不是晦涩枯燥的文字，也不是让人摸不着头脑的公式，而是一幅幅搞笑的漫画和故事。漫画和知识点相配合让本书变得有趣，而“有趣”是让读者读下去的有力保障。

学习是一件枯燥的事情，而本书的作者通过幽默风趣的语言、搞笑的漫画故事，将枯燥的学习过程变得充满趣味性。打开本书，你会不自觉地跟着里面的漫画案例读下去，寻找问题的答案。

一本好的知识类书籍，不仅要将知识点讲清楚，更要讲得有趣让人能够读下去。

本书特色

- **从零开始**：从 TensorFlow 的安装开始讲解，详细介绍 TensorFlow 的常用命令，入门门槛低。
- **幽默风趣**：本书包含海量的漫画及故事，可读性强。
- **深入浅出**：笔者通过生活中的案例讲述深度学习涉及的知识点，帮助读者更好地理解抽象的内容。
- **内容实用**：结合大量经典案例进行讲解，让读者在实战中提升自己。

本书内容

本书内容可以分为 3 部分，第 1 部分是 TensorFlow 基础入门，第 2 部分是深度学习算法的主要知识点，第 3 部分是实战演示。

第 1 部分主要介绍了 Python 开发环境下 TensorFlow 的安装和使用方法，并通过 TensorFlow 游乐场对该深度学习框架进行了详细介绍，包括基本参数的使用技巧等。这部分的重点是系统搭建，熟悉 TensorFlow 的基本用法。

第 2 部分则是对深度学习涉及的基础理论进行介绍，包括神经网络的基本架构、什么是激活函数及激活函数的作用、机器学习的优化问题等。通过这部分的学习，了解深度学习的算法机制，对未来的深入学习打下坚实的基础。

第 3 部分通过几个典型案例搭配笔者精心设计的故事场景，对经典卷积神经网络、循环神经网络的应用进行了详细阐述。

作者介绍

李昂，在传统行业做不传统的事情，业内最早的建筑机器人项目经理，目前在江苏产业技术研究院道路研究所担任青年研究员，负责智慧工地开发项目；研究人工智能 10 余年，出版相关书籍《机器学习数学基础：概率论与数理统计》；其写作风格幽默，擅长通过漫画和现实案例讲解专业知识。

本书读者对象

- 从事机器视觉领域的工程师。
- 对机器学习感兴趣的在校生、工程师。
- 终身学习实践者。
- 想要转型或提高自身能力的 IT 从业者。

致谢

本书所有漫画均由专业插画师孙晶波创作完成，孙晶波同时也是《机器学习数学基础：概率论与数理统计》一书的漫画作者，这里特别感谢孙晶波对本书案例创作方面提供的漫画思路及素材贡献。

本书能够顺利出版，是作者、编辑和所有审校人员共同努力的结果，在此表示感谢。同时，祝福所有读者在通往优秀工程师的道路上一帆风顺。

编者

2023 年 6 月

目 录

第 1 章

深度学习探索

纵观深度学习的发展历史，可以发现深度学习实际上经历了三次大革命。20 世纪 40—60 年代，这一时期的深度学习被称为控制论；20 世纪 80—90 年代，这一时期的深度学习被称为连接机制；2006 年后，深度学习才开始爆发，这一时期的代表事件就是 2016 年谷歌“围棋选手”AlphaGo 战胜了世界围棋冠军李世石。

本章将简单回顾深度学习的发展历史，主要包括：

- 人工智能的发展历史。
- 机器学习的特点。
- 深度学习及常用工具。
- 当前深度学习的主流应用。

1.1 什么是深度学习

深度学习（Deep Learning）对于大多数人来说是一个很抽象的概念。但实际上，深度学习又充斥在我们周围，无时无刻不在服务着我们。当我们用手机或计算机打字时，很多时候只需要输入一个开头，系统就能根据我们的日常行为习惯帮我们把后面要说的话补齐；当我们打开直播平台时，最开始推送的往往都是我们最关注的内容；无人驾驶汽车也是在利用深度学习算法模拟人的驾驶习惯；包括现在大火的元宇宙、人机工程也有深度学习的影子。人们眼中的深度学习如图 1.1 所示。

图 1.1　人们眼中的深度学习

那么问题就是，当我们提到深度学习时，我们到底在讨论什么？显然，我们关注的是深度学习可以给人们的生活带来哪些改变。深度学习是科学家基于生物学原理，利用数学模型搭建的一个解决复杂问题的黑匣子，这个黑匣子可以模拟人类作出判断和决策。这是一项神奇而又伟大的科学技术，也是人工智能的智慧之源。

1.2 人工智能发展史

提到人工智能，就不得不提图灵，人工智能的正式发展可以追溯到艾伦·麦席森·图灵（Alan Mathison Turing）发表的一篇关于计算机和机器智能的文章。当时图灵提出了一个让计算机模拟人类的测试：首先让被测试者与计算机隔离，然后让被测试者向计算机提问，此时计算机和测试人员会分别给出问题的答案，最后让被测试者分辨哪个是计算机给出的答案。如果被测试者无法分辨，则认为图灵测试成功，如图 1.2 所示。从那以后，越来越多的科学家及程序员们投入对人工智能技术的探索中，人们通过持续努力，不断刷新着外界对人工智能领域的认知，推动着人工智能从电影中的幻想场景逐渐变成现实场景。

图 1.2　图灵测试

1952 年，计算机科学家亚瑟 • 塞缪尔（Arthur Samuel）成功开发了一款可以学习如何下棋的程序，从此拉开了计算机和人类下棋的序幕，如图 1.3 所示。

1955 年，约翰 • 麦卡锡（John McCarthy）创建了一个关于“人工智能”的研讨沙龙。1956 年，“人工智能”一词被正式提出，如图 1.4 所示。

图 1.3　计算机和人类下棋

图 1.4　人工智能大会

人工智能在 20 世纪 50—60 年代的发展相对平缓，如图 1.5 所示。

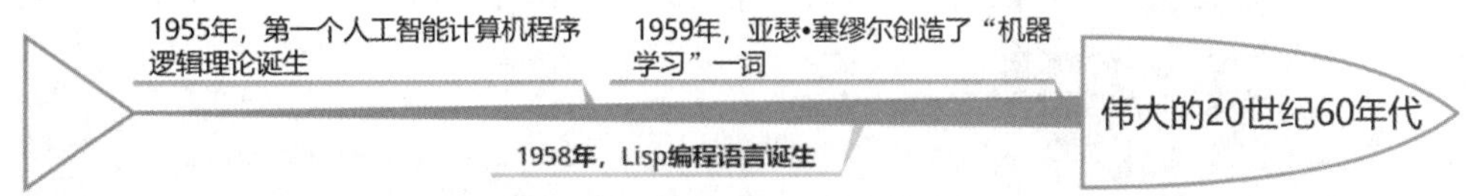

图 1.5　伟大的 20 世纪 60 年代

人工智能在 20 世纪 60 年代受益于工业化进程的快速发展，在技术和理论上都有了较大进步。随着新编程语言的出现，以及机器人和高性能计算机技术的不断突破，越来越多的影视作品开始了对人工智能的描绘，并且受到观众的好评。这极大地显示了人工智能在 20 世纪下半叶的重要程度，如图 1.6 所示。

与 20 世纪 60 年代一样，由于 20 世纪 70 年代工业水平的全面提升，人工智能处于加速发展阶段，尤其是机器人领域。但是 20 世纪 70 年代的人工智能同样面临着诸多挑战，其中最大的阻碍就是政府对人工智能研究的支持减少。

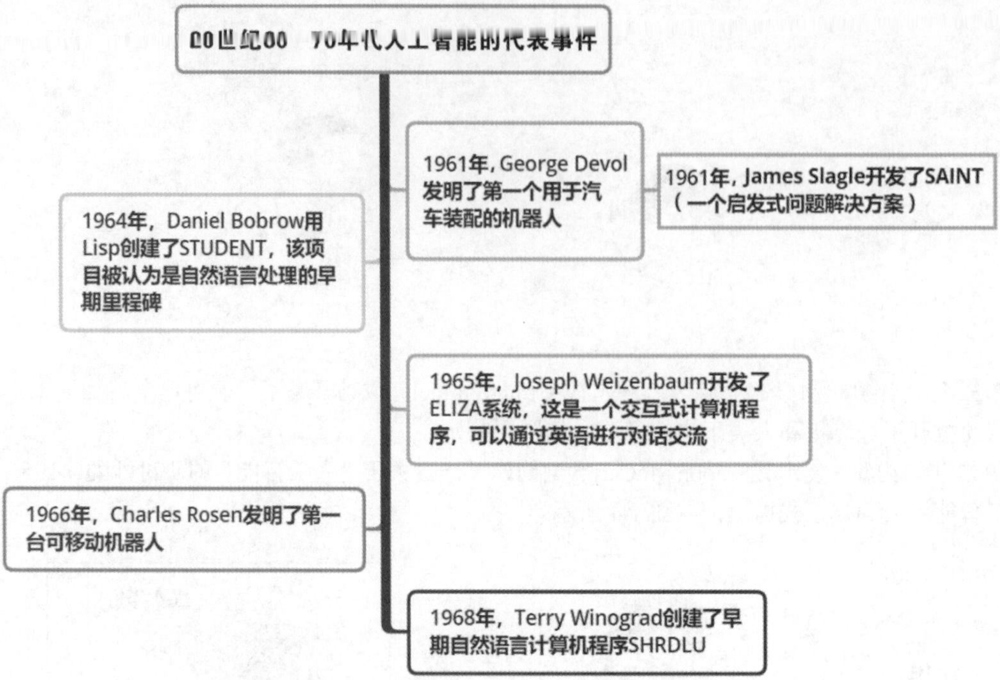

20世纪60 70年代人工智能的代表事件
1961年，George Devol发明了第一个用于汽车装配的机器人
1961年，James Slagle开发了SAINT（一个启发式问题解决方案）
1964年，Daniel Bobrow用Lisp创建了STUDENT，该项目被认为是自然语言处理的早期里程碑
1965年，Joseph Weizenbaum开发了ELIZA系统，这是一个交互式计算机程序，可以通过英语进行对话交流
1966年，Charles Rosen发明了第一台可移动机器人
1968年，Terry Winograd创建了早期自然语言计算机程序SHRDLU

图 1.6　20 世纪 60—70 年代人工智能的发展情况

这一阶段人工智能的发展情况如图 1.7 所示。

20世纪70年代人工智能的代表事件
1970年，日本早稻田大学制造了第一个拟人机器人WABOT-1
1973年，应用数学家詹姆斯·莱特希尔的报告表明人工智能无法产生重大价值
1977年，电影《星球大战》发行，电影中出现了C-3PO人形机器人
1979年，斯坦福推车诞生，它被认为是最早的自动驾驶汽车之一

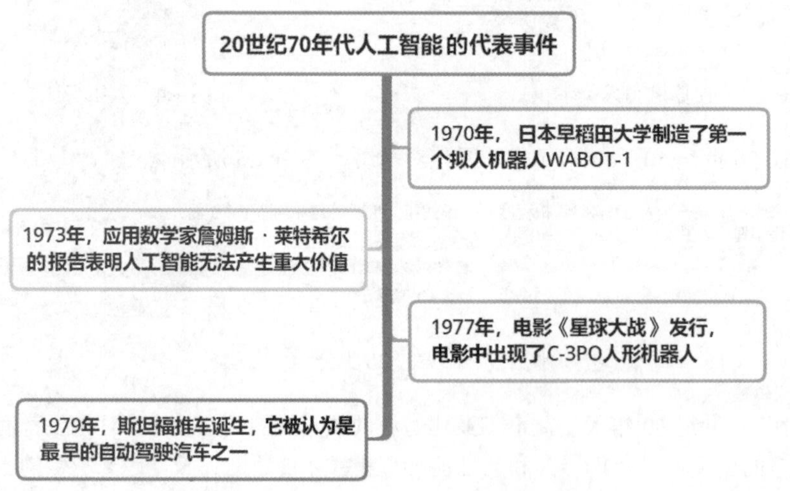

图 1.7　20 世纪 70 年代人工智能的发展情况

人工智能的快速发展一直持续到 20 世纪 80 年代。尽管这一时期人工智能得到了社会各界精英人士的大力推崇，但是由于世界经济的整体下滑，用于相关领域的投资仍然以肉眼可见的速度在减少，人工智能不可避免地陷入了行业发展的“冬季”。

这一阶段人工智能的发展情况如图 1.8 所示。

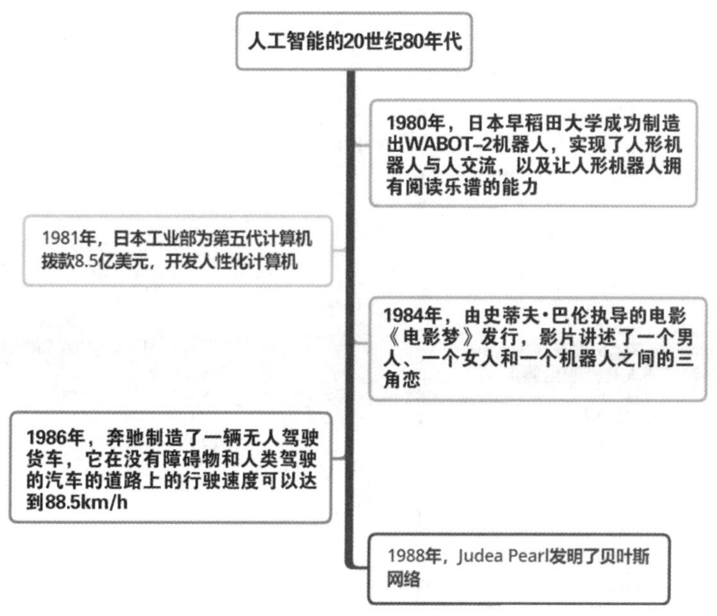

图 1.8　人工智能的 20 世纪 80 年代

20 世纪 90 年代是人工智能理论发展较为平缓的一个时期。尽管如此，这一时期依然出现了令人惊艳的理论和事件，如图 1.9 所示。

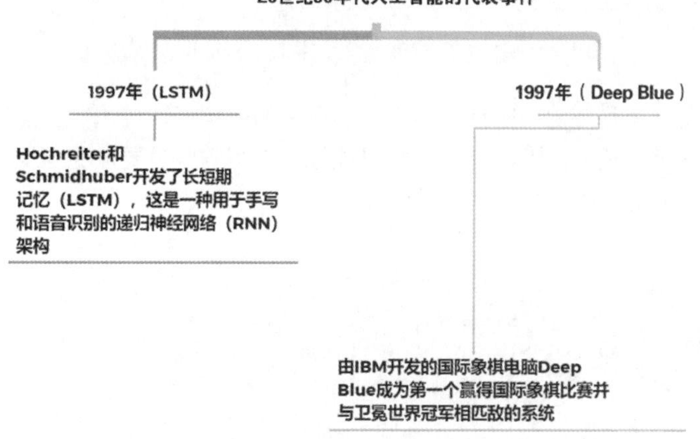

图 1.9　人工智能的 20 世纪 90 年代

2000 年，这一时期的典型问题是千年虫问题，也被称为 2000 年问题，问题的源头是人们认为从 2000 年 1 月 1 日开始，计算机的电子日历数据会由于数据溢出出现数据“爆炸”，此时计算机的存储系统会发生错误。这是由于所有的互联网软件和程序都是在 20 世纪初创建的，一些系统很难适应 2000 年及以后的新格式。以前，这些自动化系统只需要改变一年中的最后两位数字；现在，四位数字都必须改变，对使用它的人来说是一个挑战。

2000 年问题顺利度过后，人们对人工智能的研究热情再一次空前高涨，21 世纪的第一个十年涌现出了密集的人工智能产物，如图 1.10 所示。

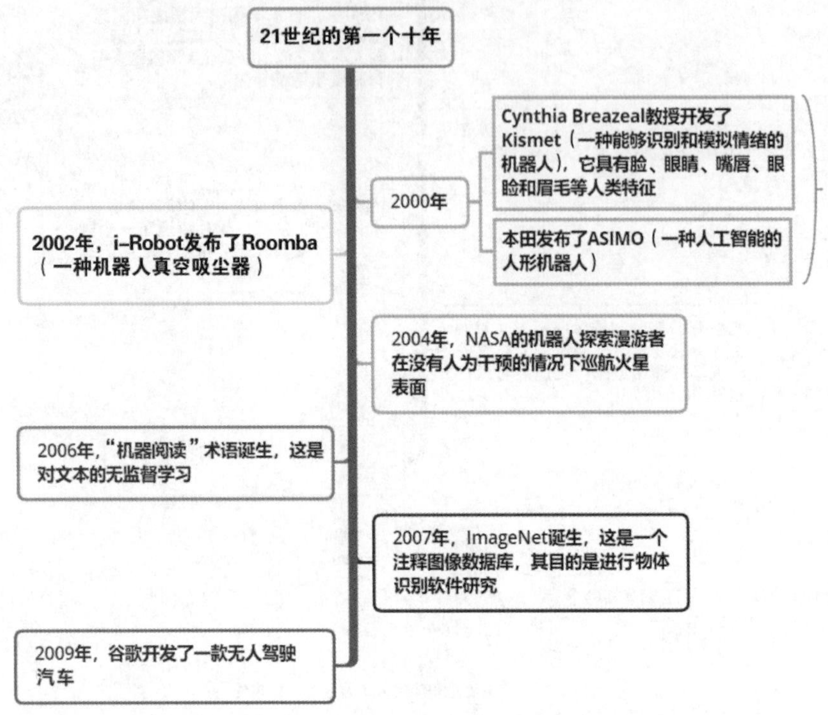

图 1.10　21 世纪的第一个十年人工智能的发展历程

无人驾驶技术是人类科技的一个综合体现，其应用的图像识别技术、智能决策技术与人工智能息息相关。通过对各类场景的深度模拟，计算机能够比人类驾驶员更加稳定地操控车辆的行驶，这将极大地减少交通事故的发生，如图 1.11 所示。

图 1.11　无人驾驶

从 2010 年开始，人工智能已经融入我们的日常生活中。我们可以使用具有语音助理的智能手机和具有“智能”功能的计算机，大多数人都认为这是理所当然的。人工智能不再只是一个抽象的算法，它和人类的边界正在变得越来越模糊，这在人工智能的发展史上是值得庆祝的，但同时也值得人类警惕。图 1.12 所示是 2010—2015 年人工智能的发展情况。

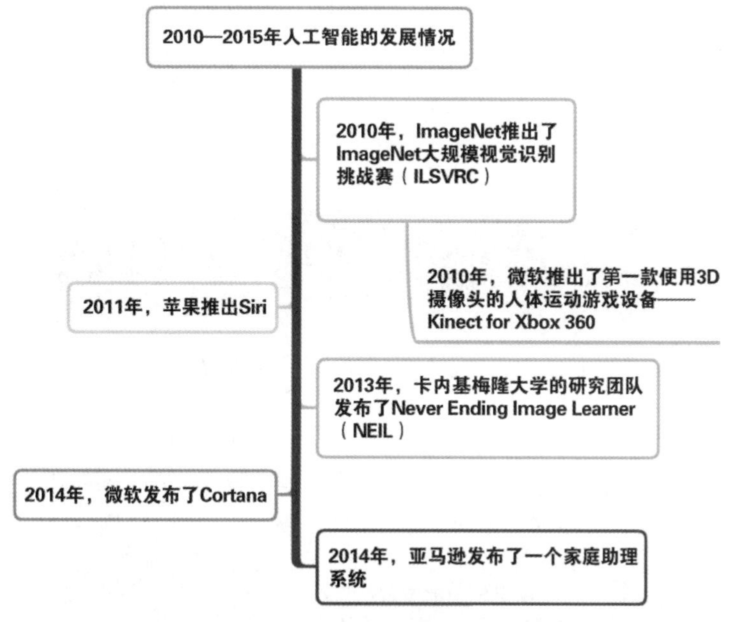

图 1.12　人工智能近期发展

2015—2017 年，谷歌 DeepMind 开发了一个叫 AlphaGo 的系统，该系统击败了世界围棋冠军，打破了计算机下围棋赢不了人类的传说，如图 1.13 所示。

2016 年，第一个“机器人公民”Sophia 被 Hanson Robotics 制造出来，这是一个高度模拟人类的机器人，能够通过视觉系统观察世界并作出相应反应，也能够通过语音系统与人类进行交流。

在这之后，人工智能的发展既迅速又在意料之中。

2016 年，谷歌发布了一款智能扬声器，使用人工智能充当“个人助理”，帮助用户记任务、创建约会以及通过语音搜索信息。

2018 年，谷歌开发了 BERT，这是第一个双向、无监督的语言编码器模型，以 Transformer 结构为基础，可以在各种自然语言任务中使用。

人工智能正以前所未有的速度发展。可以预期，过去十年的趋势将在未来继续上升。未来十年我们要关注以下事项。

（1）聊天机器人和虚拟助手：加强聊天机器人和虚拟助手自动化，提高用户体验。

（2）自然语言处理：增加人工智能应用的自然语言处理能力，包括聊天机器人和虚拟助手。

（3）机器学习和自动机器学习：机器学习算法将转向自动机器学习算法，以允许开发人员在不创建特定模型的情况下解决问题。

（4）自动驾驶汽车：其实关于自动驾驶汽车，在理论上已经趋于成熟，目前更需要提升的是硬件和政策的支持。

（5）元宇宙：元宇宙是大规模实现脑机连接世界的一个基础，科幻世界中的景象正在一步步变为现实，如图 1.14 所示。

图 1.13　AlphaGo 战胜世界围棋冠军

图 1.14　元宇宙幻想中的人类

1.3　机器学习的诞生

机器学习是人工智能重要的衍生派系，如果把人工智能比作一个体系，那么机器学习就是实现这个体系的有力工具。机器学习的发展历程可以用图 1.15 表示。

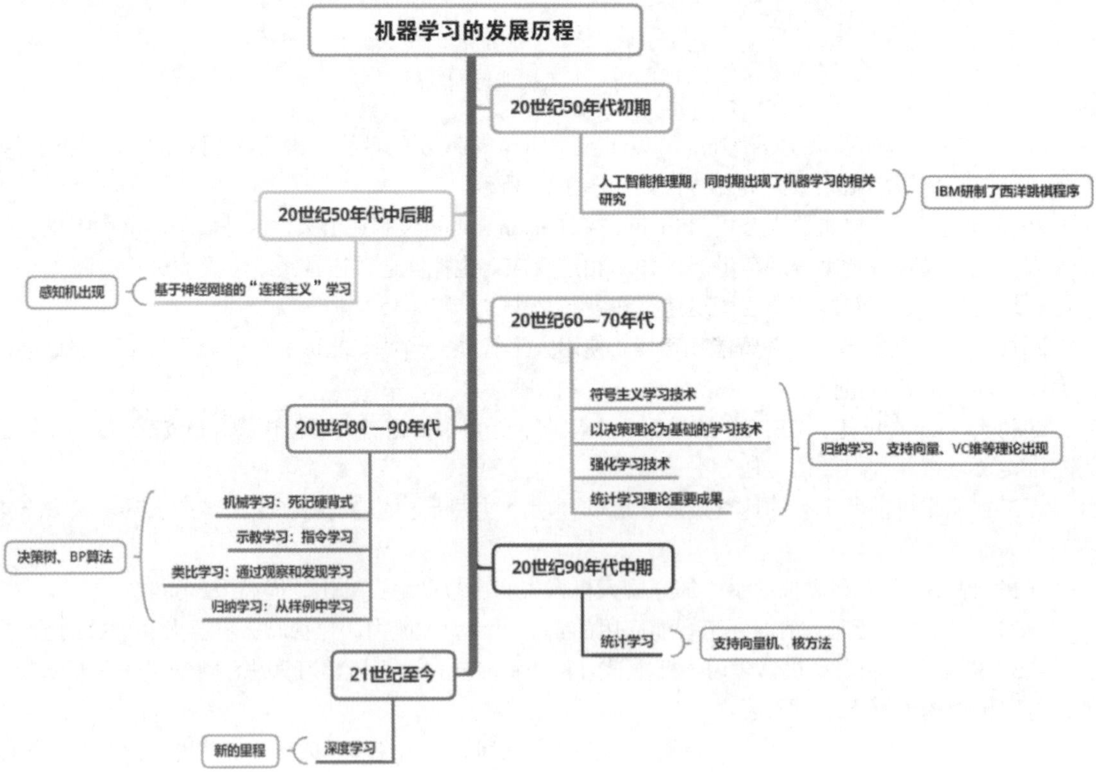

- 机器学习的发展历程
  - 20世纪50年代初期
    - 人工智能推理期，同时期出现了机器学习的相关研究 — IBM研制了西洋跳棋程序
  - 20世纪50年代中后期
    - 基于神经网络的“连接主义”学习 — 感知机出现
  - 20世纪60—70年代
    - 符号主义学习技术
    - 以决策理论为基础的学习技术
    - 强化学习技术
    - 统计学习理论重要成果
    - — 归纳学习、支持向量、VC维等理论出现
  - 20世纪80—90年代
    - 机械学习：死记硬背式
    - 示教学习：指令学习
    - 类比学习：通过观察和发现学习
    - 归纳学习：从样例中学习
    - — 决策树、BP算法
  - 20世纪90年代中期
    - 统计学习 — 支持向量机、核方法
  - 21世纪至今
    - 深度学习 — 新的里程

图 1.15　机器学习的发展历程

1.4　什么是机器学习

既然机器学习这么重要（前面笔者提到现在是人工智能的时代，是大数据的时代，而机器学习是实现人工智能最有效的方法），那么到底什么是机器学习？笔者认为最言简意赅的解释如下。

一个机器学习程序就是可以从经验数据 E 中对任务 T 进行学习的算法，它在任务 T 上的性能度量 P 会随着对于经验数据 E 的学习而变得更好（A computer program is said to learn from experience E with respect to some task T and some performance measure P, if its performance on T, as measured by P, improves with experience E）。

上面这段话可能有点拗口，这里进行一个直观的解释：假设想要预测某名学生的考试成绩，那么预测该学生考试成绩这件事可以看作一个任务，这里设定为 T；预测该学生考试成绩的依据可以分为该考生平时的考试成绩、偏科的情况、本次考试各个科目的难易程度等，这些就是数据，这里设定为 E；现在根据这些数据预测该考生在最新考试中的成绩，将实际情况与预测情况进行对比，结果可以看作性能 P。平时训练得越多（可供参考的数据越多），预测结果就越接近真实结果。这也是为什么很多考生高考结束就基本知道自己的成绩了，如图 1.16 所示。

图 1.16　考生对成绩的预测

实际上，机器学习要解决的事情主要分为四大类，如图 1.17 所示。

图 1.17 中的名词解释如下。

（1）数据分类：机器学习分为监督学习、半监督学习和无监督学习，而数据分类就是一个典型的有监督学习过程，有监督学习的特点就是根据目标参数对应的标签找到其在数据库中对应的类别，然后在分类过程中把每个目标参数放置到该类别中。

（2）数据回归：数据回归通常是根据输入与输出之间的映射模型来对已知输入却未知输出进行预测的分析手段。回归分析通常用来预测一个具体的数值，如股价走势、某地区的人口出生率、某国家的生产总值等。例如，我们根据一个地区近 5 年的出生率变化来估计某一时期该地区的婴儿出生数量。预测数值与实际数值大小越接近，回归分析算法的可信度越高。

（3）数据降维：在实际的机器学习项目中，降维是必须进行的，降维的目的是解决机器学习中存在的以下问题。

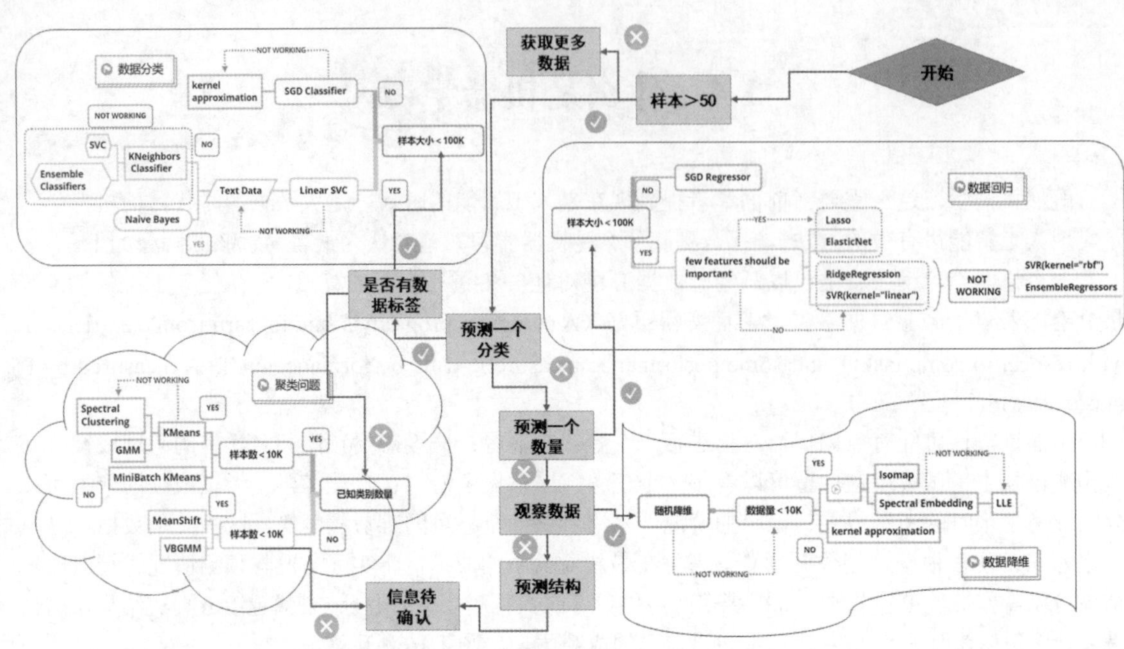

图 1.17 机器学习分类任务

- 数据的不同属性之间存在着各种各样的耦合关系，俗称共线关系。多重共线性会导致解的不唯一，最后导致模型的泛化能力弱。
- 高维空间数据获取难度大。
- 特征属性的耦合关系导致不同属性的独立性较差。
- 特征属性过多影响计算效率。

（4）聚类问题：聚类问题是典型的无监督学习过程，常用算法是 K 最近邻算法，聚类算法的目的是将事先没有属性标签的特征按照相似度进行归类。

1.4.1 数据集

前面提到机器学习一定要利用某些经验条件，而这些经验条件常常以数据的形式出现，被称为数据集。例如，前面提到的某考生平时考试情况见表 1.1。

表 1.1 某考生平时考试情况

考试场次	考试成绩	偏科科目	考试难度系数	排名
第 1 次	564	3	0.8	11
第 2 次	572	4	0.77	13
第 3 次	528	3	0.85	12
第 4 次	549	5	0.82	14
		……		

表 1.1 就是一个数据集，其中每项数据称为记录。表 1.1 中关于各个对象的描述称为属性，如考试成绩、偏科科目、考试难度系数等都是属性，由于这些属性不是单一存在的，因此又构成了属性向量，这些向量共同组成了属性空间。表 1.1 的最后一列是要预测的结果，即每次考试该考生的排名情况。这个结果在数据集中又称为标记，有的数据集包含标记，有的数据集不包含标记。这些标记构成的空间则被称为标记空间，也叫输出空间。

现在新的问题又出现了，机器学习模型每次考虑的数据只能是部分样本，即训练样本，但是优化后的模型不能只适应这个训练样本，它必须对总体样本都有一个比较好的预测结果，这就是所谓的泛化性能要好，如图 1.18 所示。

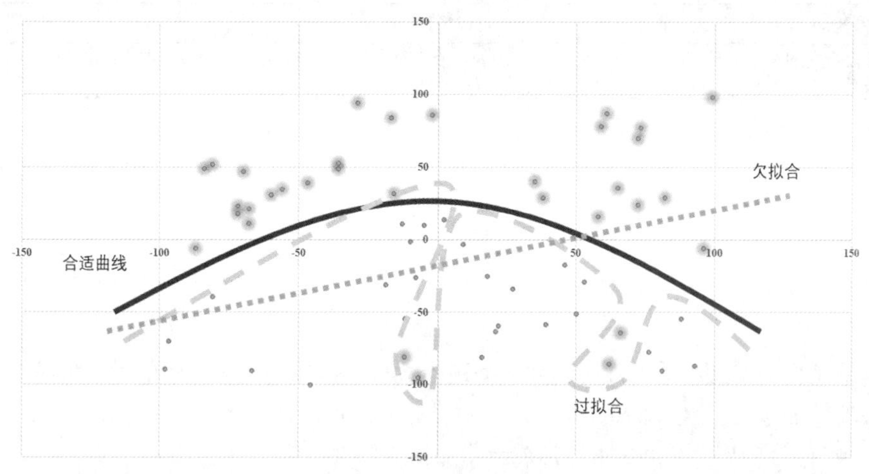

图 1.18　数据的泛化性能

当训练得到多个不同模型时，该如何选择？通常的方法是依据奥卡姆剃刀原理。

奥卡姆剃刀原理：若有多个假设和观察一致，我们选择最简单的那个。奥卡姆剃刀原理基于一个朴素的哲学观念，即这个世界是简单的、可以理解的。

1.4.2　多维空间

什么是多维空间呢？笔者手拙，仅能用图片表示 1～4 维空间状态（图 1.19），其他更高维度则只能用文字叙述。

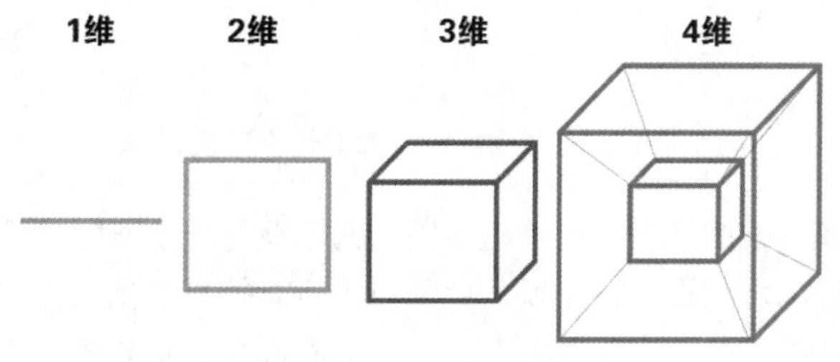

图 1.19　1～4 维空间状态

从第 5 维度开始，都是理论维数，见表 1.2。

表 1.2　5～10 维说明

维数	说　明
5	传统的几何空间是 3 维空间，爱因斯坦提出相对论后，人们将时间和空间联系起来产生了 4 维空间。后来人们在研究宇宙学时认为，除了传统空间和时间外，应该还有一个层次的维度，即第二条时间线，因此产生了 5 维空间
6	将 5 维空间的两条时间线对折，让时间线产生“厚度”，就如同将几何线中的 x 轴和 y 轴对折一样，由此产生了 6 维空间
7	如果把 4 维空间重新看作一个点，5 维空间就是一条线，6 维空间就是一个面，7 维空间就是一个体，这个体可以作为一个原点，向外部各个方向投射时间线
8	假设有两个 7 维空间这样的原点，将这两个原点连接就是 8 维空间
9	就像对折 5 维空间一样，将两个 8 维空间对折就可以得到 9 维空间
10	将所有方向的 9 维空间对折后，就得到了 10 维空间。在 7 维空间前，时间是一个不发散的点；在 7 维空间后，时间变成了发散的点。因此到了 10 维空间，将不会再增加新的维度

从表 1.2 的说明中可以简单地归纳一下关于“维”的定义：0 维是一个点，1 维是一条线，2 维是一个面，3 维是立体空间，4 维则是动态的空间（包含了时间）。从空间结构来说，n 维的含义就是 n 条直线两两垂直所形成的空间。

1.4.3　维数祸根

维数祸根是指当空间维数增加时，体积呈现指数形式增加。这样导致的后果就是描述一个物理量的变量会变得非常大。例如，在 3 维空间中对目标的位置进行描述仅需要 3 个变量；如果在 10 维空间中，则至少需要 10 个变量才可以描述一个物体的位置。

那么，为什么会发生维数祸根这种现象呢？这是由于当维度增加时，空间的体积增加得非常快（以指数形式增加），以至于可用的数据变得稀疏。这就好像把一滴墨水滴入碗中和滴入一条河中，这滴墨水被稀释的程度发生了极大的改变，如图 1.20 所示。

图 1.20　一滴水在不同群体中的表现

这种稀疏性会造成统计上的一些困难，这是因为为了获得一个统计上可靠的结果，支持结果所需的数据量往往随着维度的增加而成倍增长。此外，组织和搜索数据通常依赖于检测具有相似属性的对象的区域。然而，在高维数据中，对象在许多方面看起来都是稀疏和不相似的，这导致在数据处理的过程中无法使用通用的数据处理方法。

科学家 Richard Bellman 曾经举了一个例子，一个单位区间如果按照间距 0.01 进行划分标定，只需要 100 个平均分布的点即可；如果将维度增加到 10，那么做同样的事情，需要 10^{20} 个点才能做到，需求点的量增加了 10^{18} 倍。

1.4.4 监督学习

机器学习可以分为监督学习、无监督学习和半监督学习。本节重点讲解监督学习。

从前面的介绍知道，所谓机器学习就是在数据集中寻找规律、建立数学模型的过程。对于监督学习而言，数据集包含了输入条件和输出目标，其中输出目标由人工标定。通过对训练样本（已知数据集和对应输出的数据集）训练得到一个最优的模型（该模型属于某个函数的集合，通过观察该模型的损失函数可以判断该模型是否优秀），然后利用该模型将输入数据映射为输出数据，并对输出数据进行分类。监督学习的任务就是根据技术人员提供的大量输入数据和对应的目标，推算出最优的数学模型，然后利用这个模型对未知数据进行判断和分类，如图 1.21 所示。

图 1.21 监督学习

回归分析和统计分类都是比较常见的监督学习算法，其中比较典型的有最近邻算法和支持向量机。

所谓回归分析，简单来说就是拟合 (x, y) 的一条曲线，使损失函数 L 最小，公式为

$$L(f,(X,Y)) = \| f(X) - Y \|^2$$

统计分类可以将 Y 看作一个有限数列，起到分类标记作用，分类问题根据给定的带标签数据训练分类器（即数学模型），分类过程中损失函数 (X,Y) 是 X 属于 Y 的概率的负对数，公式为

$$L(f,(X,Y)) = -\log f_Y(X)$$

在上式中

$$f_Y(X) \geqslant 0, \sum_i f_i(X) = 1$$

$$f_i(X) = P\left(Y = \frac{i}{X}\right)$$

1.4.5 无监督学习

无监督学习和监督学习仅差一个字，但意思相反，无监督学习同样存在数据集，区别是无监督学习的数据集没有人工标记好的输出，也就是说无监督学习的训练数据是没有被分类好的，需要计算机根据样本之间的相似性对样本进行分类，如图 1.22 所示。

图 1.22　无监督学习

由于样本数据的类别事先不知道，需要通过特定的算法进行分类（聚类），分类的目标是使类内差距最小化，类间差距最大化。通俗解释就是在实际应用中，不少情况下无法预先知道样本的标签，也就是说没有训练样本对应的类别，因而只能从原本没有样本标签的样本集开始学习分类器设计。

无监督学习的目标不是告诉计算机怎么做，而是让计算机学习怎样做。无监督学习的一种重要思路是在指导计算机时不为其指定明确分类，而是在成功时，采用某种形式的激励制度。需要注意的是，这类训练通常会置于决策问题的框架中，因为它的目标不是产生一个分类系统，而是做出可以得到最大回报的决定，这种思路很好地概括了现实世界，计算机可以对正确行为做出激励，并对错误行为做出惩罚。

这就和人类训练动物的道理相似，通常被训练的动物在做出正确反应时，训练者会进行相应的奖励，做出错误反应则会进行相应的惩罚。通过大量的训练，动物会自动做出应激反应，知道在特定情况下应该怎样做才能得到奖励和避免被惩罚。

无监督学习的方法分为两大类。

（1）基于概率密度函数估计的直接方法：设法找到各类别在特征空间的分布参数，再进行分类。

（2）基于样本间相似性度量的简单聚类方法：其原理是定义不同类别的核心或初始内核，然后依据样本与核心之间的相似性度量将样本聚集成不同的类别。利用聚类结果，可以提取数据集中的隐藏信息，对未来数据进行分类和预测。常应用于数据挖掘、模式识别、图像处理等领域。主成分分析（Principal Component Analysis，PCA）算法和很多深度学习算法都属于无监督学习。

表 1.3 是监督学习和无监督学习的区别。

表 1.3 监督学习和无监督学习的区别

内　容	区　别	
	监督学习	无监督学习
标签	有标签	无标签
训练方法	反复测试数据与目标（带标签的输出）的对应关系，归纳模型	在数据集内总结规律
训练目标	确定损失最小模型	寻找规律
适用性	较窄	较广

1.4.6 半监督学习

半监督学习是监督学习和无监督学习相结合的产物，这一点从名字上就可以窥视一二。那么问题来了，为什么要进行半监督学习？这是因为监督学习需要数据带有标签，给数据制作标签需要耗费大量的人力、物力，因此获取带有标签的数据集非常困难。那么直接进行无监督学习呢？由于无监督学习是让计算机自己去寻找一个没有标准答案的分布特征，因此在某些场景下，这种做法并不会得到令人满意的结果。因此，在有监督学习和无监督学习之间，又出现了一种相结合的方式，就是半监督学习。

所谓半监督学习，就是给出一部分带有标签的数据和大量没有标签的数据，这样做的好处是数据的分布必然不是完全随机的，通过一些有标签数据的局部特征，以及更多无标签数据的整体分布，就可以得到能接受甚至是非常好的分类结果。

生活中有很多半监督学习的应用案例，如图 1.23 所示。

图 1.23　半监督学习

1.5　横空出世的深度学习

坊间一直流传一种说法，叫作懒人推动了科技的发展。仔细想一想，好像很有道理。当人们觉得骑马赶路太累时，火车和汽车出现了；当人们觉得上楼太累时，电梯被发明了出来；当工人感觉生产太无聊时，有了流水线；现如今，物质资料得到了极大丰富，人们又出现了所谓的选择困难症，于是各种贴心又强大的推荐算法横空出世，人们打开手机，浏览到的是各自关注的信息，这些算法堪比大家肚子里的蛔虫，清楚地知道每个人想要什么。那么这些算法是如何做到这些的呢？这就不得不提到本书的重点——深度学习，如图 1.24 所示。

所谓深度学习，就是对海量数据进行分类和筛选，最终形成一个复杂的数学模型，这个数学模型可以对输入参数进行计算分析，最后输出一个基于输入参数得到的最优结果。

为什么说深度学习可以真正地实现人工智能？这是因为深度学习的发展思想最为贴近人类的学习成长过程。“深度学习”一词由“深度”和“学习”组成。所谓“学习”就是字面意思，通过各种手段获取某种技能的过程。比如我们小时候，大人带我们出去玩，路上看到汽车就会反复告诉我们，这是汽车，我们需要避让它们。时间久了，我们就会知道马路上四个轮子跑的交通工具就是汽车。

这里面就涉及两个问题：输入和输出。输入是指大人平时给我们指出的各种各样的汽车，包括轿车、越野车、跑车等，当然颜色也是各种各样的，如白色、黑色。输出则是汽车这一种门类。值得一提的是，大人告诉我们的汽车类型是有限的。当我们遇到之前没见过的车型时，我们也能立刻判断这也是一辆汽车。这是由于我们在学习过程中掌握了规律，如图 1.25 所示。

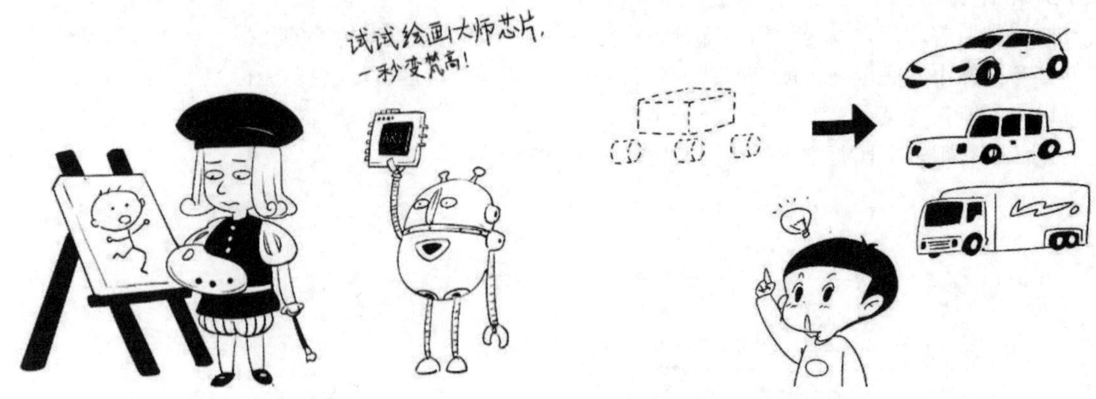

图 1.24　深度学习的应用　　　　图 1.25　通过学习掌握客观规律

为什么在现实生活中，有的人学习好，有的人学习差呢？如果不考虑智商原因，那就是学习方法的差异了，这里的学习方法也叫学习策略。2015 年，谷歌的人工智能系统 AlphaGo 通过精准计算，首次在公平的竞赛环境下战胜了人类围棋选手。AlphaGo 将对手的每一步棋子可能产生的所有解都进行了计算和分析，最终保证自己走的每一步棋都是最优解，这些操作都是通过一个叫作“神经网络”的计算模型实现的，“神经网络”就是学习策略。

“神经网络”一词很明显和人类的大脑构造相关。人类大脑负责活动的基本单元叫“神经元”，这些“神经元”主要由细胞构成，经过视觉、嗅觉、味觉、听觉等刺激，这些细胞会产生“树突”，这些“树突”相互之间产生联系就形成了神经网络。

下面以视觉为例简单说明大脑神经网络的运行机制。

首先外部的事物通过光线传播到达视网膜，此时视网膜中的视锥细胞和视杆细胞接收到相关的外部输入信息并将该信息转化为神经信号，这些神经信号被发送至视觉皮层。左眼接收到的信息落在视网膜右侧，右眼接收到的信息落在视网膜左侧，然后通过视神经传导至外侧漆状体中，此时视野信息全部传输给了大脑的视觉皮层，最后由大脑视觉皮层整理视野信息，判断外部事物并发送给大脑。由此完成了信息从输入到输出的整个过程，如图 1.26 所示。

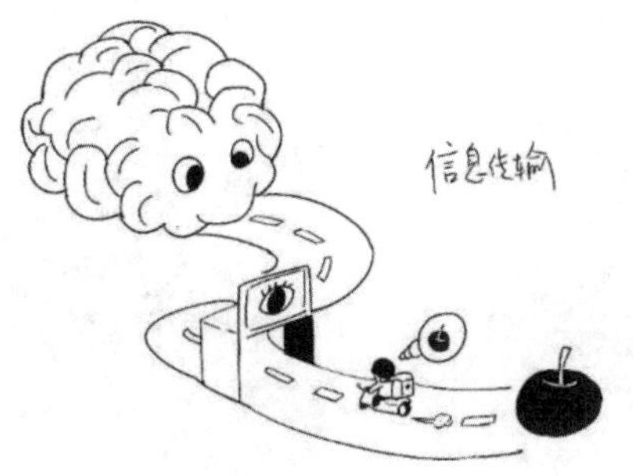

图 1.26　人脑进行信息传输

1.5.1　人工神经网络

图 1.27 所示是科学家模拟人类大脑的运行机制设计的人工神经网络结构，该结构有着明确的输入层和输出层。在输入层和输出层之间的部分则是该网络的层次，这里叫作隐藏层，也就是所谓的“深度”概念。人工神经网络的隐藏层就是输入层到输出层的数学过程模型，笔者也称其为输入与输出的映射关系。

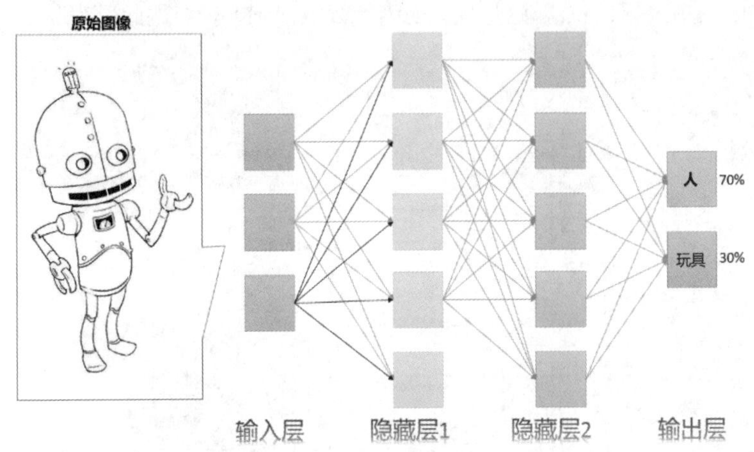

图 1.27　人工神经网络结构

这里需要注意的是，数据从输入层到输出层的过程并不是单向流动的，而是会在隐藏层之间不断优化迭代的，直到损失函数逼近设定的阈值，整个计算过程才结束，如图 1.28 所示。

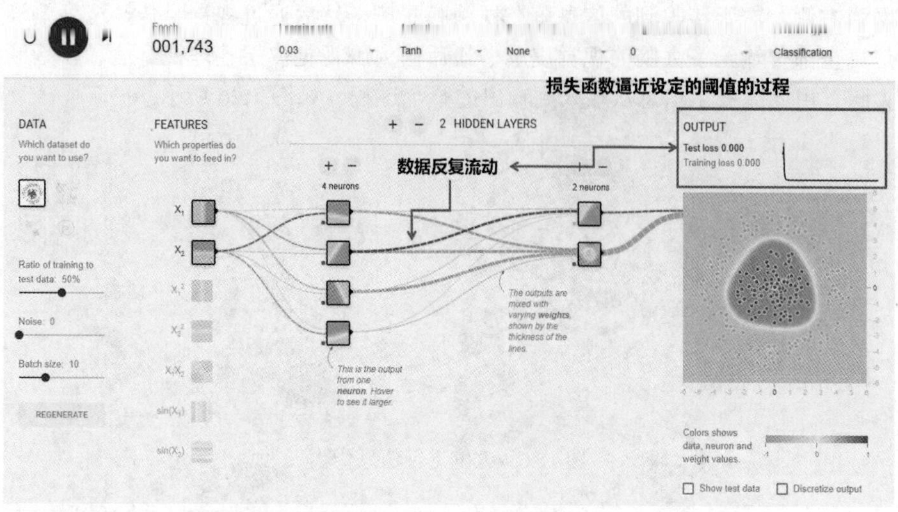

图 1.28　深度学习游乐场

1.5.2　TensorFlow

TensorFlow 是目前最火的深度学习框架，它通过数据流图的形式对数据进行计算分析。TensorFlow 是一款开源软件，它是谷歌团队在 2015 年开源的一款深度学习框架，如图 1.29 所示。第 3 章将会详细介绍 TensorFlow 的用法及特点，这里仅说明为什么 TensorFlow 会如此受欢迎。

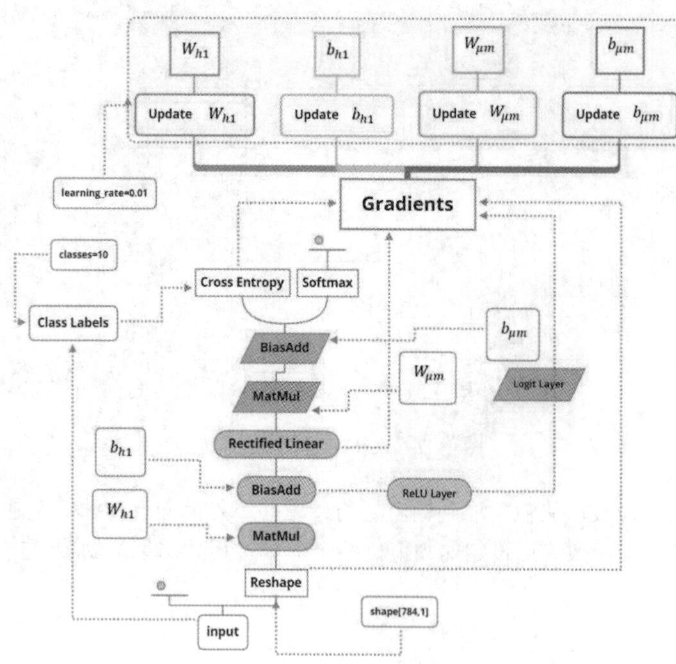

图 1.29　TensorFlow 的基本架构

1. 高度可移植性

在 TensorFlow 的众多优点中，高度可移植性一定是排在首位的。所谓高度可移植性，是指在不同设备上可以使用的功能。这是一个非常实用的设计理念，它解决了异地使用的问题。例如，当你出差时，想在笔记本电脑甚至是手机上尝试一下新想法，此时我们可以不必因为没带台式机而烦恼，同时又解决了多线程任务问题；如果你想要在多个计算机上同步计算你的模型，又不想重新修改代码，TensorFlow 一样可以做到。你甚至还可以直接把模型放在云平台上进行计算，这些需求 TensorFlow 全部支持。

2. 灵活性

前面说过，TensorFlow 是数据流图。这里要说的是，事实上，TensorFlow 可以将你写的任何一种数据流形式的计算模型表示出来。也就是说，TensorFlow 在负责前端数据的输入和后端数据输出的过程中，可以不关注中间的隐藏层结构形式，这给了天才们大开脑洞的机会。换句话说就是，有想法又有实力的用户可以在 TensorFlow 基础上编译自己的上层库和底层数据操作，TensorFlow 让每一个计算都极具个人色彩。

3. 端到端

端到端的设计理念直接解决了算法工程师的核心问题，它避免了算法工程师在产品迭代优化过程中重复写代码。使用 TensorFlow 算法框架，研发人员可以直接应用 TensorFlow 对产品进行训练并直接将训练模型分享给在线用户使用，极大提高了科研效率。

4. 支持多语言

如图 1.30 所示，TensorFlow 支持多种开发语言，可以让不同领域的科技人员更快融入 TensorFlow 的圈子。

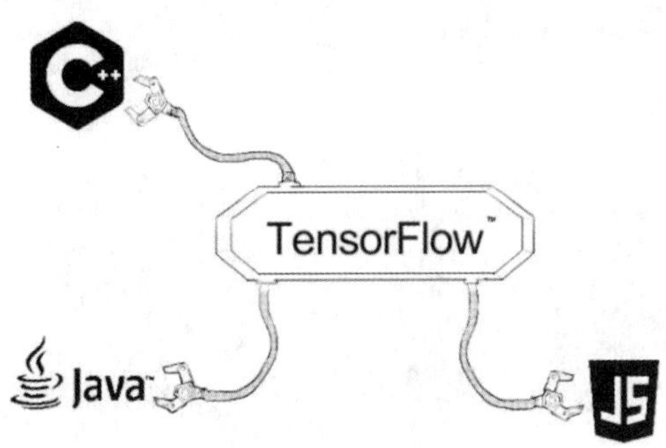

图 1.30　TensorFlow 支持多种开发语言

1.6　其他深度学习框架

除了 TensorFlow 外，还有许多其他深度学习框架，如图 1.31 所示。

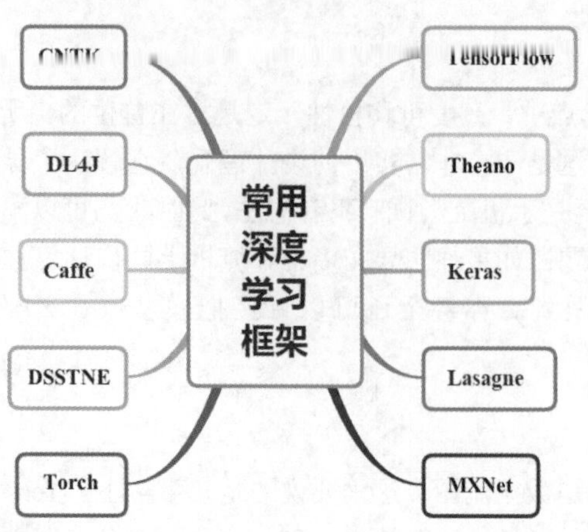

图 1.31　常用深度学习框架

本节将为大家简单介绍其他深度学习框架的特点，让大家更好地了解深度学习的框架工具，读者可以根据自己的兴趣及实际情况选择适合自己的深度学习框架进行学习。

1.6.1　Caffe 框架的优劣势

贾扬清在加利福尼亚大学伯克利分校攻读博士期间编写的 Caffe 框架是一个非常受欢迎的深度学习框架，该框架由 C++作为底层代码编写完成，框架清晰、高效，被深度学习爱好者广泛应用，其中比较著名的应用案例是 AlexNet。Caffe 框架如图 1.32 所示。

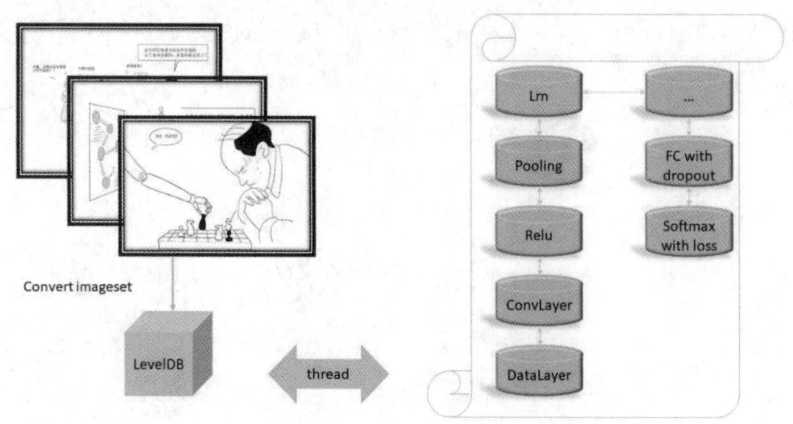

图 1.32　Caffe 框架

Caffe 框架的特点如下。

（1）界面友好：模型和优化过程都以文本形式给出，具有极高的可读性。Caffe 给出了模型的定义、最优化设置以及预训练的权重，对新用户非常友好。

（2）运行速度快：能够运行最优模型与海量数据。Caffe 框架与 cuDNN（CUDA 深度神经网络）的结合，在测试 AlexNet 模型时，用红米 K40 处理每张图片只需要 1.17ms。

（3）模块化：程序具有很强的封装性，便于用户直接调用各个模块搭建自己的模型。

（4）开放性：所有代码均开源，方便其他用户复现与交流。在大数据时代，更高的开放性意味着更强的迭代性。

（5）社区：可以通过开源社区和 GitHub 参与讨论和开发。

Caffe 框架的依赖库如图 1.33 所示。

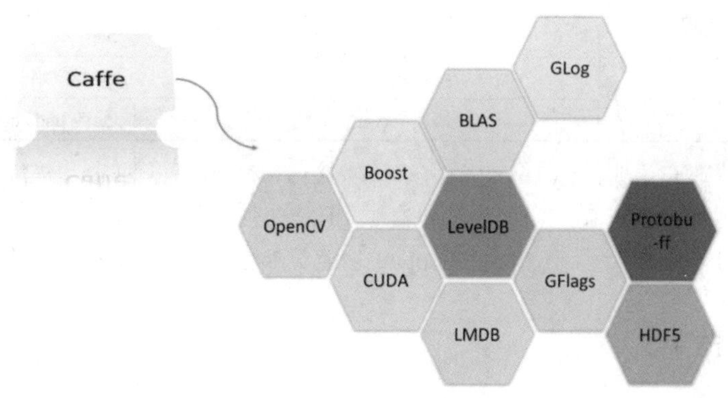

图 1.33　Caffe 框架的依赖库

1.6.2　Torch 框架的优劣势

Torch 是为 LuaJIT 编写的完整的科学计算环境，是针对 Lua 语言的即时编译器。Torch 作为机器学习框架，对机器学习的支持起到了巨大作用，如图 1.34 所示。

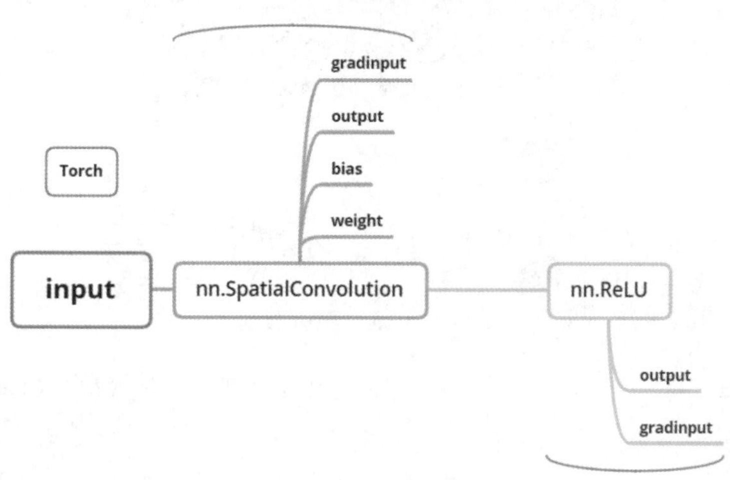

图 1.34　Torch 框架

令人遗憾的是，Torch 框架的开发工作进展非常缓慢，这对于日新月异的机器学习/深度学习来说无疑是无法让人接受的。

PyTorch 和 Torch 的区别见表 1.4。

表 1.4　PyTorch 和 Torch 的区别

类　别	区　别	
	PyTorch	Torch
编程语言	Python 语言	Lua 语言
	底层是 C 语言	底层是 C 语言
库	Python 库	Lua 库
效率	高	低
模型与中间变量关系	共享中间变量	不共享中间变量
模型编写	可直接修改 forward 函数	修改 updateOutput 函数

对表 1.4 做一些补充说明：PyTorch 采用 C++做接口，Torch 采用 Lua 语言直接对接深度学习数据库。因此从语言层面上看，Torch 框架更加强大。但是在使用便利上，PyTorch 所依赖的 Python 库可调用的模块要多于 Lua 库，且 Python 的 debug 功能更加强大，PyTorch 可以共享中间变量。

1.6.3　Theano 框架

2008 年，Theano 诞生于蒙特利尔大学的 LISA 实验室，是第一个有较大影响力的 Python 深度学习框架。该框架的设计初衷是方便研究人员基于 Python 进行深度学习项目开发，因此设计理念学术性较强，工程推广能力较弱。最终由于难调试、构建图慢等缺点被淘汰，如图 1.35 所示。

图 1.35　Theano 框架不接地气

Theano 的编程风格与 C++或 Java 等都不一样，下面以 5 的平方为例展示 Theano 的编程风格。

```
#常用编程方式
int x=5;
int y=power(x,2);

#Theano 编程
import Theano
x=theano.tensor.iscalar('x')          #声明一个 int 类型的变量 x
y=theano.tensor.pow(x,2)              #定义 y=x^2
```

```
f=theano.function([x],y)              #定义函数的自变量为x（输入），因变量为y（输出）
print f(2)                            #计算当x=2时，函数f(x)的值
print f(5)                            #计算当x=5时，函数f(x)=x^2的值
#一般先为自变量赋值，然后再把这个自变量作为函数的输入，进行因变量计算。然而在Theano中，一般是
先声明自变量x（不需要赋值），然后编写函数方程后再为自变量赋值，计算出函数的输出值y
#一旦定义了f(x)=x^3，这时，就可以输入想要的x值，然后计算出x的三次方。因此笔者认为Theano
的编程方式与数学思路一样，数学上一般是给定一个自变量x，定义一个函数（因变量），然后根据实际的x
值，对因变量进行赋值
```

下面再举一个例子，输入

$$s(x)=\frac{1}{1+\mathrm{e}^{-x}}$$

```
import Theano
x =theano.tensor.fscalar('x')         #定义一个float类型的变量x
y= 1 / (1 + theano.tensor.exp(-x))    #定义变量y
f= theano.function([x],y)             #定义函数f，输入为x，输出为y
print f(3)                            #计算当x=3时，y的值
```

尽管Theano已经很少有人使用，但是它的出现奠定了深度学习框架的设计方向：以计算图为学习框架的设计核心，可以基于GPU实现计算加速。

1.6.4 MXNet框架的优劣势

MXNet框架起源于一次校友会，当时上海交通大学的校友陈天奇和李沐在讨论关于深度学习Toolkits的项目时发现一个普遍的问题，就是大家总是在做重复性的工作，这对于深度学习的推广应用很不利，在这种背景下，MXNet框架应运而生。

在当年，MXNet框架的分布式性能和其他深度学习框架相比具有压倒性优势，支持MATLAB、JavaScript、C++、Python、Julia、R、Scala等语言，支持多类型命令和符号编程，可以在CPU、GPU、台式机、服务器、集群或移动设备上运行。MXNet框架在开发初期仅是为了解决当年的使用问题，缺乏商业推广规划，导致其在市面上空有支持却难以推广，如图1.36所示。

图1.36　MXNet框架

MXNet框架毕竟功能强大且实用，尽管早期缺少商业推广规划，但依然被业内人士津津乐道，因此随着不断推广，很多文档性文件都得到了补充和改善。2016年11月，MXNet框架被亚马逊正

式选择为其云计算的官方深度学习平台。2017 年 1 月，MXNet 项目进入 Apache 基金会，成为 Apache 的孵化器项目。

MXNet 框架的安装流程如图 1.37 所示。

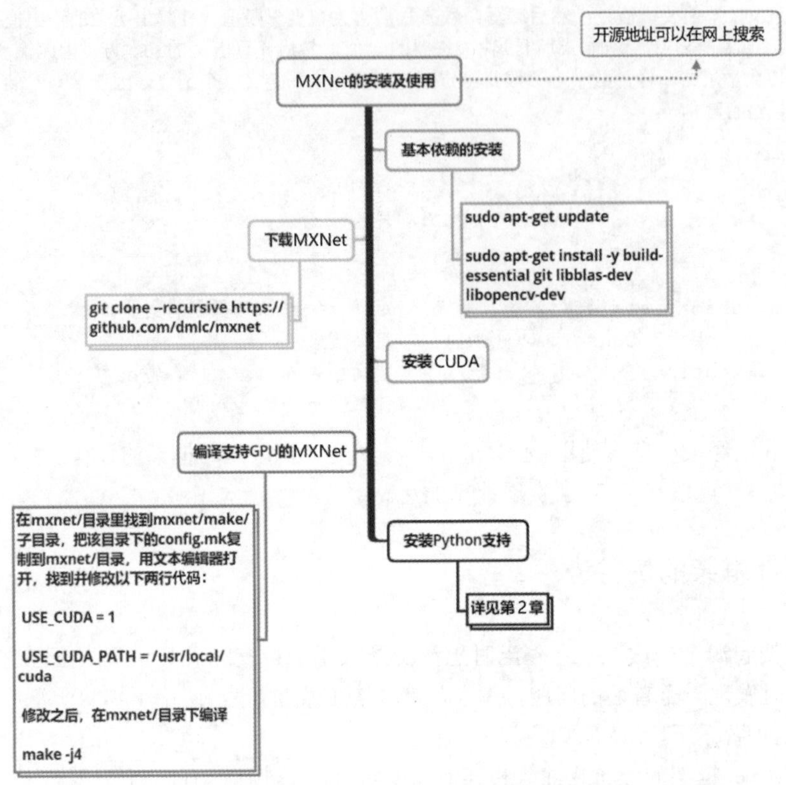

图 1.37　MXNet 框架的安装流程

1.6.5　Keras 框架的优劣势

Keras 是一个由 Python 编写的神经网络顶层接口，它可以以 TensorFlow、Theano、CNTK 作为后端。Keras 的出现是为了快速将想法转化为结果，适合实验室中快速迭代的工作。Keras 由于接口简单一致，用户使用友好，因此容易上手，深受深度学习爱好者的喜爱。

Keras 构建于第三方框架之上，说它是一个深度学习框架有点勉强，它更像是一个学习接口。这是它的优点，也是它的缺点。优点体现在，由于它的高度封装性，对新手特别友好，可以直接调用，上手容易；缺点体现在，由于对底层程序做了封装，因此用户很难对模型进行修改，大大降低了灵活性。同时，过度的封装也导致了程序运行缓慢，软件缺陷难以检查。最后作为一个学习者，使用 Keras 很难学到有用的内容，因为大多数时候，用户都在调用接口，也就是所谓的知其然，不知其所以然，如图 1.38 所示。

图 1.38　Keras 接口调用困难

尽管如此，Keras 依然有着不可替代性，并深受用户欢迎。

对于新用户来讲，没有什么比上手快这一特点更具吸引力了，如果一名用户学习新应用架构要花费大量的时间和脑力，这种架构大概率难以推广，而 Keras 则很好地避免了这种问题，它最大化减少了新用户的认知困难度，在用户使用时，提供了实时的交互式反馈信息。这使 Keras 易于学习和使用。Keras 的这种傻瓜式操作特性可以极大地提高新用户的工作效率，在更短的时间实践更多的创意，这对于机器学习竞赛而言有着非常大的意义。

因为 Keras 与底层深度学习语言（特别是 TensorFlow）集成在一起，所以用户可以在 Keras 架构上实现任何可以用基础语言编写的东西。因此 Keras 被工业界和学术界广泛采用，图 1.39 所示是深度学习框架受欢迎程度排名，其中 Keras 排名第二，仅次于 TensorFlow。

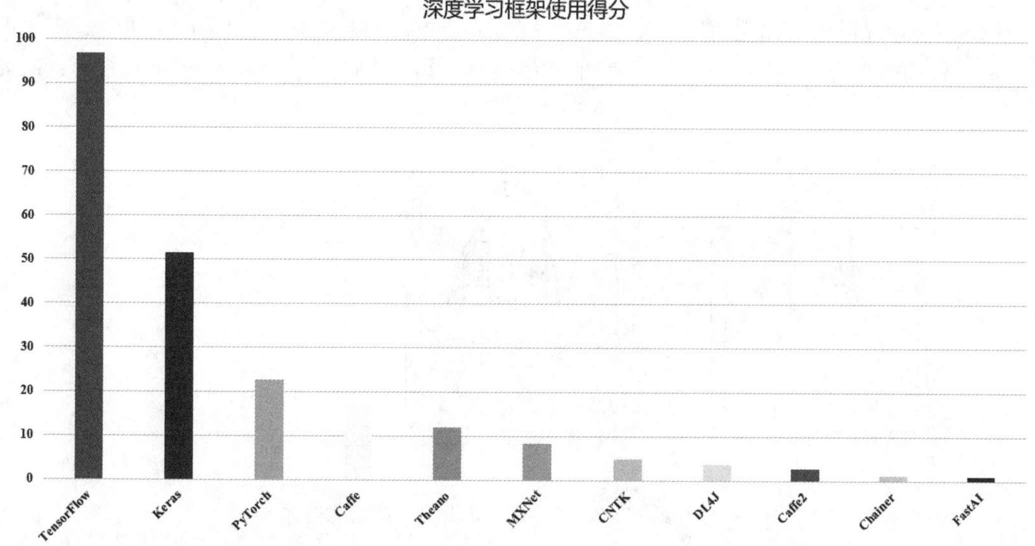

图 1.39　深度学习框架受欢迎程度排名

图 1.40 所示是 Keras 产品转化，其中很多都是与人们日常生活息息相关的产品。

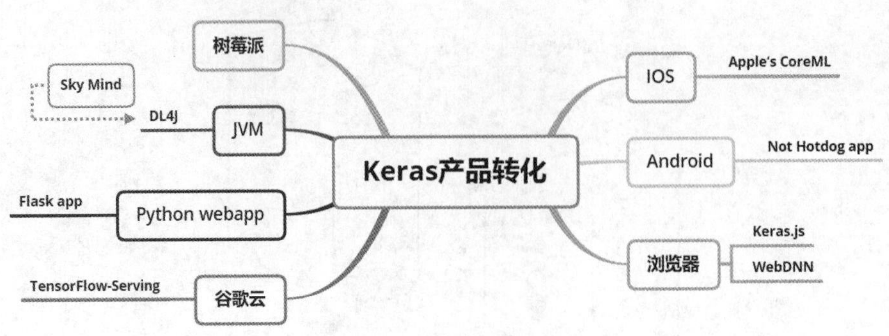

图 1.40　Keras 产品转化

1.7　深度学习的主流应用

深度学习作为当前人工智能领域乃至元宇宙领域最热门的应用理论，在其多年的发展过程中，应用范围已经深入人们生活的各个方面，本节将为大家简单介绍其中较为主流的，或者说是较为典型的应用。

1.7.1　计算机视觉

1. 图像识别（Image Recognition）

图像识别是大家耳熟能详的深度学习应用案例。通常把图像数据作为网络的输入，输出则是当前样本所属类别的概率，通常选取概率最大的类别作为样本的预测类别，如图 1.41 所示。图像识别是最早成功应用深度学习的案例之一，常用的神经网络模型有 VGG 系列、Inception 系列、ResNet 系列等。

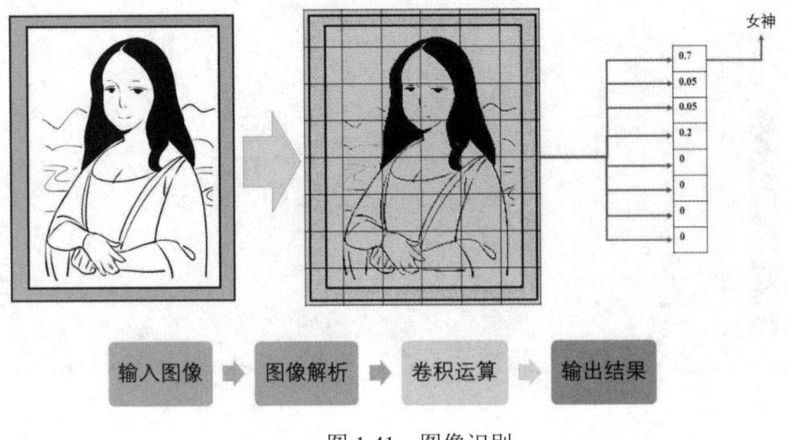

图 1.41　图像识别

2. 目标检测（Object Detection）

目标检测算法是图像处理和计算机视觉的重要分支，是指通过算法自动检测出图片中特征物体的大致位置，通常用边界框（Bounding Box）表示，并对物体的分类信息进行说明，如图 1.42 所示。常见的目标检测算法有 Mask R-CNN 系列、Fast R-CNN 系列、Faster R-CNN 系列、SSD 系列、YOLO 系列、R-CNN 系列等。

图 1.42　目标检测

3. 语义分割（Semantic Segmentation）

可以看作目标检测的升级版，通过算法对目标进行像素级标定，为实现场景的完整理解打下了基础。常见的语义分割模型有 DeepLab 系列、U-net 系列、FCN 系列、SegNet 系列等。

4. 视频理解（Video Understanding）

与传统的图像识别相比，视频多了一个时间维度。在现实生活中，充斥着大量需要对时间进行考虑的识别场景，具有时间维度信息的 3D 视频理解任务受到越来越多的关注，如图 1.43 所示。常见的视频理解任务有视频分类、行为检测、视频主体抽取等。常用的模型则有 TS_LSTM 系列、C3D 系列、DOVF 系列、TSN 系列等。

图 1.43　视频理解

5. 图像生成（Image Generation）

图像生成是计算机视觉的一个高级应用，也是计算机图灵化的一个具象表现。通过对现有图像的学习，让计算机生成足以以假乱真的相似图像。

目前主要的生成模型有VAE系列、对抗神经网络系列等（关于对抗神经网络本书后面会有详细讲解）。对抗神经网络的经典应用就是识别垃圾邮件，如图1.44所示。

图1.44　对抗神经网络的经典应用

1.7.2　自然语言处理

自然语言处理的典型应用就是机器翻译和聊天机器人，其中机器翻译与人们的生活的联系最密切。

1. 机器翻译

2016年是机器翻译技术的转折之年。在2016年之前，机器翻译算法通常都基于统计机器翻译模型，这种模型基本就是对单词进行直译，这就导致很多时候翻译出来的语句让大家看不懂。2016年之后，谷歌上线了神经机器翻译系统（GNMT），实现了基于语境的翻译技术，翻译精度提高了50%～90%。后来OpenAI提出了GPT-2模型，该模型的参数量高达15亿个，翻译精度得到了再次提高，如图1.45所示。

图1.45　机器翻译精度的提高

2. 聊天机器人

聊天机器人同样是自然语言处理的主要应用方向之一，它可以让机器与人类进行对话，根据聊天内容提供合适的回复，起到服务客户的作用。最有名的聊天系统就是苹果开发的 Siri 机器人，现在国内很多手机厂商也开发了相应的聊天机器人，如图 1.46 所示。

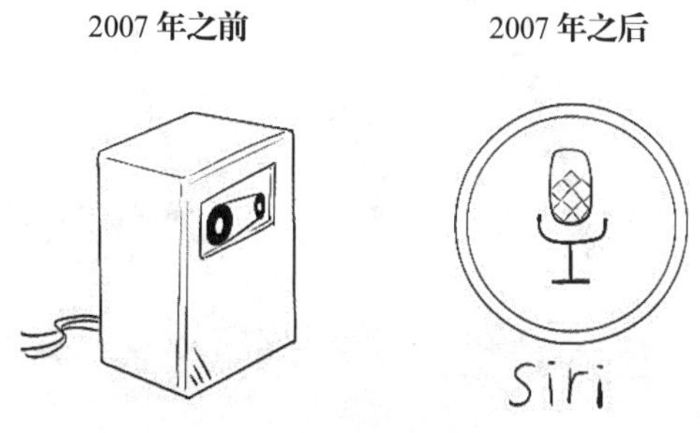

图 1.46　聊天机器人

1.7.3　强化学习

人们熟悉的强化学习的应用案例有虚拟游戏、机器人和自动驾驶。

1. 虚拟游戏

虚拟游戏由于场景非真实，在训练和测试强化学习算法时可以有效避免干扰，降低实验代价。目前，常用的强化学习算法和虚拟游戏平台如图 1.47 所示。

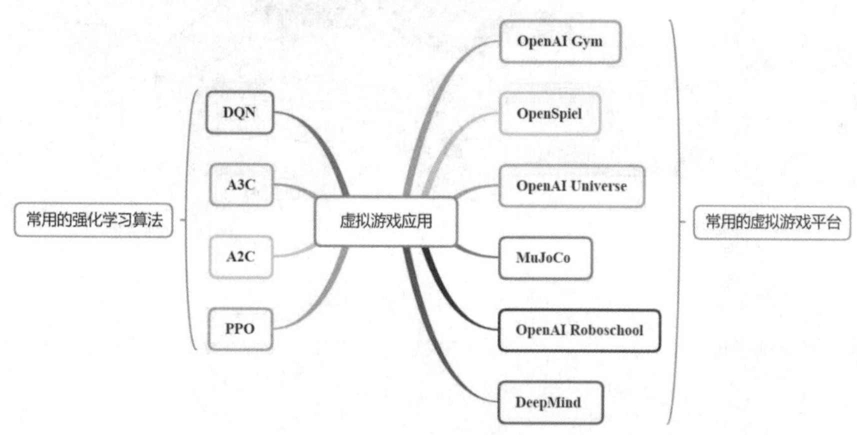

图 1.47　常用的强化学习算法和虚拟游戏平台

在围棋领域，DeepMind 的 AlphaGo 程序已经打破了人类对围棋的绝对统治地位；在 Dota2 和星际争霸游戏上，OpenAI 和 DeepMind 开发的智能程序同样也战胜了职业选手。

2. 机器人

近几年，机器人领域也取得了巨大进步，其中最具代表性的就是波士顿动力公司的波士顿狗，如图 1.48 所示。波士顿狗具备良好的复杂地形行走能力，并且在多智能体协作任务方面的表现也非常优秀。

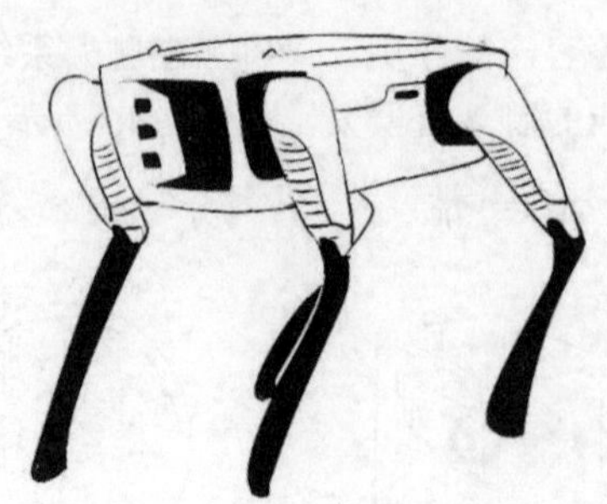

图 1.48　波士顿狗

3. 自动驾驶

如果非要说一个和普通人最贴近的强化学习应用案例，那一定是自动驾驶。对于电动汽车而言，自动驾驶几乎成了性能标配，尽管目前的自动驾驶等级基本处于 L2 和伪 L3 级别，但是从理论上来说，自动驾驶技术可以说已经成熟。除了大家所熟知的电动汽车公司外，百度、Uber、谷歌等公司也在研发自动驾驶技术。图 1.49 所示为自动驾驶汽车的组成部分。

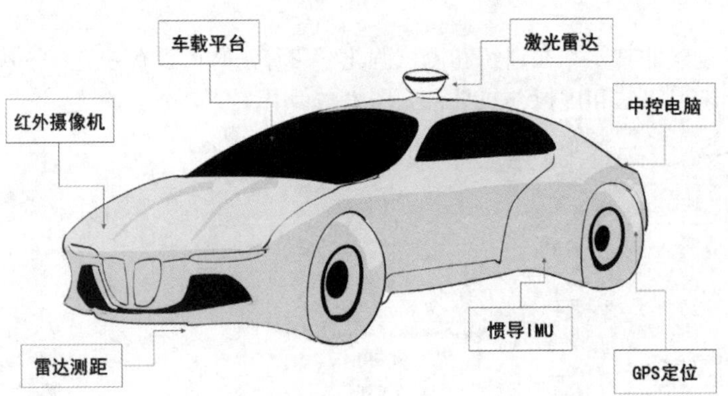

图 1.49　自动驾驶汽车

第 2 章

安装 TensorFlow

工欲善其事必先利其器，本书第 1 章中介绍了机器学习中常用的一些基本知识，那么如何将它们运用到机器学习领域呢？显然需要一个学习框架，这里推荐使用 TensorFlow 框架实现前面讲到的各种学习网络。本章将对如何安装 TensorFlow 做一个简单介绍，如图 2.1 所示。

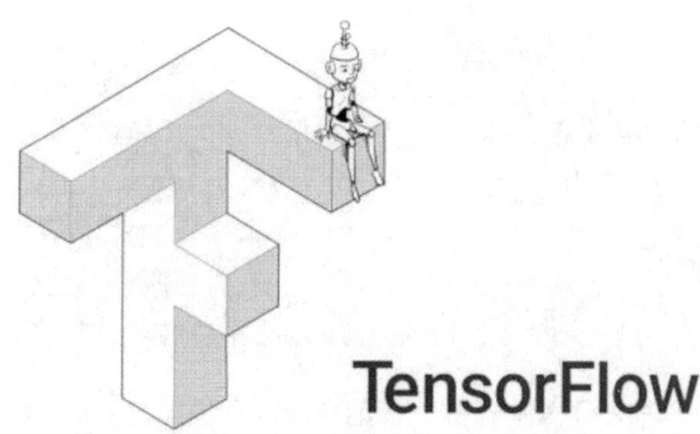

图 2.1　TensorFlow 是一款非常受欢迎的框架

当然，可以实现机器学习的框架有很多，如果读者对其他框架很熟悉，也可以忽略本章的内容。

2.1 安装前的准备工作

无论是机器学习还是深度学习都会包含大量计算任务，因此对计算机的硬件要求较高，但是却没有一个具体的标准，就好像韩信点兵多多益善一样，硬件配置肯定是越高越好，但是高的硬件配置往往价格也是昂贵的，所以说够用即可。在介绍配置的同时也会介绍一下安装 TensorFlow 之前需要的基本环境，如图 2.2 所示。

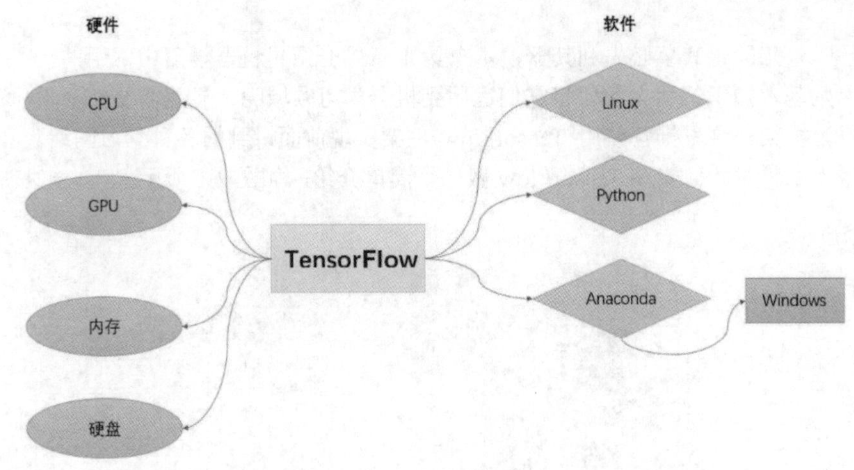

图 2.2 安装之前需要准备的内容

如图 2.2 所示，其中 GPU 不是必需的，以笔者的计算机配置为例，CPU 为 i5-8265U，内存为 8GB，硬盘为 SSD。

安装系统首选 Linux，这是由于几乎所有的深度学习框架都支持 Linux 系统，并且 Linux 系统是开源系统，许多操作系统都是由 Linux 系统二次开发而来的。如果大家想要对机器学习或深度学习做专业性研究，显然 Linux 系统是首选。

但是 Linux 系统的操作习惯和 Windows 系统的操作习惯差别很大，考虑到大多数读者更习惯 Windows 系统，因此本章主要说明在 Windows 系统中如何安装 TensorFlow 框架，如图 2.3 所示。

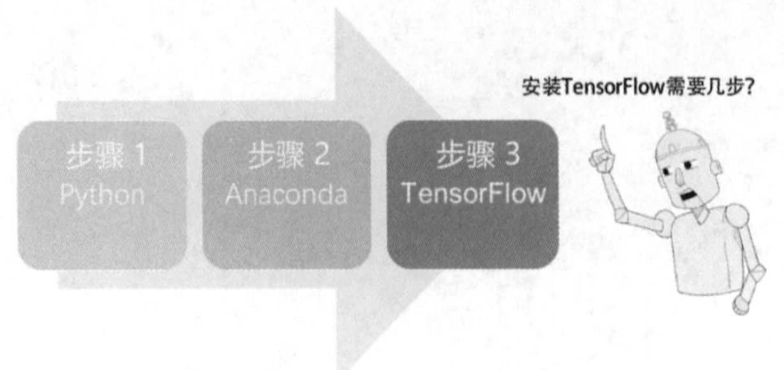

图 2.3 安装 TensorFlow 的步骤（非唯一）

在 Windows 系统中安装 TensorFlow 深度学习框架基本分为 3 步：首先安装 Python，其次安装 Anaconda，最后安装 TensorFlow。接下来将对以上 3 步进行详细介绍。

2.1.1 关于 Python

“人生苦短，我用 Python”是 Python 语言的广告宣传口号，从这句口号能判断出 Python 语言学习的便意性。作为一个面向对象的编程语言，Python 语言以它解释型语言的本质让编程变得通俗易懂，在深度学习的研发过程中极大降低了语言带来的困扰。

Python 语言首次公开是在 1991 年，但是最近几年因为机器学习/深度学习而变得大热起来，算得上是大器晚成的语言。Python 的发展历程如图 2.4 所示。

图 2.4　Python 的发展历程

Python 语言与其他语言相比，最大的特点就是简单粗暴且直接。对于语言的初学者而言，Python 的工作模式非常友好，它内部有非常完善的基础代码库，涵盖网络、GUI、文本、数据库等，因此 Python 又被称为内置电池。用 Python 进行程序开发，很多代码不需要工程师重新编写，直接使用库文件即可。Python 除了内置的文件外还有大量的第三方库文件，也就是别人开发好的文件，使用 Python 时可以直接拿来使用，Python 的特征如图 2.5 所示。

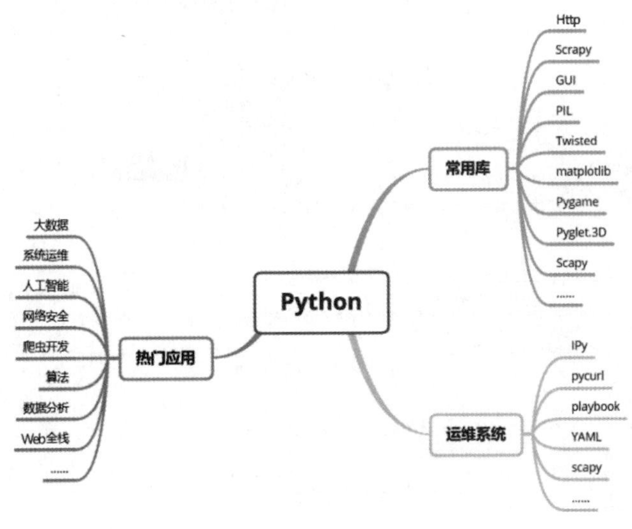

图 2.5　Python 的特征

同时，Python 又被称为胶水语言，通过它可以轻松连接其他不同类型的语言。例如，利用 Python 先构建一个框架，然后对其中有特别需求的部分采用专项语言编写，如图 2.6 所示。

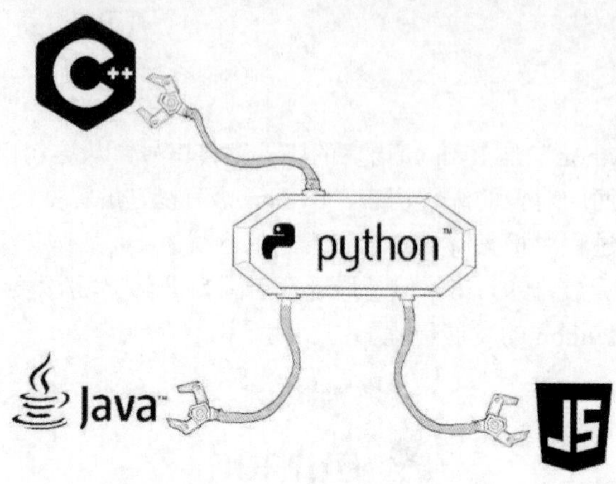

图 2.6　Python 是一款胶水语言

2.1.2　Python 运行环境的安装

Python 安装完毕后，还需要为它安装运行环境。这也是许多 Windows 用户不习惯的地方，毕竟平时安装软件直接安装就好了，从未安装过运行环境，现在突然安装一款软件还要配置相应的运行环境。

Anaconda 中集成了大量的关于 Python 科学计算的第三方应用库，并且有安装方便的特点，Python 作为一个脚本语言，如果不使用 Anaconda，那么第三方应用库的安装会变得相对复杂，各个库之间的依赖就很难建立连接。这里笔者将直接为读者展示最简单的安装 Anaconda 的步骤。

（1）百度搜索 Anaconda，找到它的官方网站并单击进入如图 2.7 所示；或者直接输入官网网址 https://www.anaconda.com/进入。

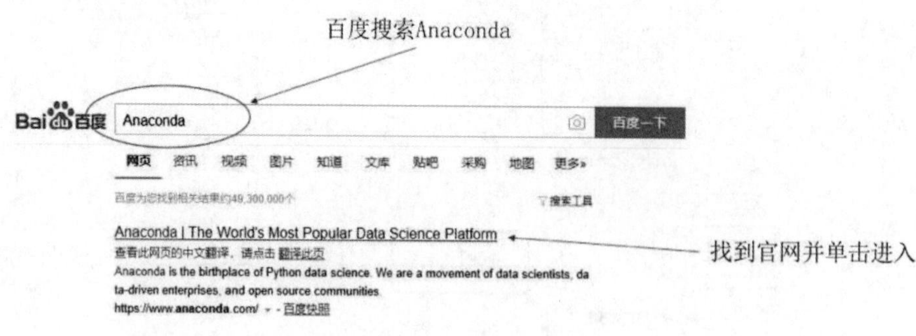

图 2.7　Anaconda 的下载方法

（2）向下滑动官网页面，找到个人版本并单击进入，如图 2.8 所示。

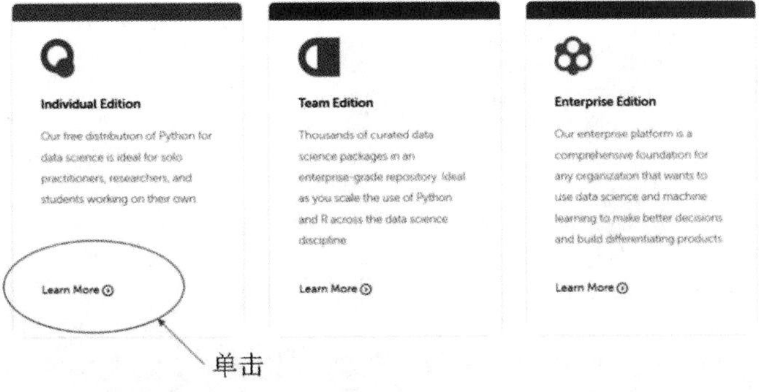

图 2.8 官方入口

（3）继续向下滑动页面，找到 Anaconda 的安装版本产品序列，根据个人实际情况，选择其中一个下载，这里笔者选择的是 Python 3.7 版本 64 位，其中 64 位是指计算机操作系统 64 位，选择 Python 3.7 是由于新版本的 Python 代表了最新的发展方向，未来的兼容性更好，如图 2.9 所示。

图 2.9 下载合适的版本

（4）下载 Anaconda 后，双击下载路径中的.exe 文件，按照安装向导进行安装（图 2.10～图 2.15）。安装完成之后，单击开始图标（Windows 系统）会发现一个名为 Anaconda3 的文件夹，展开文件夹，单击 Anaconda 图标，如图 2.16 所示。

第1步，双击. exe文件。

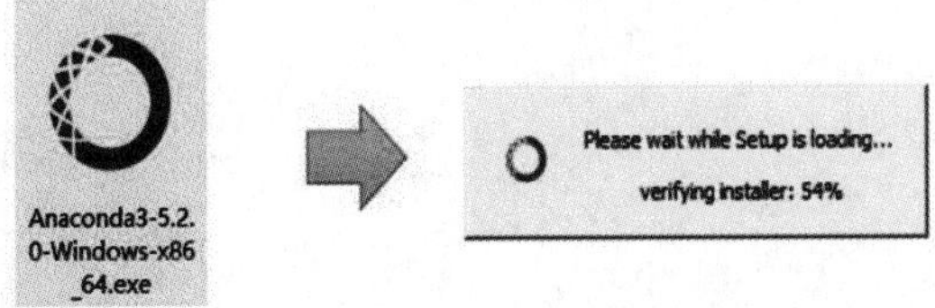

图 2.10 双击.exe 文件

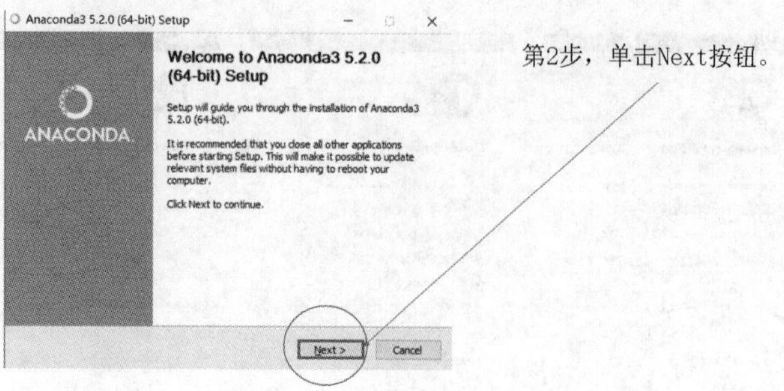

图 2.11　单击 Next 按钮 1

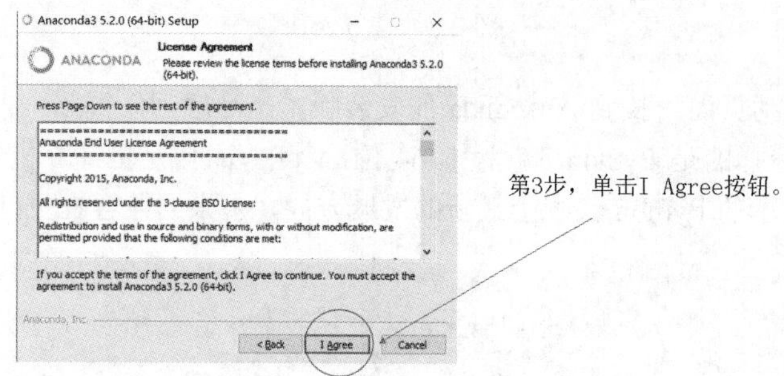

图 2.12　单击 I Agree 按钮

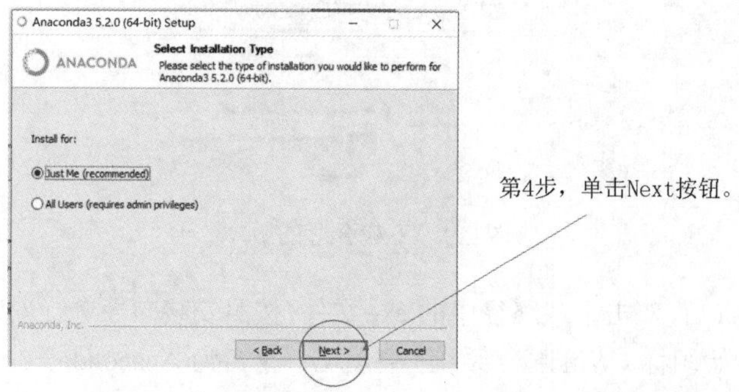

图 2.13　单击 Next 按钮 2

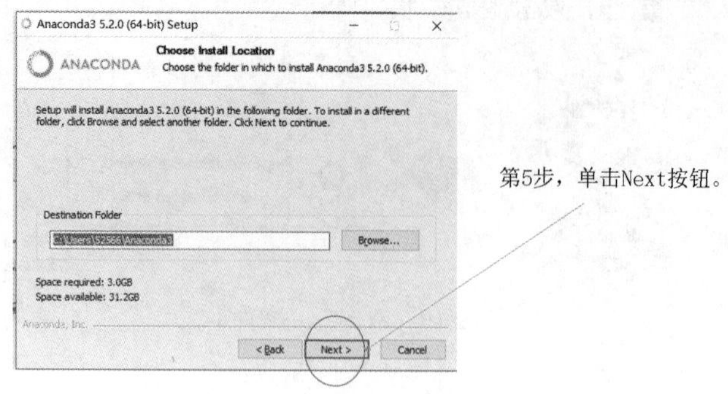

图 2.14　选择存储目录并继续单击 Next 按钮

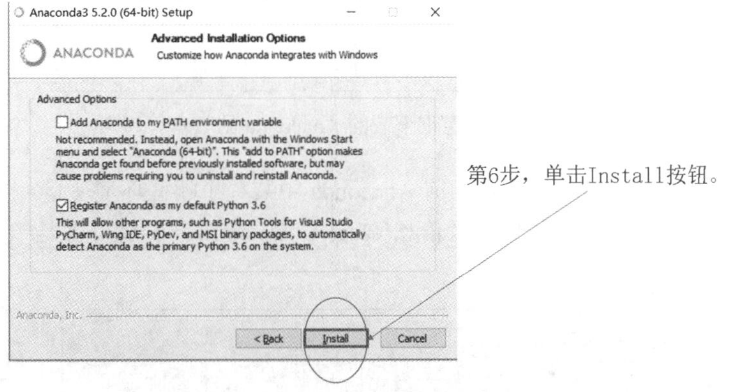

图 2.15　单击 Install 按钮

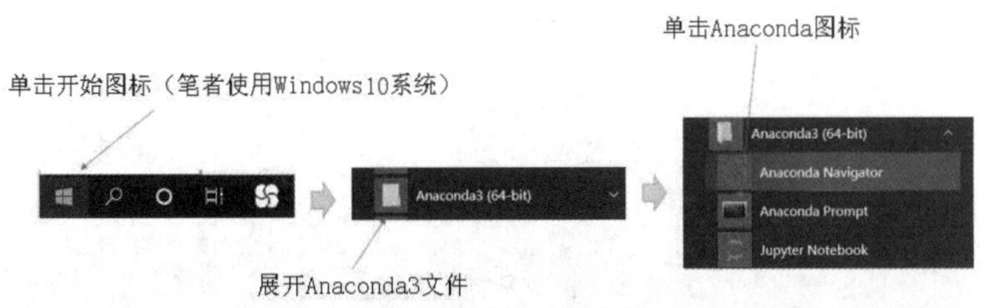

图 2.16　在开始菜单中找到 Anaconda3 文件夹

（5）此时进入环境编程页面，设置环境变量，这里是第一个与大家平时安装常用软件不同的地方，就是要给 TensorFlow 设置环境，这是因为如果环境设置不正确，就无法正常使用 TensorFlow。这与不同的土地性质盖不同的房子是一个道理，如图 2.17 所示。

图 2.17　改变环境变量

进入该页面后，通常会发现页面上仅有的信息就是(base) C:\Users\52566>，该信息表明当前系统的运行环境路径在 C 盘，可以通过输入 conda -- version 指令查询下载的 Anaconda 的版本，如图 2.18 所示。

图 2.18　查询下载的 Anaconda 的版本

输入命令 conda list 可以方便地查询当前 Anaconda 中装载了哪些环境变量（图 2.19），也可以查到刚刚安装的 Python 的版本。这里的路径信息(base) C:\Users\52566>就好像是一个大商场，环境变量就是这个商场中的商家。

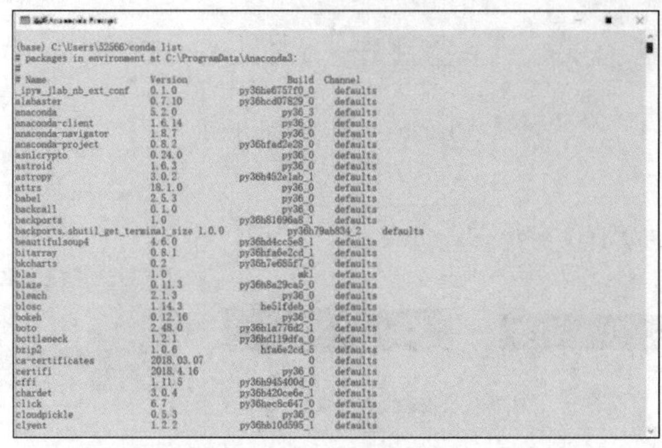

图 2.19　查询环境变量

（6）现在需要安装新的计算框架 TensorFlow，由于 TensorFlow 需要一些特定的环境变量，为了方便管理，这里为它新设置一个环境路径（相当于为它专门建造一座商场，如图 2.20 所示），设置新环境路径的指令如下。

```
conda create -n yourname
```

上面的命令中，yourname 是新设置的环境变量名称，这里可以根据个人喜好设置；conda create 是创建新环境的命令；-n 说明该命令后面的 yourname 是要创建的环境变量的名称。

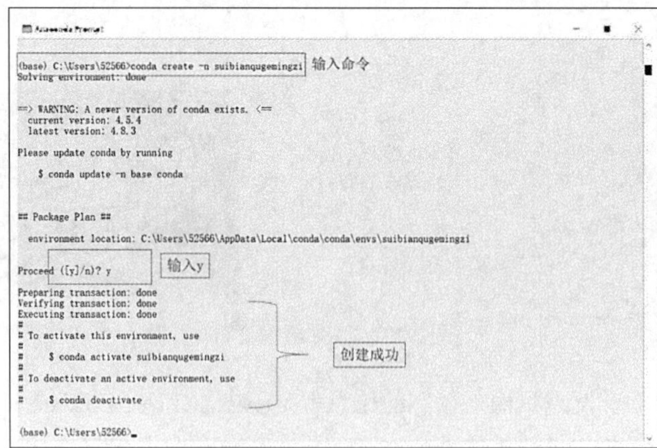

图 2.20　相关命令

（7）输入命令 conda info --envs 查看环境变量是否创建成功，如图 2.21 所示。

```
(base) C:\Users\52566>conda info --envs    查询指令
# conda environments:
#
base                  *  C:\ProgramData\Anaconda3
suibianqugemingzi        C:\Users\52566\AppData\Local\conda\conda\envs\suibianqugemingzi 创建成功
tensorflow               C:\Users\52566\AppData\Local\conda\conda\envs\tensorflow
```

图 2.21　环境信息查询

（8）创建成功后，进入该路径，安装 TensorFlow。

进入创建的环境的命令如下（图 2.22）。

```
conda activate suibianqugemingzi
```

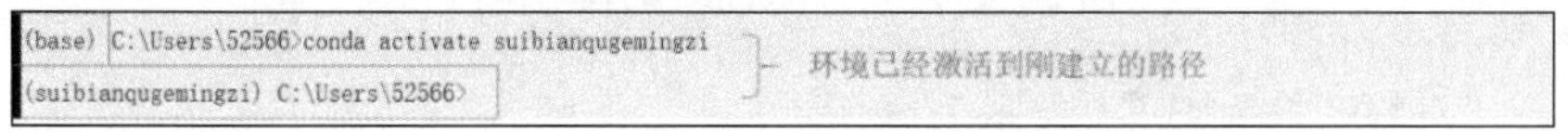

图 2.22　激活环境变量

安装 TensorFlow 的相关命令如下。

- 查看当前 TensorFlow 版本的命令。

```
conda search  --full -name TensorFlow
```

- 查看各版本 TensorFlow 包信息及依赖关系的命令。

```
conda  info  TensorFlow
```

注意

以上命令会查到非常多的TensorFlow版本，然后会查到更多的依赖关系，这里不再为大家呈现。

- 最后是安装 TensorFlow 的命令。

```
pip install --upgrade --ignore -installed TensorFlow
```

2.2　开始使用 TensorFlow

很多读者已经正确安装了 Anaconda 和 TensorFlow，但是依然无法使用 TensorFlow，总是报错，提示无法找到 TensorFlow。下面将讲解如何使用 TensorFlow。

2.2.1　系统内配置 Anaconda 的使用路径

当提示无法找到 TensorFlow 的错误时，通常是系统变量的路径没有更新，解决的方法有两种，一种是从系统内更新环境变量，方法如下（针对 Windows 10 系统）。

（1）进入系统设置面板，单击“高级系统设置”按钮，如图 2.23 所示。

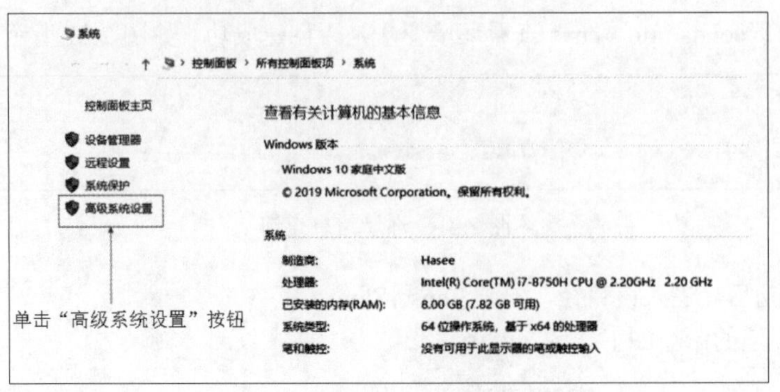

图 2.23　配置 Anaconda 的使用路径

（2）单击“环境变量”按钮，如图 2.24 所示。

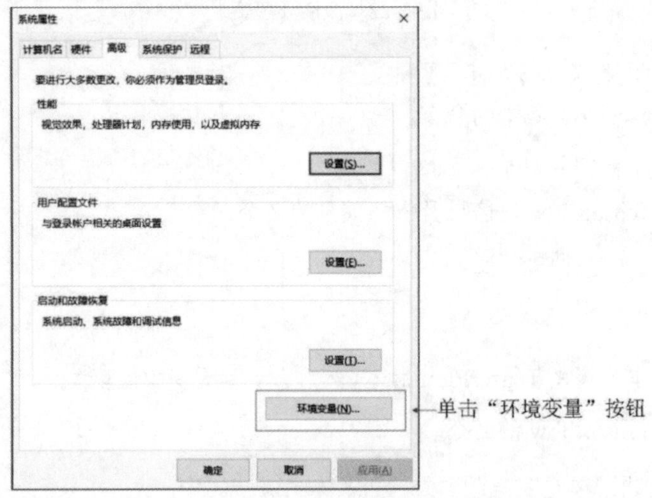

图 2.24　环境变量

（3）在系统变量窗口找到 Path 行，选中后单击“编辑”按钮进入编辑界面，如图 2.25 所示。

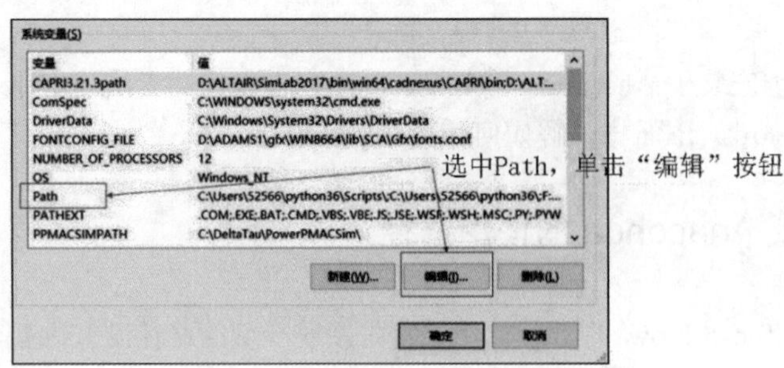

图 2.25　编辑 Path

（4）选中希望执行的 Python 版本，上移至顶部，设置完成，如图 2.26 所示。

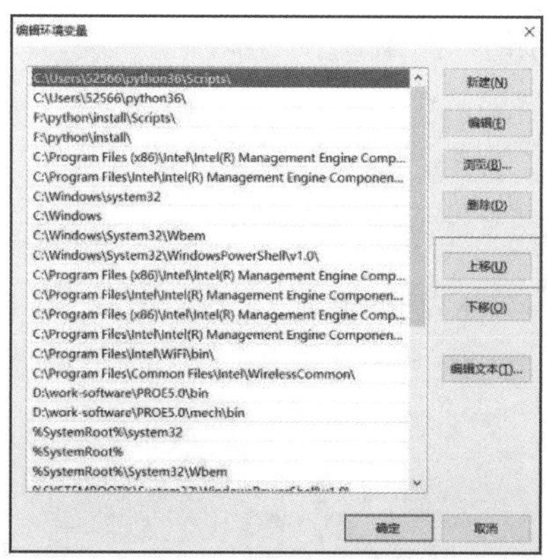

选中Python版本，
上移至顶部

图 2.26　选中 Python 版本

2.2.2　在 Anaconda Navigator 内设置路径

由于 TensorFlow 安装在 Anaconda 环境内，之前说过 Anaconda 强大之处在于内置了很多学习框架需要的环境变量，这也包括快速设置路径的方式。

操作方法如下。

（1）首先单击开始图标，展开 Anaconda3 菜单，单击 Anaconda Navigator 进入程序，如图 2.27 所示。

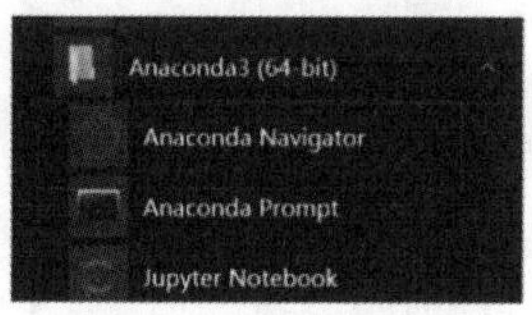

展开开始菜单中的Anaconda3
文件夹，单击Anaconda Navigator
进入程序

图 2.27　从开始菜单进入

（2）进入环境设置界面，如图 2.28 所示。

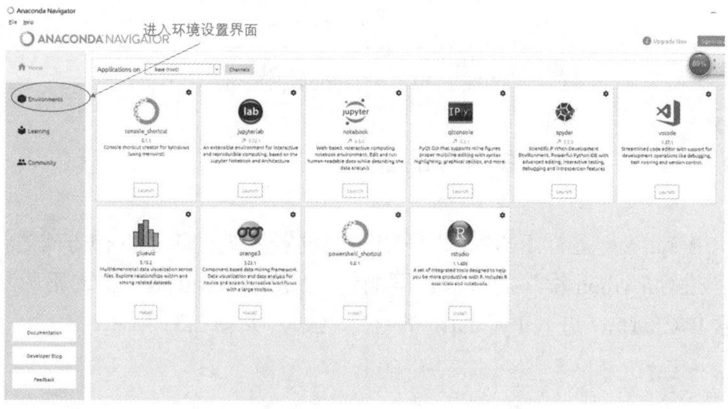

图 2.28　Anaconda 导航窗口

（3）选中 TensorFlow 的安装路径并激活，如图 2.29 所示。

图 2.29　激活路径

（4）设置完成。到这一步，已经完成了环境的配置，现在就可以在开始菜单中的 Anaconda3 文件夹中单击 Jupyter Notebook 开启建模之旅了，如图 2.30 所示。

图 2.30　Notebook 主页

2.2.3　Python 编译器（PyCharm）的安装

前面介绍了使用 Jupyter 进行 Python 程序编写的设置方式，除了这种方式之外，大家还可以使用 PyCharm 编译器进行 Python 程序的编写。下面将介绍 PyCharm 编译器的下载和安装方法。

首先百度搜索 PyCharm，进入 PyCharm 的官方网站，如图 2.31 所示。

图 2.31　PyCharm 的官方网站

单击 DOWNLOAD 按钮后进入版本选择界面，根据个人需求选择不同版本，其中社区版本为免费版，基本可以满足正常使用需求，如图 2.32 所示。

图 2.32　版本选择界面

文件下载完成后，运行应用程序，单击 Next 按钮，采用默认方式安装，如图 2.33 所示。

需要注意的是，如果计算机上之前安装过 PyCharm，系统会提示您是否要卸载旧版本，如图 2.34 所示。这里可以根据自己的喜好决定，笔者选择卸载旧版本。

图 2.33　PyCharm 社区版的安装界面 1

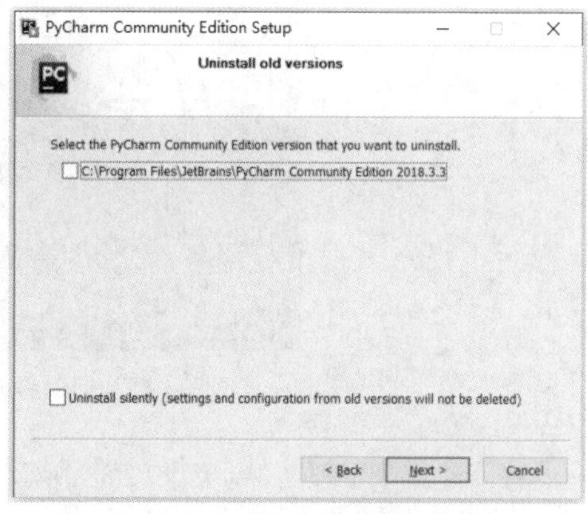

图 2.34　PyCharm 社区版的安装界面 2

卸载完旧版本后，开始安装新版本，选择存储路径，如图 2.35 所示。

安装完成后，单击 Finish 按钮，如图 2.36 所示。

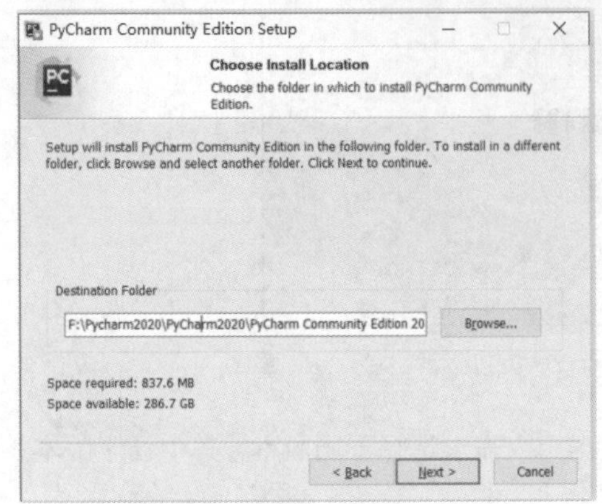

图 2.35　PyCharm 社区版的安装界面 3

图 2.36　PyCharm 社区版的安装界面 4

2.2.4　利用 Python 创建程序

通过上述指令完成 PyCharm 的安装后，双击桌面上新生成的应用图标，进入 PyCharm 程序界面。如果是第一次启动该程序，系统会提醒是否要指定程序的存储位置，这里一般选择程序默认的存储位置，然后即可进入程序创建界面，如图 2.37 所示（不同的版本，显示的样式不同，笔者的版本是 2020 版）。

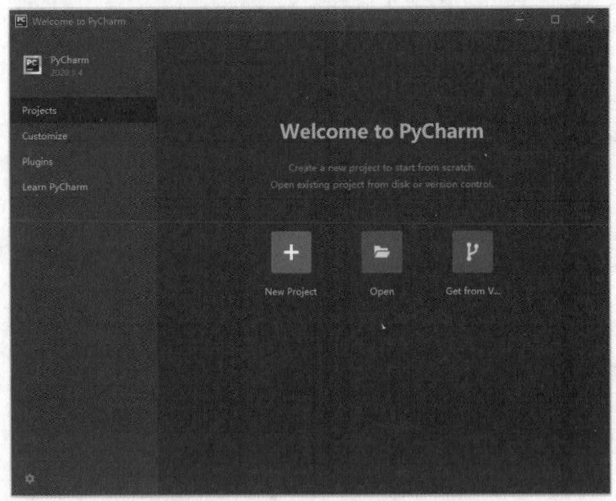

图 2.37　PyCharm 的程序创建界面

选择新建一个工程文件，如图 2.38 所示。

单击 Create 按钮后，会出现如图 2.39 所示的提示界面，这里可以根据需要单击查看，或者直接单击 Close 按钮关闭。

创建.py 文件，并命名为 hello world，如图 2.40 所示。

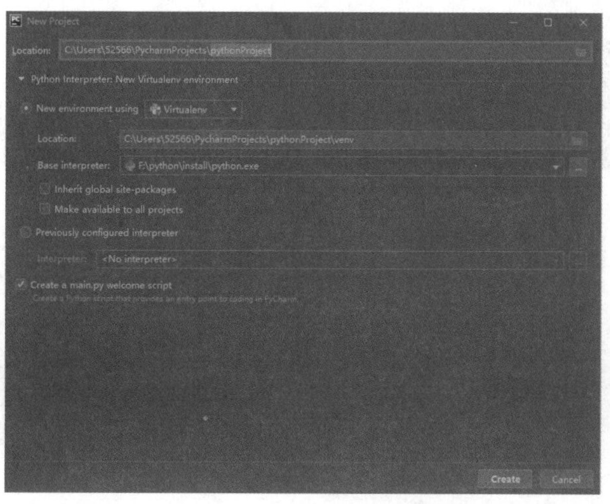

图 2.38　新建工程文件界面

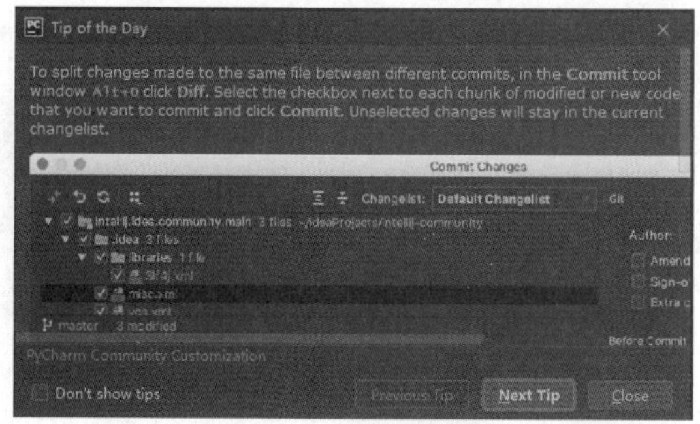

图 2.39　提示界面

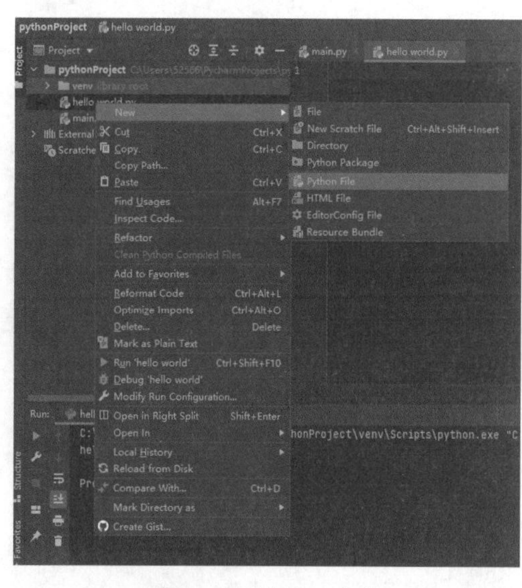

图 2.40　创建.py 文件

在 PyCharm 的右侧界面输入 print("hello world")，如图 2.41 所示。

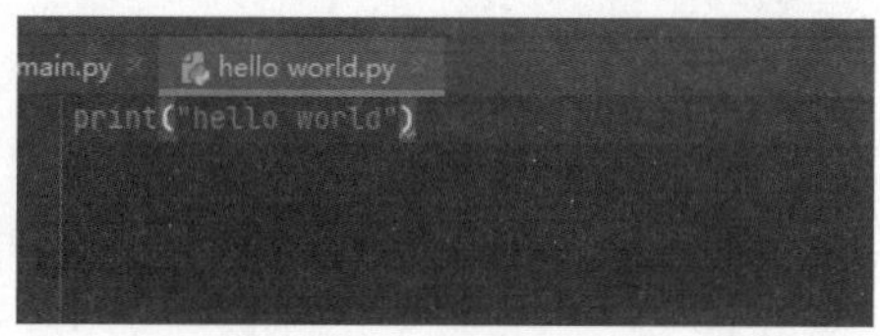

图 2.41　PyCharm 的右侧界面

输入代码后，单击右上角的运行按钮；或者右击 hello world.py 文件，在弹出菜单中选择 run。如果下侧窗口中成功输出 hello world，那么说明 Python 与 PyCharm 的配置文件正确，如图 2.42 所示。

图 2.42　PyCharm 的下侧窗口

第 3 章

初识 TensorFlow

TensorFlow 是当前最热门的深度学习框架之一，它的计算过程对于不了解它的人来说像一个黑匣子，为了弄清楚 TensorFlow 的计算过程，可以登录 TensorFlow 游乐场，这里具体而形象地介绍了 TensorFlow 的计算过程及基本特征。

本章将对 TensorFlow 进行基本介绍，包括：

- TensorFlow 游乐场的基本设置。
- TensorFlow 的参数说明。
- 张量及会话的概念。
- 计算流图。

3.1　走进 TensorFlow 游乐场

TensorFlow 游乐场可以通过百度搜索 A Neural Network Playground 进入，进入该网站后，可以看到如图 3.1 所示的页面。本节将为读者介绍该页面所展示的各部分的功能，通过本节的学习，读者可以对 TensorFlow 的计算流程有一个具体的了解。

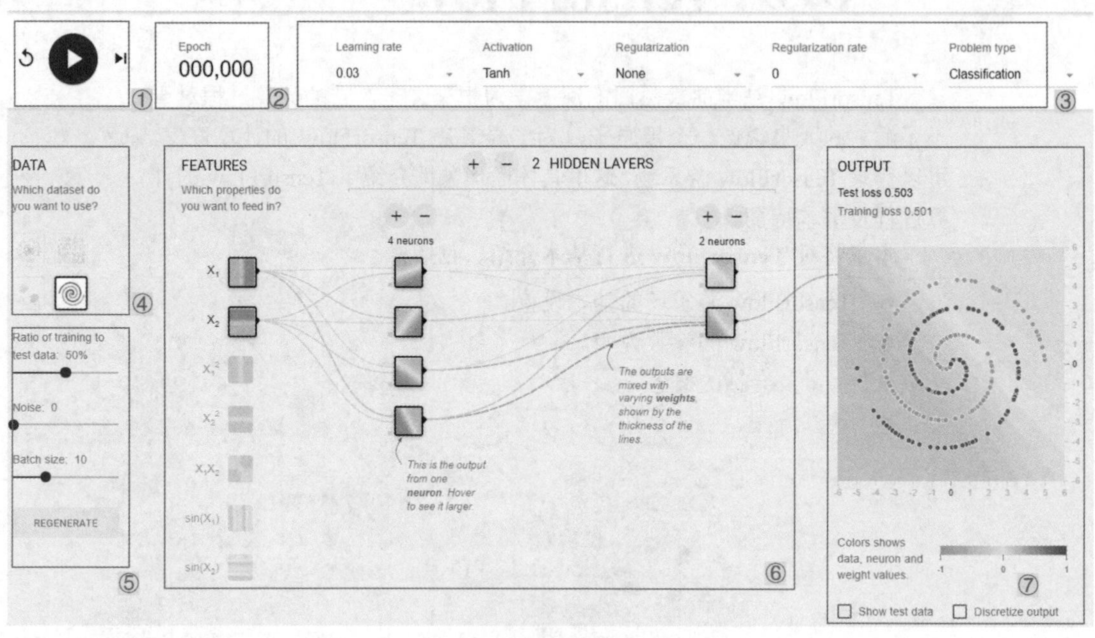

图 3.1　TensorFlow 游乐场功能导航

如图 3.1 所示，该页面被拆分为 7 个部分：启动按钮、循环次数、优化选项设置、数据选择、训练参数设置、神经网络设置、输出。

3.1.1　启动按钮和循环次数

启动按钮部分和循环次数部分的特点如图 3.2 所示。

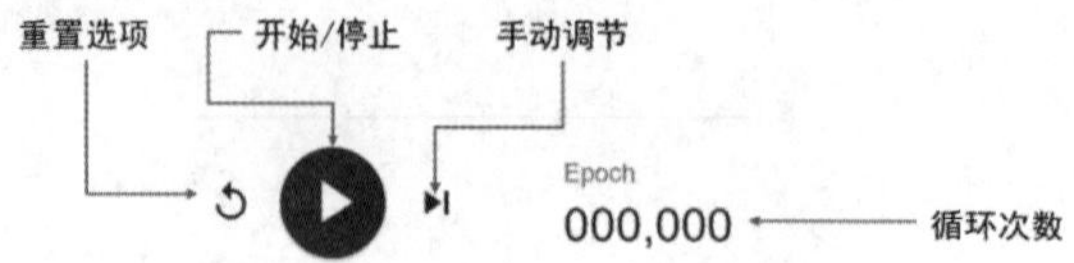

图 3.2　TensorFlow 游乐场的启动按钮和循环次数

启动按钮和循环次数比较简单，这里不再赘述。

3.1.2 优化选项设置

优化选项设置是需要重点讲解的部分，如图 3.3 所示，从左到右依次是学习率选项、激活函数选项、正则化选项、正则化率选项、问题类型选项。

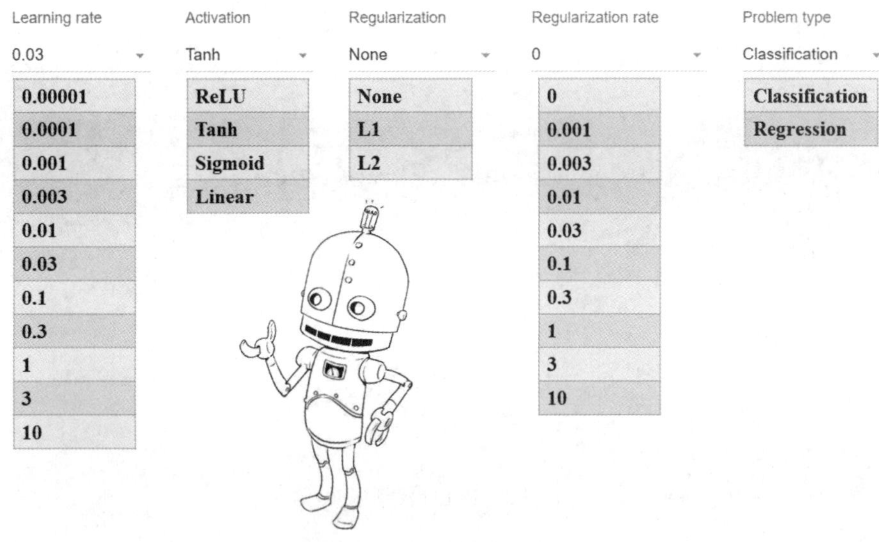

图 3.3 优化选项设置

1. 学习率

该数值越大，优化速度越快，但是如果设置的数值过大，会导致优化结果不收敛；如果数值设置得过小，尽管结果收敛，但是会占用较多计算时间（图 3.4）。因此设置合适的学习率非常重要。第 5 章有与学习率相关的介绍。

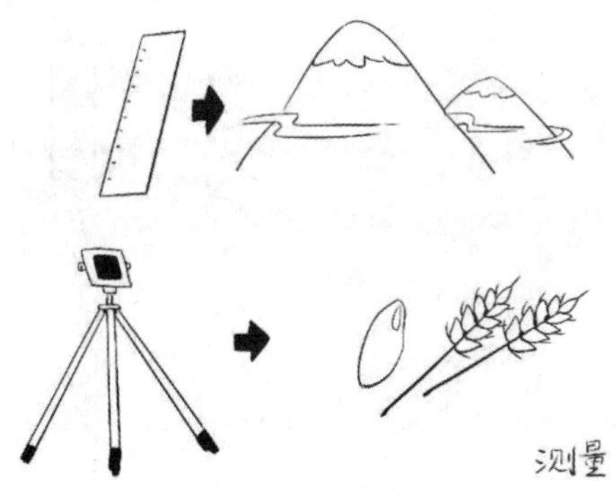

图 3.4 学习率

2. 激活函数

激活函数的目的是去线性化，常用的激活函数有 ReLU 函数、Tanh 函数、Sigmoid 函数、Linear

函数。关于激活函数，第 4 章有详细介绍。

（1）ReLU 激活函数的效果如图 3.5 所示。

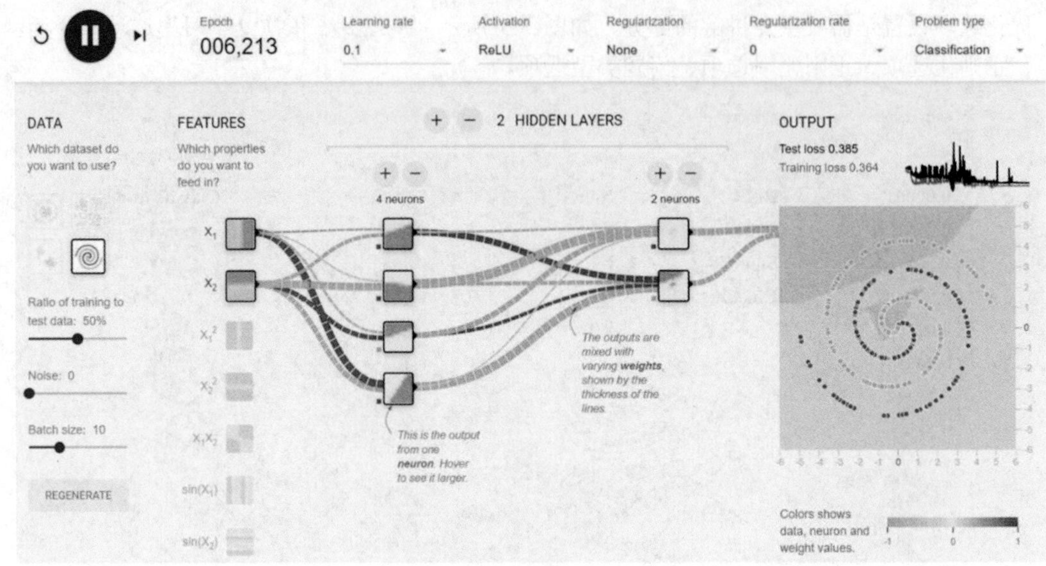

图 3.5　ReLU 激活函数

（2）Tanh 激活函数的效果如图 3.6 所示。

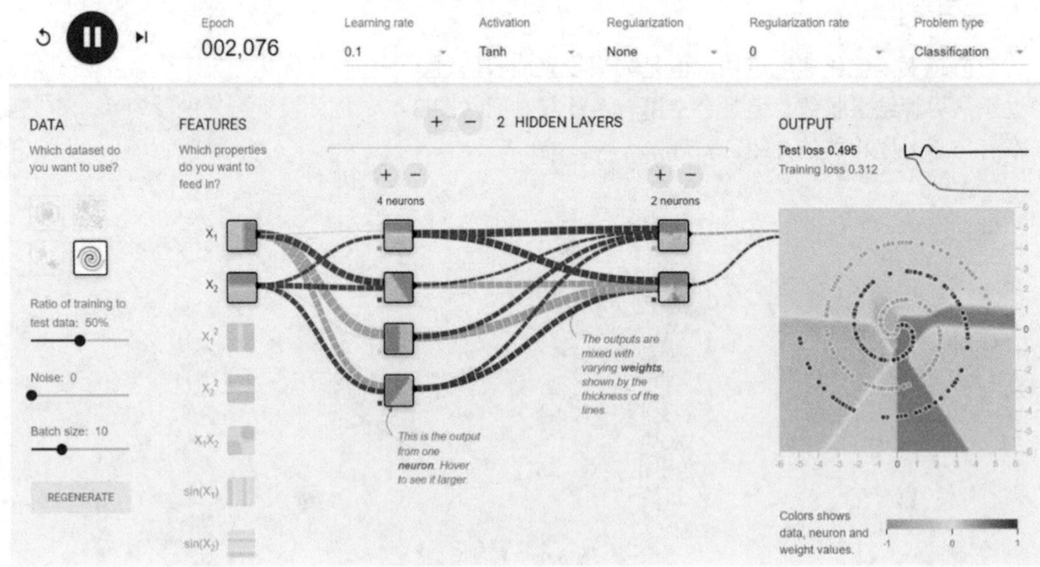

图 3.6　Tanh 激活函数

（3）Sigmoid 激活函数的效果如图 3.7 所示。

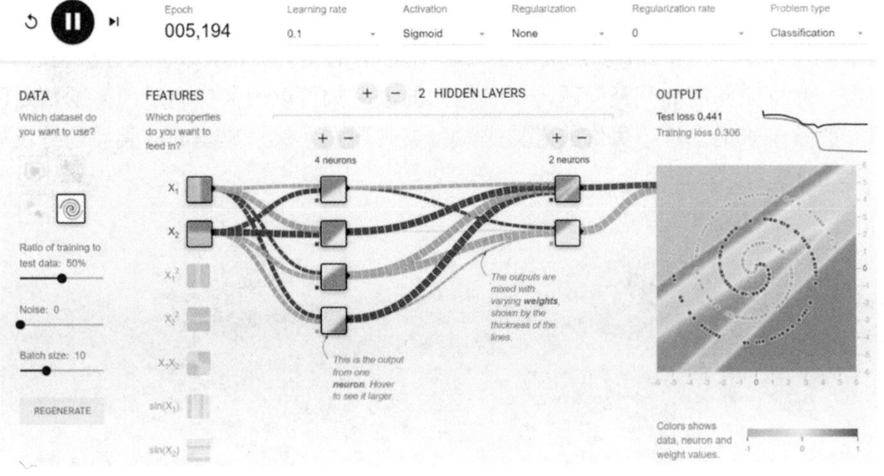

图 3.7　Sigmoid 激活函数

（4）Linear 激活函数的效果如图 3.8 所示。

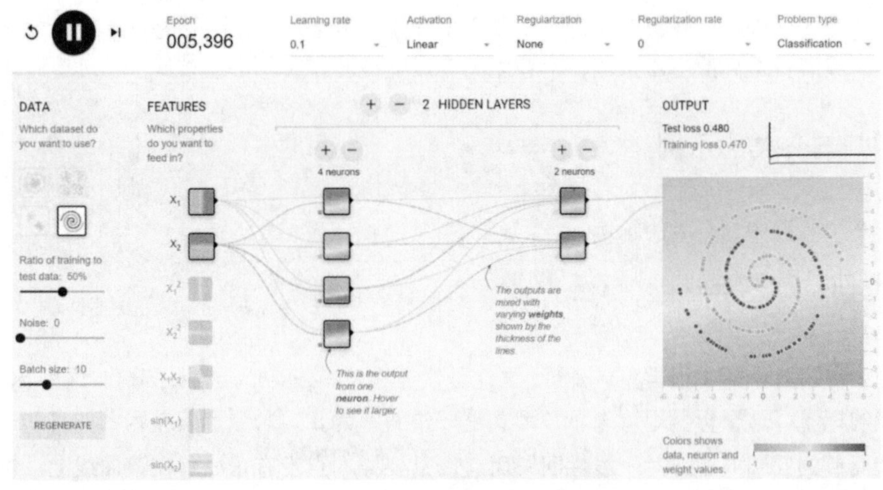

图 3.8　Linear 激活函数

3. 正则化

正则化有 L_1 正则化和 L_2 正则化，正则化的目的是优化参数的数量。深度学习在计算过程中往往会由于参数的数量过多导致计算效率降低，通过正则化处理可以有效优化参数数量。关于正则化的计算原理，第 5 章有详细介绍。

4. 正则化率

正则化率被称为正则化幅度，即采用的正则化参数的水平，是一个参数优化概念。

5. 问题类型

这是本章涉及的第一个重点，也是机器学习/深度学习的主要目的，即解决分类问题或回归问题。

问题类型分为回归问题和分类问题，平时见到的大多数可以用曲线表示的问题都是回归问题，如天气预报、股票未来的涨跌、房价的走势等；分类问题则不然，典型的分类问题有垃圾邮件、好坏问题等，如图 3.9 所示。

（a）回归问题　　（b）分类问题

图 3.9　回归问题与分类问题

分类和回归的区别在于输出变量的类型。定量输出称为回归，或者说是连续变量预测；定性输出称为分类，或者说是离散变量预测，两者之间可以互换。

3.1.3　回归与分类的示例

下面列举一些回归与分类的示例。

1. 线性回归和逻辑回归

- 线性回归

线性回归在日常生活中很常见。例如，二元一次方程 $y = ax + b, x \in (-\infty, +\infty)$ ，这里 $ax + b$ 的结果是一个连续的标量，这个标量用 y 表示，形式是一条斜率为 a 、与原点偏差为 b 的直线，该直线可以用于处理简单的回归问题。对于线性回归而言，只要样本点没有正好落在该曲线上（本例是一条直线），就要被计算损失。

- 逻辑回归

将上述的 $ax + b$ 通过激活函数映射到(0,1)上，并设定一个阈值，大于阈值的分为一类，小于或等于阈值的分为另一类，于是回归问题就变成了二分类问题（图 3.10）。如果引入 Softmax 函数，则二分类问题又可以进一步变为多分类问题。

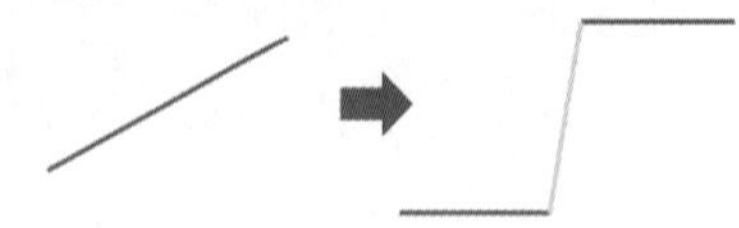

图 3.10　逻辑回归的原理

2. SVR 与 SVM

- SVR

SVR（Support Vector Regression，支持向量回归）是 SVM（Support Vector Machine，支持向量机）对回归问题的应用。

既然是回归问题，那么 SVR 从本质上就与上面提到的线性回归是一致的，都遵循 $y = ax + b$，$x \in (-\infty, +\infty)$，只不过计算损失的原则和目标优化函数有所区别。线性回归要严格遵循样本点必须落在曲线上的原则，否则就要被计算损失。相对而言，SVR 就要“宽容”很多，支持向量损失定义了一个“隔离带”，只要样本点落入该隔离带，就可以不用计算损失，反之落在了隔离带外需要计算损失，如图 3.11 所示。

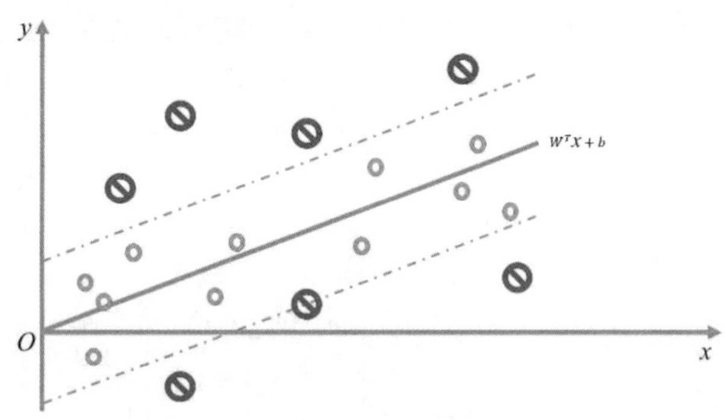

图 3.11　SVR 的隔离带

SVR 通过最小化隔离带的宽度与总损失进行模型优化，这里涉及两个松弛变量：ξ 和 ξ^*。SVR 模型的优化原理如图 3.12 所示。

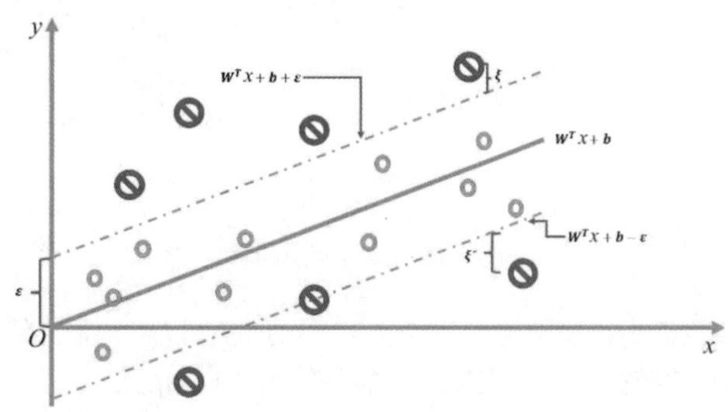

图 3.12　SVR 模型的优化原理

图 3.12 涉及的公式见式（3.1）～式（3.3）。

$$f(x) = W^T x + b \quad (3.1)$$

$$y^+ = W^T x + b + \varepsilon \quad (3.2)$$

$$y^- = W^T x + b - \varepsilon \quad (3.3)$$

式（3.1）是 SVR 最终要得到的模型函数。

式（3.2）是隔离带的上边缘。

式（3.3）是隔离带的下边缘。

ξ 和 ξ^* 分别是隔离带上边缘上的点和隔离带下边缘上的点到隔离带的距离，计算公式为

$$\begin{cases} \xi_i = y_i - (f(x_i) + \varepsilon), \text{if}: y_i > f(x_i) + \varepsilon \\ \xi_i = 0, \text{otherwise} \end{cases}$$

$$\begin{cases} \xi_i^* = (f(x_i) + \varepsilon) - y_i, \text{if}: y_i < f(x_i) - \varepsilon \\ \xi_i^* = 0, \text{otherwise} \end{cases}$$

- SVM

SVM 与 logistic 分类器类似，也是一种二分类模型，但是学习策略和 SVR 一样，都是设置一个隔离带，区别就是 SVR 关注落在隔离带内部的样本，而 SVM 则关注落在隔离带外部的样本。

理论上，SVM 算法涉及很多概念，如支持向量（Support Vector）、超平面、间隔、核函数（Kernel Function）、凸优化、对偶（Duality）等。下面重点解释什么是支持向量和超平面。

（1）支持向量。如图 3.13 所示，有两个类别，现在要找到一条曲线对这两个类别进行划分，很显然，这种曲线可以画无数条，那么如何找到一条最优的曲线呢？可以把每条曲线加宽，然后找到宽度最大的那一条。这条曲线（此时已经变成面）称为超平面，这个超平面的边界穿过的单元，就是支持向量。

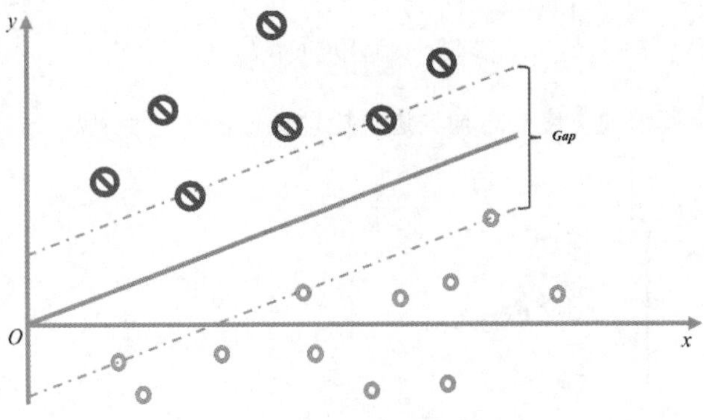

图 3.13　支持向量概念

（2）超平面。现实生活中很少会遇到如图 3.13 所示的可以用一条直线直接将数据进行划分的情况，大多数情况下遇到的数据是无法直接划分的，如图 3.14 所示。

为了应对这种情况，学者们进入了高维度的概念，将低维度数据映射到高维度上面，然后再进行划分，在高维度上构建的曲面称为超平面，如图 3.15 所示。

图 3.14　无法直接划分的数据

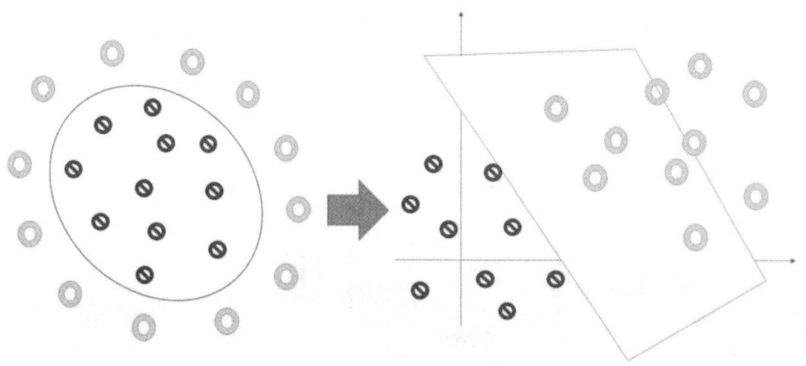

图 3.15　超平面解决方案

3. 贝叶斯分类和贝叶斯回归

- 贝叶斯分类

贝叶斯算法是机器学习或深度学习最重要的算法思想，它主要用于进行分类任务，关于贝叶斯分类的计算过程可以表示如下。

基于属性条件独立假设，贝叶斯分类算法可以写为

$$P(A \mid B_i)=\frac{P(B_i \mid A)P(A)}{P(B_i)}=\frac{P(A)}{P(B_i)}\prod_{i=1}^{n}P(B_i \mid A)$$

由于对所有类别而言 $P(x)$ 相同，因此贝叶斯判定准则可以写为

$$h_{nb}(x)=\arg\max_{b\in S} P(c)\prod_{i=1}^{d}P(x_i \mid b)$$

令 b 表示样本空间 S 中第 b 类样本组成的集合，如果有足够的独立同分布样本，则可以容易地估计出样本 b 的先验概率，公式为

$$P(b)=\frac{|b|}{|S|}$$

对于离散的样本分布而言，令 $b\cap x_i$ 表示在 b 中第 i 个属性上取值为 x_i 的样本组成的集合，则条件概率 $P(x_i \mid b)$ 可以表示为

$$P(x_i \mid b)=\frac{b\cap x_i}{|b|}$$

对于连续型的样本分布而言，采用概率密度函数的形式，如令 $P(x_i \mid b)\sim\aleph(\mu_{b,i},\sigma_{b,i}^2)$,其中 $\mu_{b,i}$ 和 $\sigma_{b,i}^2$ 分别是第 b 类样本在第 i 个属性上取得的均值和方差，因此条件概率表示为

$$P(x_i \mid b)=\frac{1}{\sqrt{2\pi}\sigma_{b,i}}\exp(-\frac{x2-\mu_{b,i}}{2\sigma_{b,i}^2})$$

贝叶斯分类问题的处理步骤可以分为以下几个阶段，如图 3.16 所示。

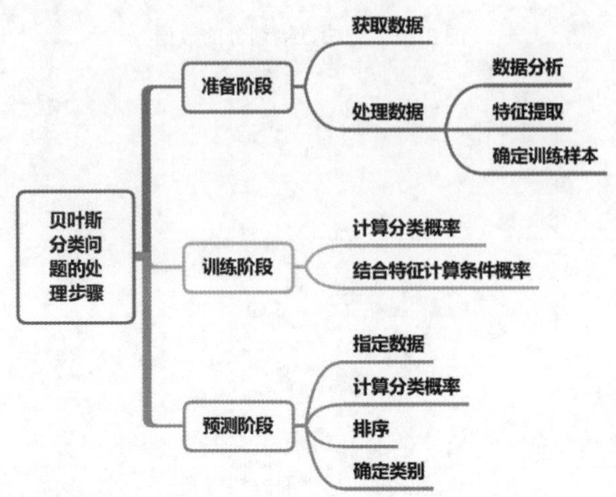

图 3.16　贝叶斯问题的处理步骤

下面用一个案例说明贝叶斯分类问题，案例数据集见表 3.1。

表 3.1　数据集

序　号	特　征			类别
	房产	收入	负债	
1	多	高	少	富人
2	多	中	少	富人
3	少	中	少	富人
4	中	中	中	富人
5	少	高	多	穷人
6	少	少	少	穷人
7	少	中	中	穷人
8	中	中	多	穷人

该数据集包含的特征有房产、收入和负债，类别分为富人和穷人。

此案例的目标是训练一个模型，该模型可以根据以上特征判断一个人是富人还是穷人。

假设有一个房产很少、收入很高并且无负债的人，请问他是富人还是穷人？

为了便于分析，本案例进行如下约定。

（1）A_1：房产=少。

（2）A_2：收入=高。

（3）A_3：负债=少。

（4）H_1：穷人。

（5）H_2：富人。

将这个场景要解决的问题简化为数学模型，则是判断 $P(Q \mid ABC)$ 和 $P(F \mid ABC)$ 哪个大哪个小。分析步骤如下。

```
# 贝叶斯的推导公式
P(H1|A1A2A3)
=P(H1|A1)*P(H1|A2)*P(H1|A3)
=[P(A1|H1)*P(H1)]*[P(A2|H1)*P(H1)]*[P(A3|H1)]*P(H1)]/[P(A1)*P(A2)*P(A3)]
P(H2|A1A2A3)
=P(H2|A1)*P(H2|A2)*P(H2|A3)
=[P(A1|H2)*P(H2)]*[P(A2|H2)*P(H2)]*[P(A3|H2)]*P(H2)]/[P(A1)*P(A2)*P(A3)]

# 根据分类统计计算 P(Hi)
# 统计数据中的分类结果只有两类（穷人和富人），且各出现 4 次，因此
P(H1)=0.5
P(H2)=0.5
# 分别计算房产少、收入高、负债少的占比情况
P(A1)=0.5
P(A2)=0.25
P(A3)=0.5

# 计算 P(Ai|Hi)
# 根据统计数据和问题，计算穷人房产少、收入高、负债少的概率分别是多少
P(A1|H1)=0.75
P(A2|H1)=0.25
P(A3|H1)=0.25
# 根据统计数据和问题，计算富人房产少、收入高、负债少的概率分别是多少
P(A1|H2)=0.25
P(A2|H2)=0.25
P(A3|H2)=0.75
# 计算ΠP(Ai|Hi)*P(Hi)/ΠP(Ai)
P(H1|A)=0.75*0.5*0.25*0.5*0.25*0.5/(0.5*0.25*0.5)=0.0875
P(H2|A)=0.25*0.5*0.25*0.5*0.75*0.5/(0.5*0.25*0.5)=0.0875
```

最终发现这个人属于富人和穷人的概率是一样的，造成这种情况的原因是样本数量过少，产生了欠拟合现象。

- 贝叶斯回归

贝叶斯回归问题可以看作对极大似然估计的应用。

4. 前馈神经网络解决分类问题和回归问题

- 解决回归问题

神经网络最后一层神经元，将每个神经元的输出看作一个标量 v，将这些标量输出到一个神经元上，该神经元的输出为 $wv+b$，由于该输出结果是一个连续值，因此可以用于解决回归问题。

- 解决分类问题

当上述神经网络的最后一层神经元输出到多通道的结果上时，就有了不同的 $wv+b$，此时利用 softmax 进行分类，可以用于解决分类问题。

5. 循环神经网络解决分类问题和回归问题

循环神经网络解决分类问题和回归问题的方式与前馈神经网络解决分类问题和回归问题的方式类似，这里不再赘述。

3.1.4 数据选择

TensorFlow 游乐场的第 4 部分是数据选择部分，包括 4 个分类问题和 2 个回归问题，如图 3.17 所示。

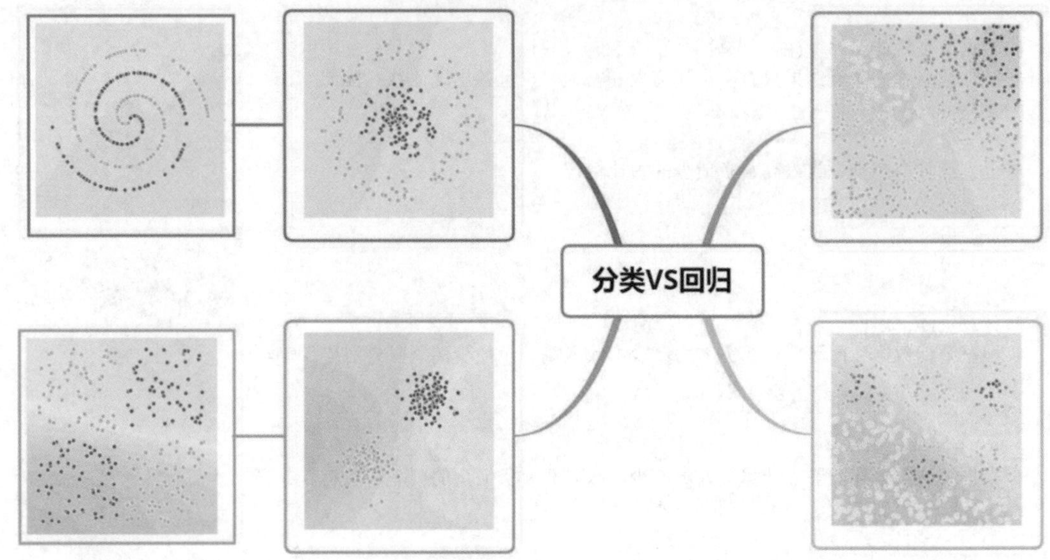

图 3.17 TensorFlow 游乐场中的回归问题与分类问题

3.1.5 训练参数设置

TensorFlow 游乐场的第 5 部分是训练参数设置部分，分别为测试数据量、噪声及训练批次大小。测试数据量是指输入数据的大小，如图 3.18 所示。

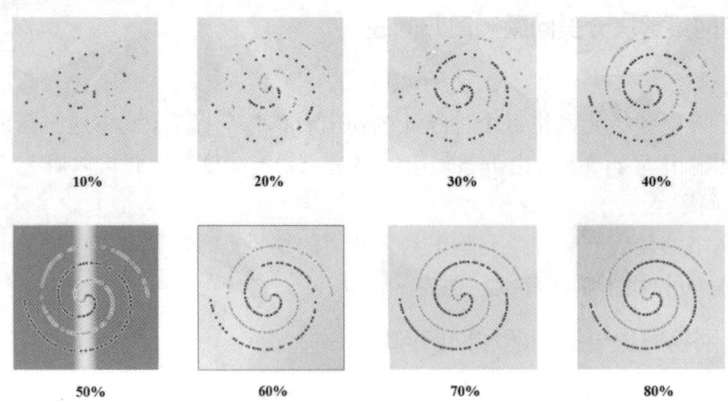

图 3.18 TensorFlow 游乐场中的测试数据量

噪声的意义与测试数据量的意义相同，如图 3.19 所示。

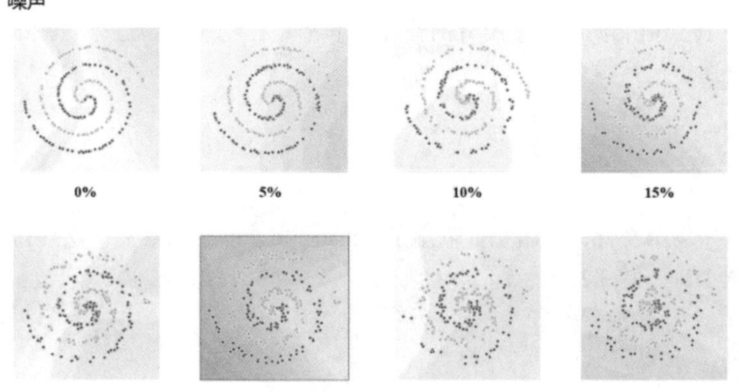

图 3.19　TensorFlow 游乐场中的噪声

3.1.6　神经网络设置

TensorFlow 游乐场的第 6 部分（神经网络设置）是本页面最重要的部分，理解了这一部分的内容，就基本理解了 TensorFlow 的计算原理，如图 3.20 所示。

该部分包含了 TensorFlow 计算框架最重要的数据元素。

（1）输入特征。输入特征是指输入的参数，在 TensorFlow 中，通过对输入参数的计算，得到人们预先设定的结果。

（2）权重。权重是 TensorFlow 中重要的设计变量，机器学习的优化过程本质上就是对权重的优化，通过反向传播神经网络对权重进行更新，直到 loss 函数接近于 0，认为优化基本结束，此时的模型就是求解的模型。

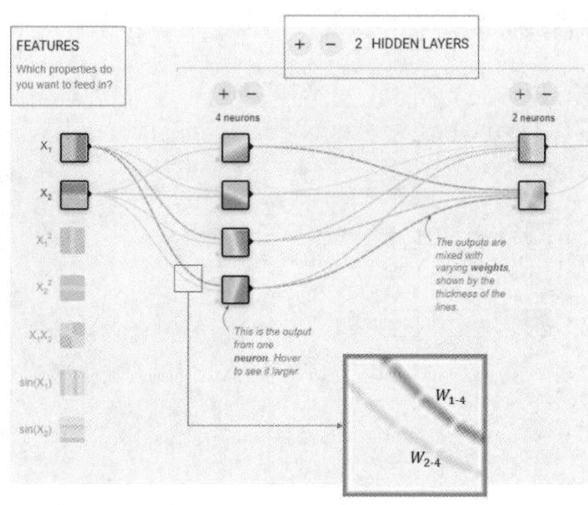

图 3.20　TensorFlow 游乐场中的神经网络设置部分

（3）偏置。偏置与权重一样，都是 TensorFlow 中的设计变量，但是改变量的数量往往远低于权重的数量。

（4）隐藏层。TensorFlow 中几乎所有的计算过程都是在隐藏层中进行的，隐藏层可以根据需要进行配置，隐藏层通常包括卷积层、池化层等。

3.1.7 输出

TensorFlow 游乐场第 7 部分是输出，输出是 TensorFlow 框架的最后一层。TensorFlow 游乐场中的可视化结果如图 3.21～图 3.25 所示。

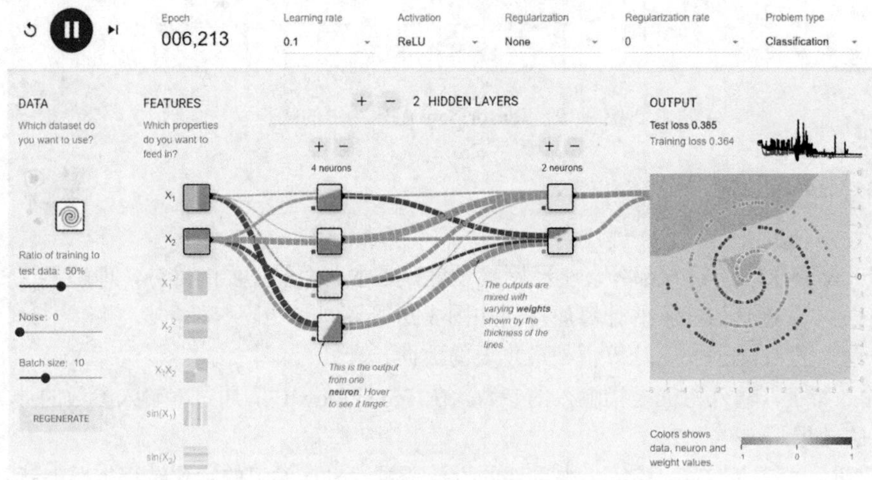

图 3.21 TensorFlow 游乐场中的可视化结果（2 输入）

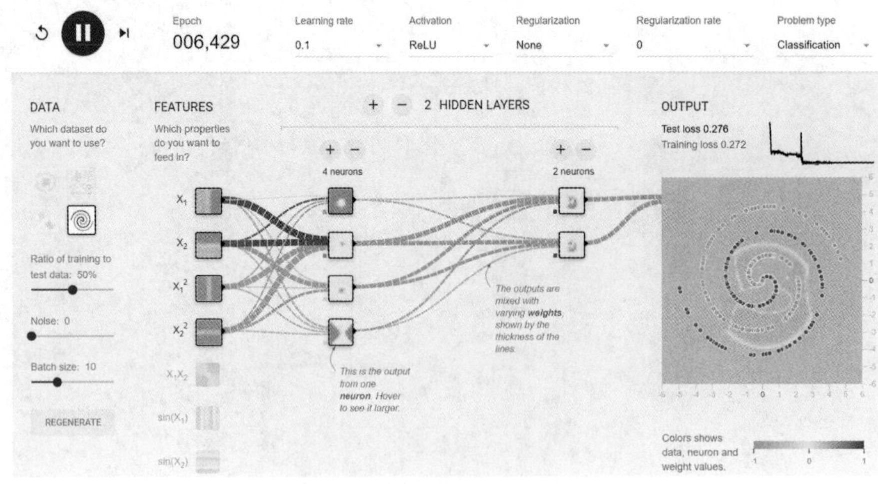

图 3.22 TensorFlow 游乐场中的可视化结果（4 输入）

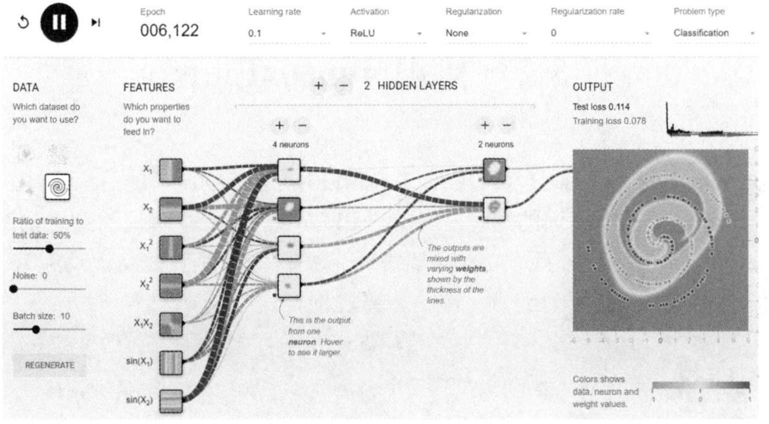

图 3.23　TensorFlow 游乐场中的可视化结果（7 输入）

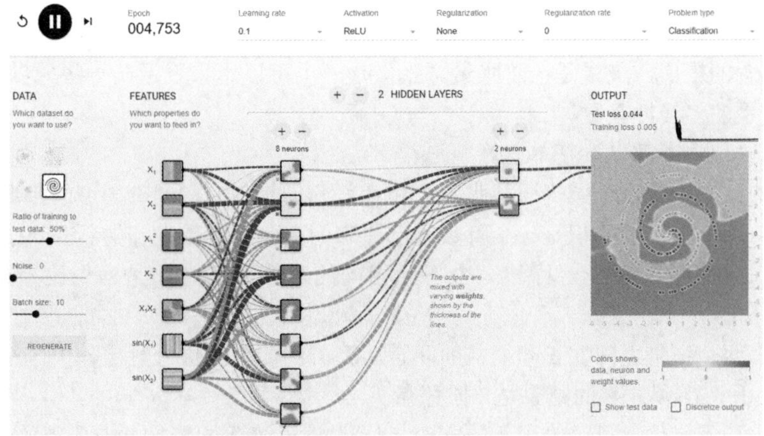

图 3.24　TensorFlow 游乐场中的可视化结果（多隐藏层）

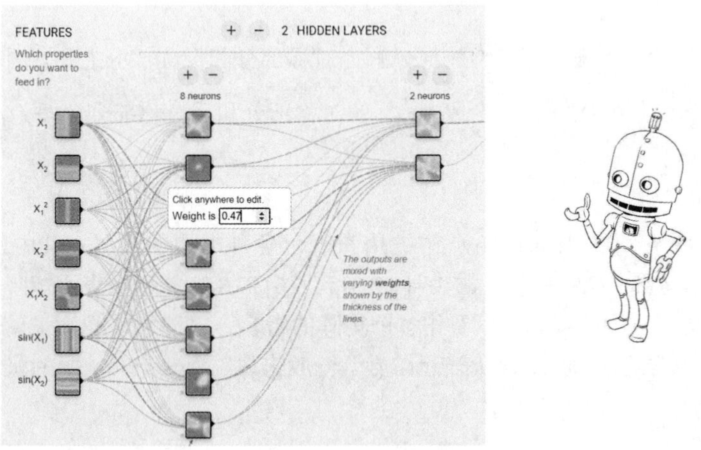

图 3.25　TensorFlow 游乐场中的可视化结果（调整权重值）

3.2 初识 TensorFlow

学习 TensorFlow 的读者大部分都百度过 TensorFlow 这个单词，然后惊喜地发现这竟然不是一个正规的单词，没错这是两个单词的组合：Tensor 和 Flow。这两个单词的意思就比较简单了，其中 Tensor 代表张量，Flow 代表流动，两个单词组合在一起的意思就是让张量流动起来。因此 TensorFlow 可以理解为让张量从图的一端流动到另一端的计算过程。

3.2.1 什么是张量

张量（Tensor）理论是数学的一个分支学科，在力学中有重要应用。张量这一术语起源于力学，它最初是用来表示弹性介质中各点应力状态的，后来张量理论发展成为力学和物理学的一个有力的数学工具。张量之所以重要，是因为它可以满足一切物理定律必须与坐标系的选择无关的特性。张量概念是矢量概念的推广，矢量是一阶张量。张量是一个可以用来表示在一些矢量、标量和其他张量之间的线性关系的多线性函数。

张量在计算过程中遵循以下基本运算规则。

（1）加减法：两个或多个同阶同型张量之和（差）仍是与它们同阶同型的张量。

（2）并积：两个张量的并积是一个阶数等于原来两个张量阶数之和的新张量。

（3）缩并：使张量的一个上标和一个下标相同的运算，其结果是一个比原来张量低二阶的新张量。

（4）点积：两个张量之间并积和缩并的联合运算。例如，在极分解定理中，三个二阶张量 R、U 和 V 中一次点积 $R\cdot U$ 和 $R\cdot V$ 的结果是二阶张量 F。

（5）对称化和反称化：对已给张量的 n 个指标进行 n_1 次不同置换并取所得的 n_1 个新张量的算术平均值的运算称为对称化；把指标经过奇数次置换的新张量取反符号后再求算术平均值的运算称为反称化。

（6）加法分解：任意二阶张量可以唯一地分解为对称部分和反称部分之和。例如，速度梯度 L_{ij} 可以分解为 $L_{ij}=D_{ij}+W_{ij}$，其中 D_{ij} 和 W_{ij} 分别是 L_{ij} 的对称部分和反对称部分，即 $D_{ij}=\frac{1}{2}(L_{ij}+L_{ji})$ 和 $W_{ij}=\frac{1}{2}(L_{ij}-L_{ji})$。

由于张量本身的特性，在 TensorFlow 中被用来表示各种类型的数据。其中，一阶张量（如 A=[1,2,3,4];）用来表示向量，二阶张量（如 M=[1,2,3],[4,5,6],[7,8,9];）用来表示矩阵，三阶张量可以设想为由三个平面组成的立方体或者可以看作多个矩阵的组合。再往上，n 阶张量包含分量的数量可以表示为 M^n，其中 M 表示空间底数，n 表示阶数。一般来说，TensorFlow 中的张量可以表示任意维数形式。

为什么要“流动”？

通过前面的 TensorFlow 游乐场可以知道，数据是通过数据流图进行传递和更新计算的。数据传递的载体叫“节点”，传递路径叫“边”，传递按照指定方向进行，因此也叫有向传递。这里“节点”可以代表多种意思，可以用来表示对数据施加的数学操作，也可以用来表示为数据输入的起点或输出的终点。“边”则表示节点之间的输入或输出关系。

就像在TensorFlow游乐场看到的一样，当数据（张量）从数据中通过时，就产生了“流动”。数据从输入端通过不同路径、不同运算规则被分配到输出端（终点）的过程就好像数据在流动一样，因此这个工具叫作TensorFlow，如图3.26所示。

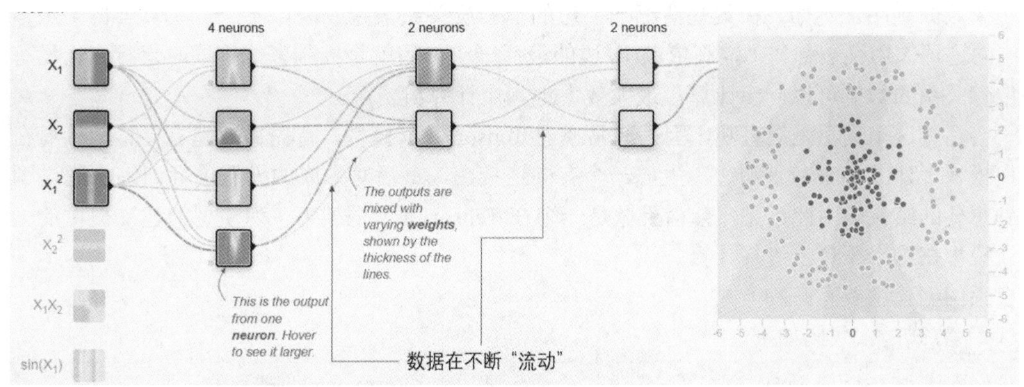

图3.26　TensorFlow游乐场中的数据在不断“流动”

3.2.2　TensorFlow的基本概念

为什么要用TensorFlow作为深度学习的框架？因为它足够强大，在TensorFlow中集成了大量经典的机器学习算法，这些算法被称为算子。利用TensorFlow可以很好地实现这些算子的运算过程。图3.27所示是TensorFlow中常见的算子及对应的实现手段。

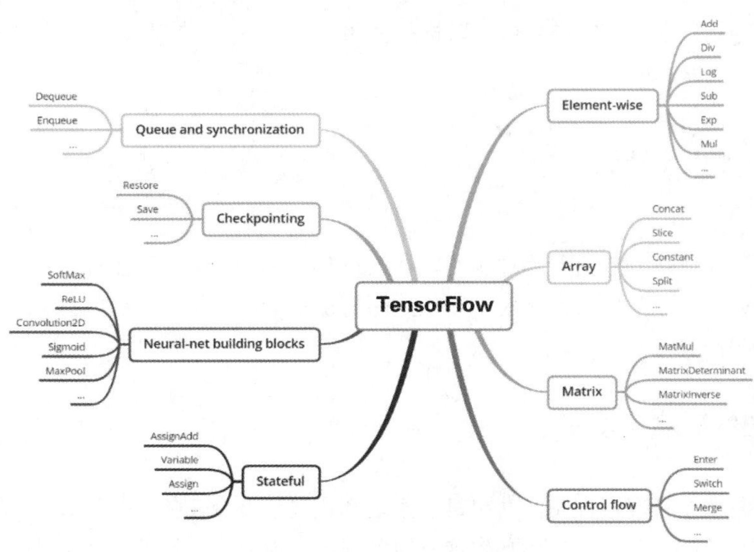

图3.27　TensorFlow中常见的算子

TensorFlow 中最基本且最重要的三个概念是“节点”“边”和“会话”。

“节点”是指在会话中的某个输入。该输入可以是数据的形式，也可以是某种计算的说明。例如，激活函数也可以作为一个节点存在。由于 TensorFlow 是通过“库”的注册机制来定义节点的，因此节点也可以通过对不同的库进行连接来进行个性化的拓展。

“边”即字面意思，正如图 3.1 所示，就是连接不同节点的线。边起到了“引流”的作用，不同的 Tensor 在各个边之间 Flow，因此形成了 TensorFlow。除了引导数据流向之外，边还在控制着数据间发生关系的顺序。例如，在某些情况下，边的上一层关系未完成运算前，某些节点将无法参与计算，边的这种作用又被称作“控制依赖”。边的最后一个作用就是控制多线程同时运行，让没有这种顺序依赖关系的数据可以同步计算，最大效率地利用计算机资源。

“会话”这个词不是很直观，因为通常搭建 TensorFlow 模型，首先需要建立会话，接着在生成的空白模板上建立各个节点和边，生成一个有向连接图，最后对生成的模型进行训练，通过调整参数得到想要的结果。由此可见，会话更像是一个在 TensorFlow 框架下，为模型的建立提供的一个平台，让模型在这个平台上进行计算。

会话的创建主要有三种方式。

（1）方式一，代码如下。

```
sess = tf.Session()                     # 使用tf.Session()创建会话
result_value = sess.run(result)         # 调用run()执行计算图
print(result_value)
# 这里要注意的是，使用该方式创建的会话需要手动调用close()函数关闭
sess.close()
```

（2）方式二，代码如下。

```
with tf.Session() as sess:
    result_value = sess.run(result)
    print(result_value)
```

方式二创建会话，在计算完毕之后可以自行关闭。

（3）方式三，代码如下。

```
sess = tf.InteractiveSession()
result_value = result.eval()
print(result_value)
sess.run()
```

由于大家通常会使用 IDE 进行程序编写，如 Jupyter、PyCharm 等，因此使用默认会话设置会更方便。tf.InteractiveSession()函数能够将生成的会话注册为默认会话。需要注意的是，这里用 eval()代替了 run()，如方式三所示。

3.2.3 计算图的概念与使用

TensorFlow 是一个计算流程图，其中每一条边都代表了一个任务，而计算图的作用就是执行这些任务，同时计算图需要在会话中启动。到这里很多读者可能会疑惑计算图和会话之间有什么区别。

下面用一幅图来表示计算图和会话的关系，如图 3.28 所示。

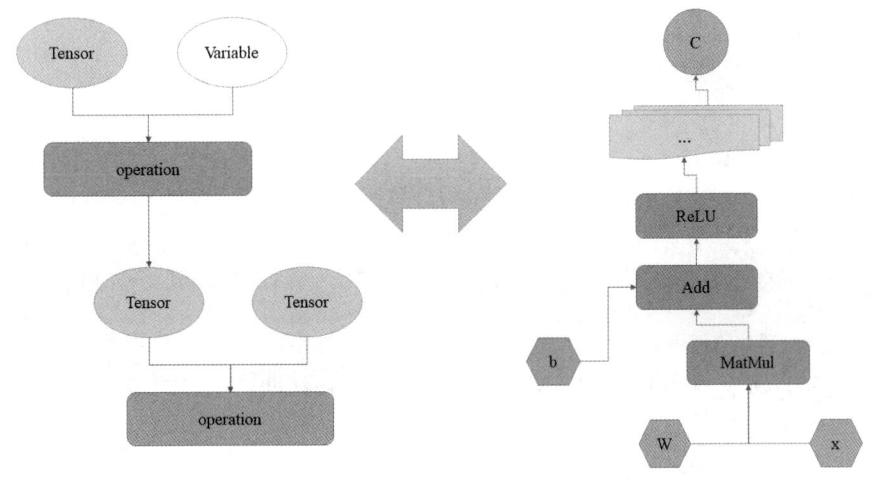

图 3.28　计算图与会话的关系

通常在 TensorFlow 中会默认存在一个计算图，除非新建计算图，否则创建的节点和边会自动归入默认的计算图，计算图的最基本的结构形式的代码如下。

```
import TensorFlow as tf
A = tf.constant([3])
B = tf.constant([5])
result = tf.add(A,B)
```

上述代码中包含了一个常数 A 和一个常数 B，以及一条运算法则（相加）。计算图有一个重要特点就是可以在 TensorFlow 中同时建立多个计算图且节点和边不会共享，这为深度学习的并行计算带来了极大便利。代码如下。

```
# 构建第一个计算图 L
L = tf.Graph()
with L.as_default():
# 在计算图 L 中定义变量'x'，并设置初始值
x = tf.get_variable('x',initializer=tf.fives_initializer()(shape = [1]))

# 构建第二个计算图 G
G = tf.Graph()
with G.as_default():
# 在计算图 G 中定义变量'x'，并设置初始值
x = tf.get_variable('v',initializer=tf.ones_initializer()(shape = [1]))

# 在计算图 L 中读取变量'x'的取值
with tf.Session(graph = L) as sess:
    tf.global_variables_initializer().run()
    with tf.variable_scope('',reuse = True):
        print(sess.run(tf.get_variable('x')))
```

```
    # 输出结果[5.]
# 在计算图 G 中读取变量'x'的取值
with tf.Session(graph = G) as sess:
   tf.global_variables_initializer().run()
   with tf.variable_scope('',reuse = True):
      print(sess.run(tf.get_variable('x')))
      # 输出结果[1.]
```

从上述代码可以看出，在一段会话中同时建立了两个计算图（L 和 G），其中都定义了相同的参数'x'。当从 L 和 G 两个计算图中都取参数'x'时，结果分别对应原计算图，相互之间不受影响。这就是 TensorFlow 的强大之处，可以同时运算不同的计算需求，可以极大提高工作效率。

3.3 TensorFlow 数据存储策略——张量

学习 TensorFlow，首先要了解张量，这是由于张量可以表示 TensorFlow 需要的所有数据类型。张量是一个数学对象，可以对标量、向量和矩阵进行泛化表示。张量可以看作一个 *n* 维的数组，其中维数 *n* 就是张量的阶。当 *n* 等于 0 时，张量就是标量；当 *n* 等于 1 时，张量就是向量或数组；当 *n* 等于 2 时，张量就是矩阵。

3.3.1 不同阶的张量说明

在机器学习中，应用最多的张量是矩阵及以上的形式，关于高阶张量的表示方法及基本说明见表 3.2。

表 3.2 不同阶张量的简单说明

阶	数学含义	示例	说明
0	标量	1	一个点
1	向量	[1,2,3]	一条线
2	矩阵	[[1,2,3],[4,5,6],[7,8,9]]	一个平面
3	3 阶张量	[[[1], [2], [3]], [[4], [5], [6]], [[7], [8], [9]]]	3D 场景
n	多阶张量	……	……

3.3.2 张量在 TensorFlow 中的使用

在 TensorFlow 中创建张量，无论是方法还是形式都有很多种，这里仅介绍几种最基本的张量，便于读者理解。

固定值张量顾名思义就是所有元素均固定的张量，如全零张量。代码如下。

```
# 创建一个所有元素均为 0 的张量
tf.zeros(shape, dtype=tf.float32, name=None)
```

```
# 定制化张量
tf.ones(shape, dtype=tf.float32, name=None)
# 此操作返回一个所有元素均为 0 的相同类型和形状的张量
tf.ones(shape, dtype=tf.float32, name=None) # 该张量所有元素均为 1
```

如上所示，在创建张量时通常包含如下元素：一个名字，用于存储和检索；一个形状描述，用于说明张量每个维度的元素数量，确定数据类型等。

3.4 TensorFlow 的使用技巧

TensorFlow 是目前最火的深度学习框架之一，它不仅可以在 Keras 上直接构建模型，还可以在任何平台上进行模型的迁移和部署，对并行开发非常友好。对于深度学习爱好者或开发者而言，掌握 TensorFlow 的使用方法及技巧非常有必要，如图 3.29 所示。

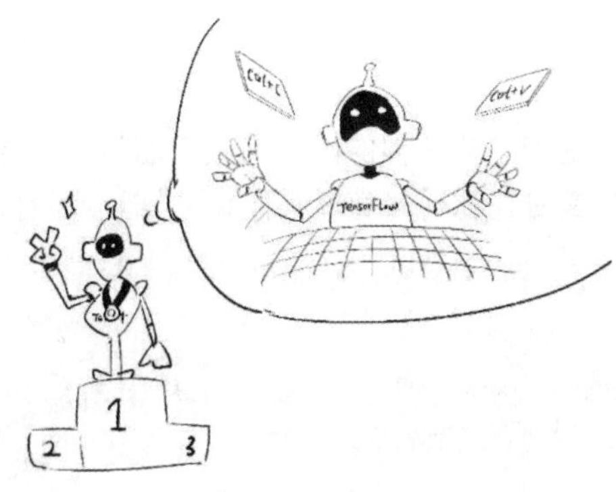

图 3.29　巧用方法

3.4.1 常量

常量是指不会变化的量，通常是由程序或设计者直接指定的量，不会随着程序运算的进行而发生改变。将表 3.2 中不同形式的张量以常量形式表示，相关代码如下。

```
# 输入一个标量形式的常量，如 0
import TensorFlow as tf
n_1 = tf.constant(0)
print (n_1)
# 结果为 0

# 输入一个向量[1,2,3]
import TensorFlow as tf
n_2 = tf.([1,2,3])
print (n_2)
# 结果为 [1,2,3]
```

```
# 输入一个矩阵形式的常量
import TensorFlow as tf
n_3 = zeros.([M,N],tf.int32)
# 上述代码代表了形状为[M,N]的全 0 矩阵
print(n_3)
#结果为 [[0 0 0],[ 0 0 0]]
```

上述代码是最基本的常量表示形式，还有一种常量是具有指定关系的形式，代码如下。

```
import TensorFlow as tf
n_4 = tf.linspace(1.0,10.0,10)
print(n_4)
# 结果为 [1,2,3,4,5,6,7,8,9,10]
# 上述代码的含义是，数列初始值为 1，终值为 10，总计 10 个数
# 模型函数表示为 tf.linspace(start,stop,num)
# 数列[1,3,5,7,9]用代码表示为 n_4 = tf.linspace(1.0,9.0,5)
```

3.4.2 变量

变量是指在运算过程中会随着某些条件的改变而改变的量。在深度学习中，变量通常用于表示权重和偏置，因此，变量在定义时往往会伴随着初始化的常量或随机值，代码如下。

```
V = tf.random_uniform([10,10], 0, 5)
v_1 = tf.Variable(V)
v_2 = tf.Variable(V)
# 以上代码创建了两个张量形式的变量 v_1 和 v_2，该变量的初始形状为[10, 10]
# 变量遵循最小值为 0，最大值为 5 的随机均匀分布
```

上面的代码中展示了如何直接定义变量的方法。实际上，在很多情况下，一个变量也可以是另一个变量的初始化值，即变量之间存在着耦合关系，代码如下。

```
# 定义一个变量，该变量遵循正态随机分布变化规律，均值为 0，标准差为 1，形状为[10,10]
v_3 = tf.Variable(tf.random_normal([10, 10], stddev = 1))
v_4 = tf.Variable(v_3.initialized_value())
# 指定变量如何被初始化
intial_op = tf.global_variables_initializer()
with tf.Session() as sess:
sess.run(initial)
    print(sess.run(tensor))
```

3.4.3 占位符

占位符是 TensorFlow 中非常重要的概念，它的作用正如它的名字一样，可以先行占据一个位置，然后添加需要的变量。代码如下。

```
# 占位符的基础模型
tf.placeholder(dtype,shape=None,name=None)
```

```
# 创建占位符
x=tf.placeholder("float")
y=2*x
data=tf.range(10,100,10)
with tf.Session() as sess:
    v_5 = sess.run(data)
    print(sess.run(y, feed_dict = {x:v_5}))
```

在 TensorFlow 中定义变量时需要对变量进行初始化，但是在很多情况下，在定义变量时并不知道它的初始值，甚至不知道变量的类型，需要在运算过程中根据实际情况进行输入和调整。比如做图像识别时，在输入图像之前无法预知数据的形状等信息，这时就需要占位符，先在指定位置把数据位置预留好，之后再输入具体的数据类型。占位符可以看作一种动态变量。由于占位符本身不是任何数据，因此占位符不需要初始化。

3.4.4 with/as 语句的使用

with/as 语句是 TensorFlow 计算框架中非常重要的语句设计，其目的是和环境管理器对象共同工作。当 Python 语言出现异常情况时，通常使用 try/finally 语句进行错误处理。try/finally 语句的运行规则是：当 try 代码块运行时没有发生异常，程序会正常执行完毕，然后跳转至 finally 代码块；如果 try 代码块运行时发生异常，程序会捕捉到这个异常，并终止接下来要执行的语句，然后直接跳转至 finally 代码块，之后将这个异常上交给顶层处理器。

with/as 语句是 try/finally 语句的代替方案，在 TensorFlow 框架中执行相关功能。因此 with/as 语句的语法设定与 try/finally 语句类似，无论程序在执行过程中是否出现错误，都会将程序执行到底。但是与 try/finally 语句相比，with/as 语句则可以支持更加丰富的基于对象的环境管理协议，可以给代码定义进入和离开的动作，代码如下。

```
# 该数学模型的数学结构为 y=Wx+b
x = tf.placeholder('float', [None, 784]) # x 不是一个特定的值，而是一个占位符 placeholder
# 上面的 None 表示此张量的第一个维度可以是任意长度
W = tf.Variable(tf.zeros([784, 10]))      # W 代表权重
b = tf.Variable(tf.zeros([10]))           # b 代表偏置项
y = tf.nn.softmax(tf.matmul(x,W) + b)
# 定义损失函数，判断模型好坏
y_ = tf.placeholder('float', [None, 10]) # 定义一个新的占位符用于输入正确的值（即标签）
cross_entropy = -tf.reduce_sum(y_*tf.log(y))# 定义交叉熵
train_step = tf.train.GradientDescentOptimizer(0.01).minimize(cross_entropy)
# 选择梯度下降优化器，并将学习率设为 0.01
init = tf.initialize_all_variables()
# 初始化变量，这句话也可以用 tf.global_variables_initializer 替代
with tf.Session() as sess:                # 运行对话，开启模型，并通过 Python 管理器管理会话
sess.run(init)
```

3.4.5 TensorFlow 矩阵的基本操作

学习 TensorFlow 一定要了解它的运行机制和基本操作规则，这里仅以使用最多的操作为例为读者展示 TensorFlow 的操作特点。

（1）生成单位矩阵，代码如下。

```
import TensorFlow.compat.v1 as tf
tf.compat.v1.disable_eager_execution()
sess = tf.InteractiveSession()
LEE_matrix = tf.eye(3)
print(LEE_matrix.eval())
```

结果如下。

```
[[1. 0. 0.]
 [0. 1. 0.]
 [0. 0. 1.]]
```

（2）生成随机矩阵，代码如下。

```
import TensorFlow.compat.v1 as tf
tf.compat.v1.disable_eager_execution()
sess = tf.InteractiveSession()
B = tf.Variable(tf.random_normal([5,5]))
B.initializer.run()
print(B.eval())
```

结果如下。

```
[[ 1.35553941e-01 -2.49646211e+00  1.79063797e-01  9.00210977e-01
  -1.14883864e+00]
 [-1.76836431e-01 -1.23262787e+00 -1.01217724e-01 -2.27483845e+00
   9.98851135e-02]
 [ 3.62790525e-01 -1.26092565e+00 -5.14383733e-01 -7.27955997e-01
   1.05089021e+00]
 [ 2.79185265e-01 -3.87479752e-01  4.63471524e-02 -1.48708892e+00
  -2.27973820e-03]
 [ 3.83963108e-01 -1.23139632e+00  1.36838645e-01  5.34697294e-01
  -2.00243855e+00]]
```

（3）矩阵的基本运算，代码如下。

```
import TensorFlow.compat.v1 as tf
tf.compat.v1.disable_eager_execution()
    a = tf.constant([[1,2],[3,4]])
    b = tf.constant([[5,6],[7,8]])
add = a + b
mul = a * b
with tf.Session() as sess:
  print("a = " + str(sess.run(a)))
```

```
    print("b = " + str(sess.run(b)))
    print("a + b = " + str(sess.run(add)))
    print("a * b = " + str(sess.run(mul)))
```

结果如下。

```
a = [[1 2]
 [3 4]]
b = [[5 6]
 [7 8]]
a + b = [[ 6  8]
 [10 12]]
a * b = [[ 5 12]
 [21 32]]
```

3.4.6 TensorFlow 数据流图可视化

大部分读者在学习 TensorFlow 时，往往对于数据流图的概念是一头雾水。例如，在 TensorFlow 中到底是如何实现数据的运算的？神经网络是如何进行数据的传输的？优化是如何逆向实现的？尽管有大量的理论可供参考，但效果往往不是很明显，尤其是对于非理科生而言，这些理论更是让人感觉迷茫。为了解决文字描述带来的这些弊端，也为了更方便地理解、调试与优化程序，TensorFlow 提供了一个非常好用的可视化工具——TensorBoard，它能够可视化机器学习的流程，绘制图像生成的定量指标图和附加数据。

```
import TensorFlow.compat.v1 as tf
tf.compat.v1.disable_eager_execution()
weight = tf.Variable(1.0, name="weight")
input_value = tf.constant(2.0, name="input_value")
output = tf.constant(0.0, name="output")
# 计算模型为 input_value 与 weight 的乘积
model = tf.multiply(input_value,weight, "model")
# 损失函数为输出差的平方
loss = tf.pow(expected_output - model, 2, name="loss")
# 梯度下降优化
optimizer = tf.train.GradientDescentOptimizer(0.025).minimize(loss_function)
for value in [input_value, weight, expected_output, model, loss_function]:
    tf.summary.scalar(value.op.name, value)
summaries = tf.summary.merge_all()
sess = tf.Session()
# 训练过程中直接向日志文件添加数据，日志文件为'stats_1'
summary_writer = tf.summary.FileWriter('stats_1', sess.graph)
sess.run(tf.global_variables_initializer())
for i in range(10):
    summary_writer.add_summary(sess.run(summaries), i)
    sess.run(optimizer)
%load_ext tensorboard
```

```
%tensorboard --logdir=C://Users//52566//stats_1
```

TensorFlow 的可视化案例如图 3.30～图 3.34 所示。

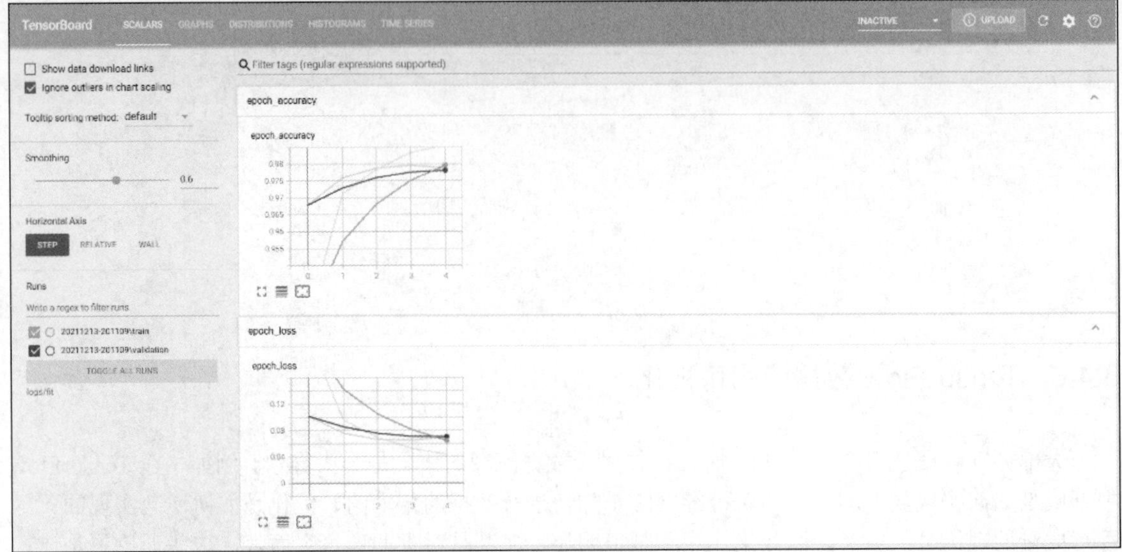

图 3.30　TensorFlow 可视化 1

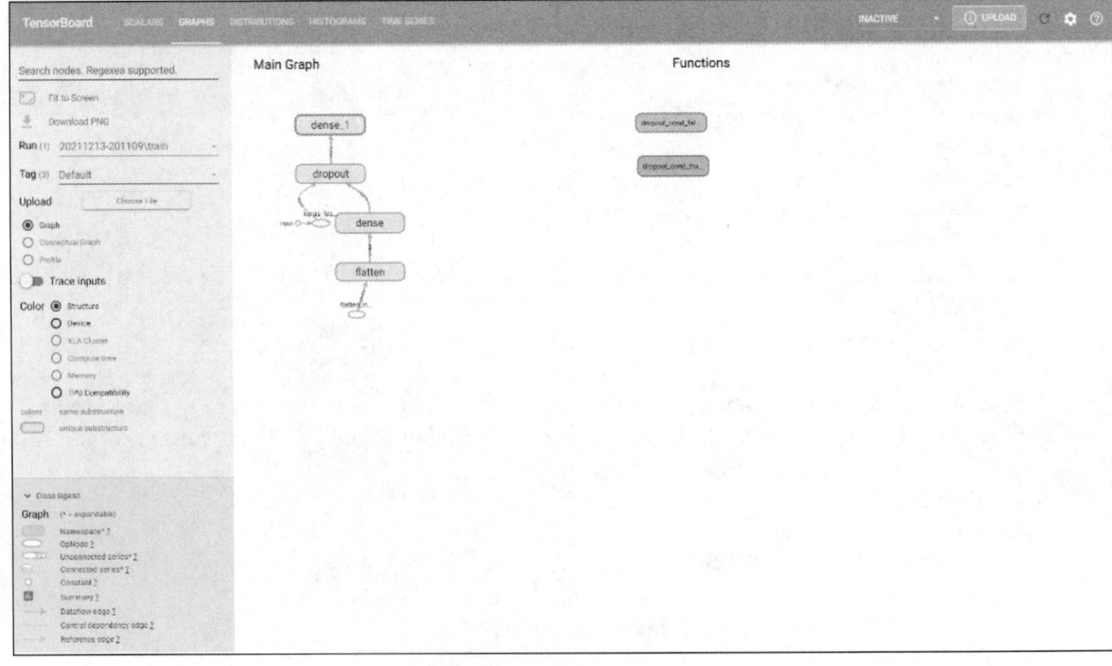

图 3.31　TensorFlow 可视化 2

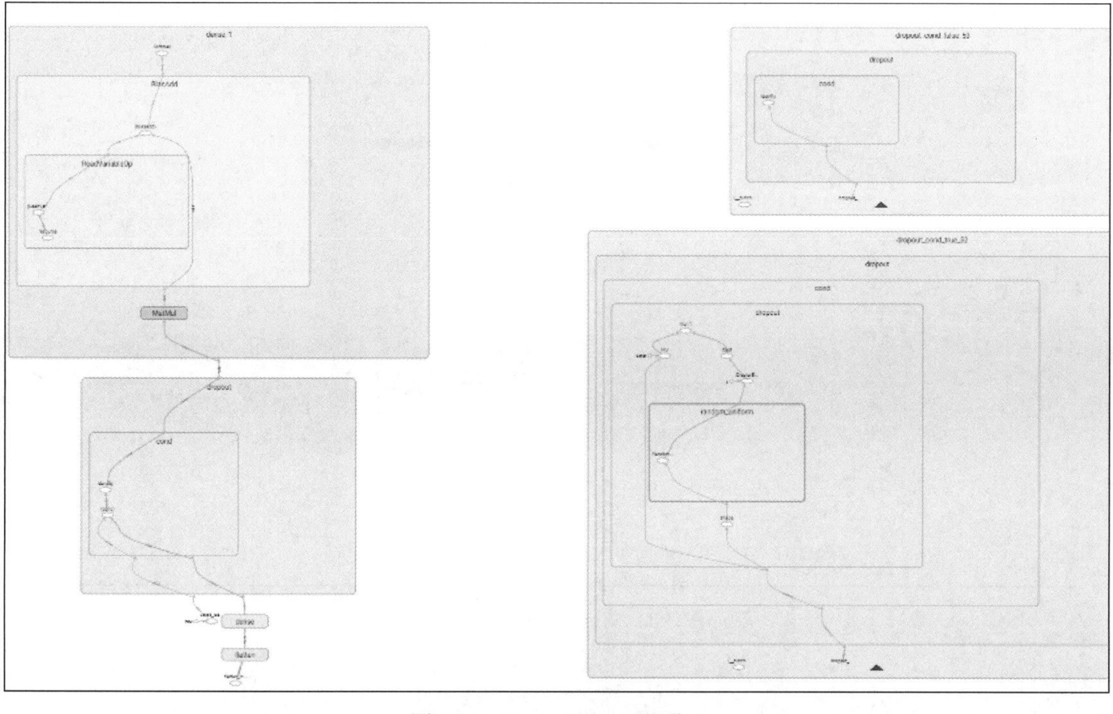

图 3.32　TensorFlow 可视化 3

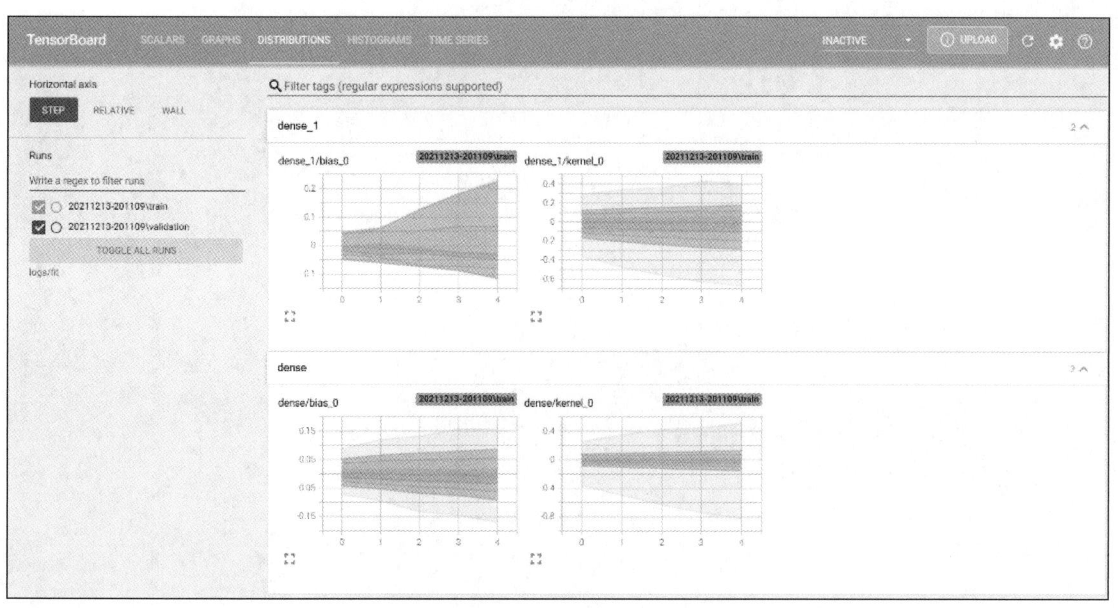

图 3.33　TensorFlow 可视化 4

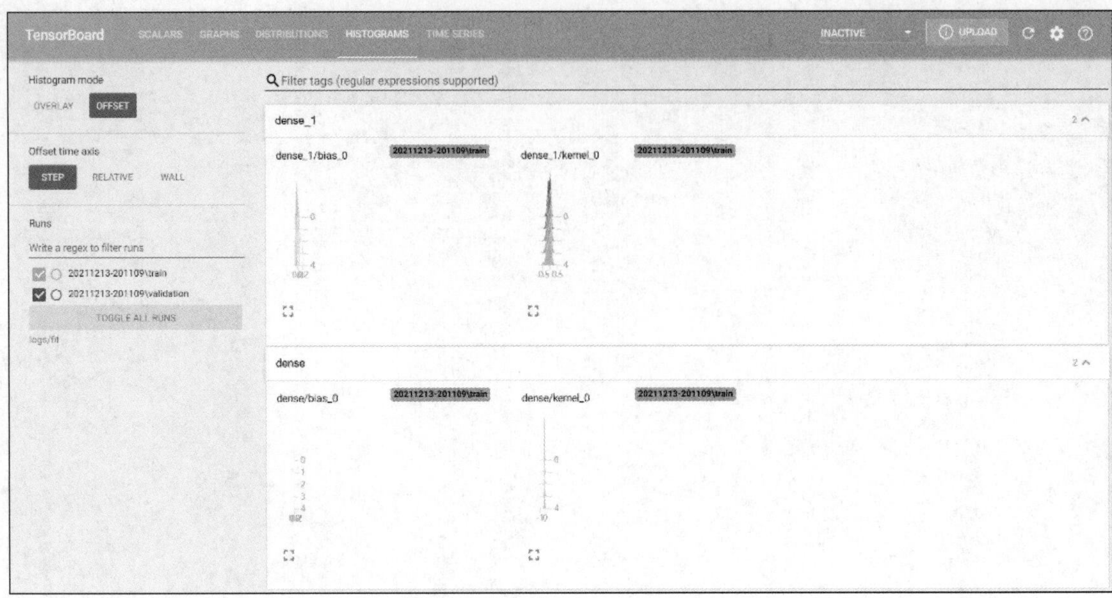

图 3.34　TensorFlow 可视化 5

第 4 章

深度神经网络

深度神经网络的特点是可以用较少的参数表示复杂的函数，它的主要应用有监督学习、非监督学习和半监督学习。深度神经网络是机器学习（Machine Learning，ML）和深度学习（Deep Learning，DL）的实现手段之一，了解深度神经网络可以更好地帮助人们学习人工智能。

本章主要介绍学习深度神经网络要掌握的基本知识点，包括：

- 正常传播算法。
- 线性模型及其局限性。
- 激活函数。
- 损失函数。
- 优化问题及过拟合、欠拟合。
- 基于全连接神经网络的应用案例。

4.1　什么是前馈神经网络

前馈神经网络是指向前传播的神经网络。对于初次接触这个概念的读者而言，直接进行概念的解释会晦涩难懂。这里以赛车比赛为例进行讲解，帮助大家更好地理解前馈神经网络的基本特点，如图 4.1 所示。

图 4.1　赛车比赛的过程类似于神经网络

图 4.1 所示是一场赛车比赛。比赛开始之前，每个赛车手驾驶自己赛车在起点位置等待发车信号，赛车手在听到发车信号之后，同时沿着指定路线开去终点。中间会遇到各种关卡，加上赛车手之间的相互竞争，最终抵达终点的只有寥寥数人。整个赛车比赛的过程经历了选手入场、过程淘汰和选出最佳赛车手 3 个部分，这 3 个部分可以分别对应神经网络的输入单元、隐藏层计算（其中过程淘汰可以看作采样过程）和最终的分类输出。

前馈神经网络（Feedforward Neural Network，FNN）简称前馈网络，是一种最简单的神经网络。网络中各单元分层排列，每个神经元仅和前一层神经元连接。网络之间的信息传递模式为单向传播，各层之间不产生信息反馈。典型的多层前馈神经网络如图 4.2 所示，其中最左端为输入层，最右端为输出层，中间无论有多少层，都称为隐藏层。

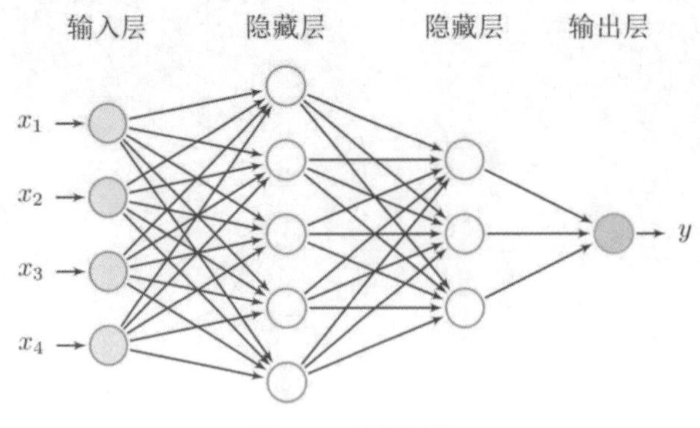

图 4.2　神经网络

读者们可以把网络想象为对数学模型的拆解，这里的深度前馈神经网络的目的是逼近某个理想的函数 $f(*)$。例如，对于分类器而言，最简单的数学模型可以写为 $y=f(x,\theta)$，通过对参数 θ 的拟合，最终使得在输入 x 时，输出可以无限逼近 y。

深度、前馈、网络可作如下解释。

深度：在解释“深度”之前要明确一点，机器学习的目标就是研究一个可以解决实际问题的数学模型（函数）。例如，有 3 个函数 $F(x)$、$G(x)$和 $T(x)$，连接在一起形成 $H(x)=F(G(T(x)))$，这种链式结构是神经网络中最常用的结构。在这种情况下，x 所在的层被称为输入层，$T(x)$被称为网络的第一层（First Layer），$G(x)$被称为第二层（Second Layer），以此类推，$H(x)$被称为输出层。对于深度学习模型而言，函数链的长度通常都很长。这里可以把链的长度看作模型的深度（Depth）。

前馈：在前馈神经网络内部，参数从输入层向输出层单向传播，有异于递归神经网络，它的内部不会构成有向环。

网络：前馈神经网络之所以被称作网络（Network），是因为它们通常用许多不同的函数复合在一起来表示。该模型与一个有向无环图相关联，而图描述了函数是如何复合在一起的。

4.1.1 人的思维习惯

人对外界事物的判断首先是通过视觉系统进行信息的输入。当外部信息输入到人的视觉系统之后，会经由人类大脑的树突神经和细胞核进行信息的传递，传递的过程是碎片化的，但是由于过程非常快，因此人们往往意识不到这中间存在的时间差。科学家们模仿人类大脑识别外部事物的特征提出了神经网络的概念。

4.1.2 神经元

科学家发明神经网络的灵感来源于人类大脑的神经元结构，如图 4.3 所示。尽管本书的目的是讲解 TensorFlow，但是为了方便大家理解神经网络算法的来源，这里简单地对大脑神经元进行原理性描述。

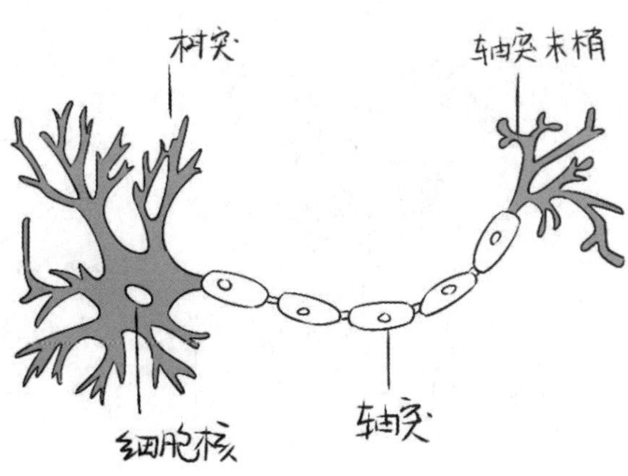

图 4.3 人类大脑的神经元结构

从神经元的机能可以把神经元分为 3 类，即感觉（传入）神经元、运动（传出）神经元和联络（中间）神经元。从名字可以看出，它们有点类似于神经网络中的输入层、输出层和隐藏层。

从神经元的结构中可以发现，神经元都包含树突，且一个神经元会包含多个树突。树突的作用就是接收信号（外部刺激）。每个神经元有一个轴突，轴突的尾端是轴突末梢，轴突末梢和树突一样有多个，且轴突末梢会与其他神经元的树突相互连接，连接的位置叫作突触。突触的作用是传递信息，类似于一个信号联络站。

1943 年，心理学家 McCulloch 和数学家 Pitts（图 4.4）参考了生物神经元的结构，发表了抽象的神经元模型。

图 4.4　McCulloch 和 Pitts

4.1.3　前馈神经网络中的全连接层

深度前馈神经网络包含输入层、隐藏层和输出层三大基本模块。仅从字面意思看，输入层和输出层都很好理解，那么什么是隐藏层呢？这里可以把隐藏层看作实现网络计算手段的黑匣子，如图 4.5 所示。

图 4.5　魔术师的道具就好像神经网络的隐藏层

隐藏层的作用就是处理输入的数据，实现最终的数据分类或曲线回归，流程包括提取数据特征、对数据进行分类等，主要是通过卷积操作、池化操作、各种形式的激活函数和全连接层实现。最简单的隐藏层由全连接网络组成，本节将重点对全连接层及全连接网络进行介绍。

全连接是指网络，当前层的单元与网络上一层的每个单元都存在连接，为了便于读者理解，图 4.6 为大家展示了全连接和稀疏连接在网络结构上的区别。

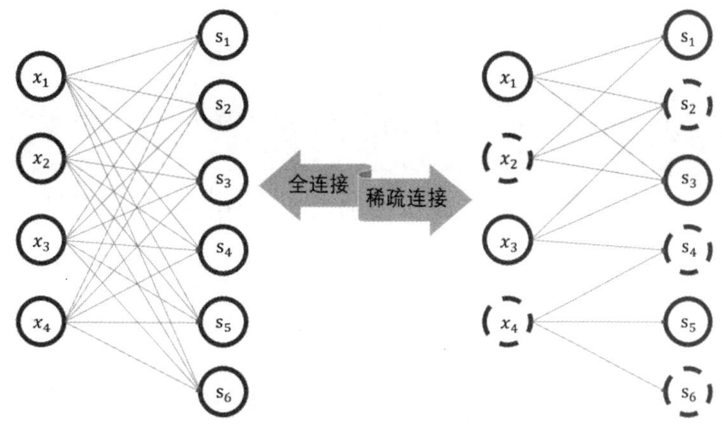

图 4.6　全连接与稀疏连接

那么全连接层有什么作用呢？目前比较流行的说法是具有分类作用。把之前网络得到的数据进行整合，最后输出为一个数值映射到样本标记空间，最终完成一个样本的分类工作。下面用一个简单的例子对此过程进行描述。

假设需要让计算机去判断一个事物，如图 4.7 所示。

图 4.7　计算机判断事物

计算机判断事物的过程如图 4.8 所示。

如图 4.8 所示，有阴影的神经元表示该特征已被确定，即相关特征被激活，这一层的其他神经元没有被激活是由于该神经元的猫的特征不明显，或者是猫的特征未被找到。当计算机把所有被激活的神经元合并后，发现最符合这一特征的是猫，或者说在所有类中，猫符合条件的概率最大，因此计算机判断这是一只猫。这就是计算机最终判断事物是猫的原因。

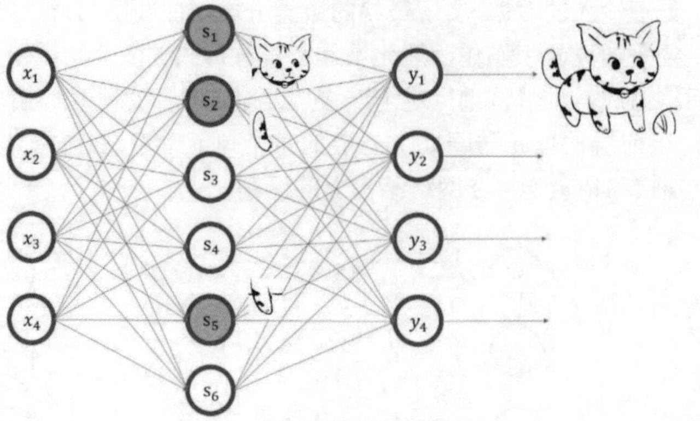

图 4.8　计算机判断事物的过程

那么，计算机是如何对特征进行提取的？这就是前面隐藏层做的工作，特征提取过程如图 4.9 所示。

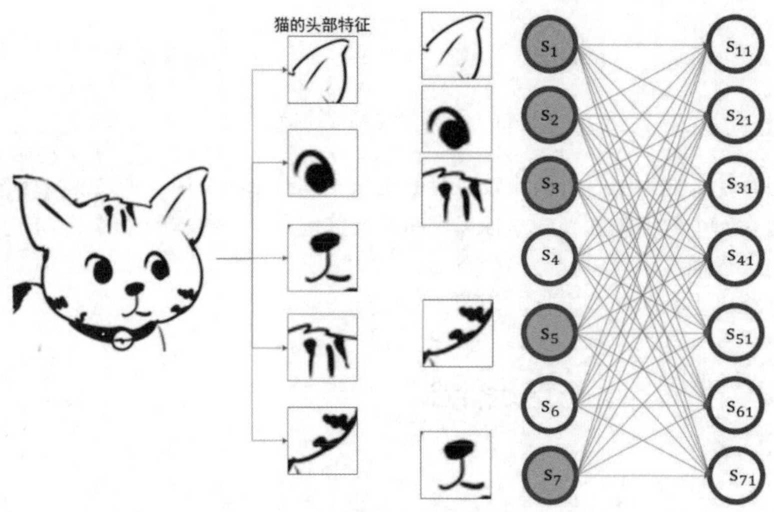

图 4.9　特征提取过程

图 4.9 所示是猫的头部特征的提取过程，通过猫的头部特征、尾巴特征、腿部特征等最终判断出猫的类别。

4.1.4　正向传播算法

以图 4.10（a）为例，该模型包含一个输入层、一个隐藏层和一个输出层。其中输入层是一个二维向量，分别为 x_1、x_2，隐藏层包含两个单元，输出层表示一个二分类问题。为了衡量该二分类问题的分类表现，通常需要定义一个损失函数，最常见的做法是采用交叉熵损失函数判断信息量的大小。

函数表述为

$$H(y_i) = -y_1 \log(y_1) - y_2 \log(y_2)$$

其中，$i = 1,2$ 为输出结果的概率。现在的问题是输出结果是如何得来的？这就涉及前馈神经网络的前向传播算法问题，以图 4.10（b）为例。

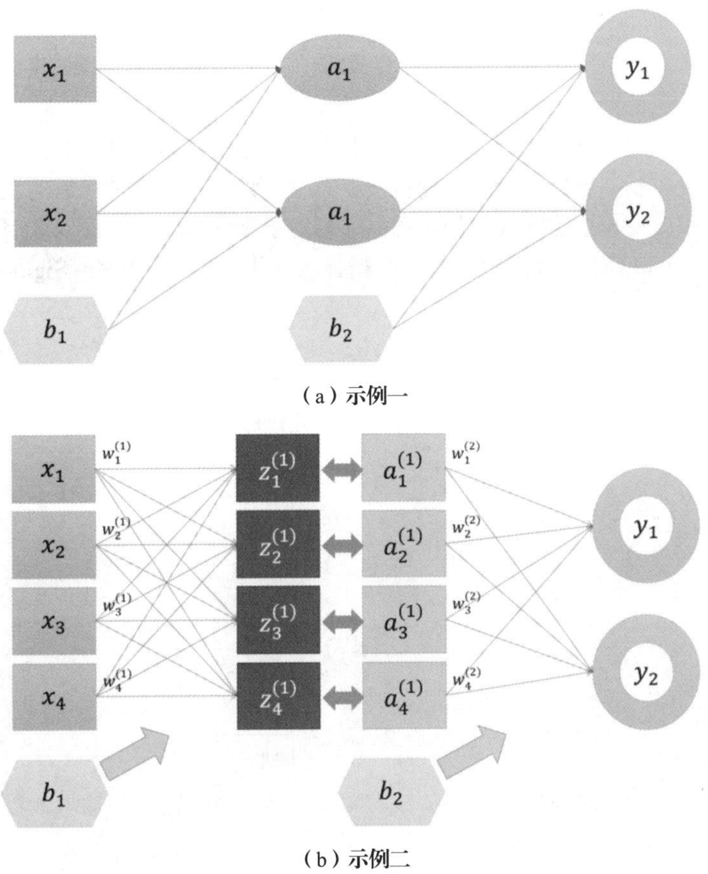

（a）示例一

（b）示例二

图 4.10　正向传播

这里用 x 表示输入，x 可以表示为

$$x = \begin{bmatrix} x_1 \\ x_2 \\ x_3 \\ x_4 \end{bmatrix}$$

输入样本通过与权重计算并加上相应的偏置，得到隐藏层输入（输出）参数

$$z_1^{(1)} = w_1^{(1)} x + b_1$$

其中，z 代表隐藏层参数，它的下标代表该单元在隐藏层的位置，它的上标代表该单元在第几个隐藏层，如 $z_2^{(3)}$ 表示第三个隐藏层的第二个单元；w 表示权重向量，表示方法与隐藏层一致，权重的数量与连接层的数量一一对应；b 表示偏置参数。

同理，隐藏层其余参数可以表示为

$$z_2^{(1)} = w_2^{(1)} x + b_1$$
$$z_3^{(1)} = w_3^{(1)} x + b_1$$
$$z_4^{(1)} = w_4^{(1)} x + b_1$$

需要注意的是，输入参数包含 4 个单元，权重有 16 个，这里与最后隐藏层到输出层的对应关系有区别。

上述过程就是输入层到激活层的计算过程，整个计算是线性累加进行的。这种计算方式会让计算结果的收敛性不受控制，导致计算结果变得没有意义。为了杜绝这种现象的发生，需要在这一过程中添加激活函数来改变模型的线性累加状态。通常对于不同的模型，可以选用不同的激活函数。这里以最常用的 Sigmoid 激活函数为例，说明模型去线性化是如何进行的。Sigmoid 激活函数的表达式为

$$\sigma(x) = \frac{1}{1+\mathrm{e}^{-x}}$$

将激活函数代入原模型的隐藏层，对该层输入单元进行激活处理，结果为

$$a_1^{(1)} = \sigma(z_1^{(1)}) = \frac{1}{1+(\mathrm{e}^{-z_1^{(1)}})}$$

$$a_2^{(1)} = \sigma(z_2^{(1)}) = \frac{1}{1+(\mathrm{e}^{-z_2^{(1)}})}$$

$$a_3^{(1)} = \sigma(z_3^{(1)}) = \frac{1}{1+(\mathrm{e}^{-z_3^{(1)}})}$$

$$a_4^{(1)} = \sigma(z_4^{(1)}) = \frac{1}{1+(\mathrm{e}^{-z_4^{(1)}})}$$

上述各单元的值是隐藏层的最终输出参数，同时也是最终输出层的输入参数，同模型的输入端 x 一样，这里把 a 组成的向量表示为

$$a^{(1)} = \begin{bmatrix} a_1^{(1)} \\ a_2^{(1)} \\ a_3^{(1)} \\ a_4^{(1)} \end{bmatrix}$$

和上面的公式一样，输出可以表示为

$$y = w^{(2)} a^{(1)} + b_2$$

需要注意的是，该层的输入单元有 4 个，权重数量也是 4 个，这是与模型开始时输入与权重对应关系的不同之处。

同样地，输出层也要做去线性化处理，表示为

$$\hat{y} = \sigma(y) = \frac{1}{1+\mathrm{e}^{-y}}$$

至此，一个变量的前向传播计算就结束了。

但是在现实生活中，人们要处理的往往都是多变量的传播过程，它和一个变量的传播过程的原理是一样的。这里用矩阵 X 表示多个不同的变量集合，用 W 表示权重集合，用 Z 表示隐藏层的输入，用 A 表示激活函数，用 B 表示偏置函数，用 Y 表示隐藏层到输出层，用 $\hat{Y}$ 表示最终输出。则上述过程可以表示为

$$Z^{(1)} = W^{(1)}X + B_1$$

$$A^{(1)} = \sigma(Z^{(1)}) = \frac{1}{1+\mathrm{e}^{-Z^{(1)}}}$$

$$Y = W^{(2)}A^{(1)} + B_2$$

$$\hat{Y} = \sigma(Y) = \frac{1}{1+\mathrm{e}^{-Y}}$$

4.2　线性模型及其局限性

4.1 节提到，当输入的参数通过计算进入隐藏层（或是到达输出层），还需要通过激活函数进行非线性化处理，下面将详细讲述这一步的必要性。

什么是线性模型？假如一个模型的输出等于输入的加权和，那么这个模型就是线性模型。线性模型可以表示为

$$y = \sum_i w_i x_i + b$$

式中，x_i 为输入，y 为输出，w_i 和 b 分别为权重和偏置参数。线性模型最大的特点就是，任意线性模型的组合结果仍然为线性模型，如图 4.11 所示。

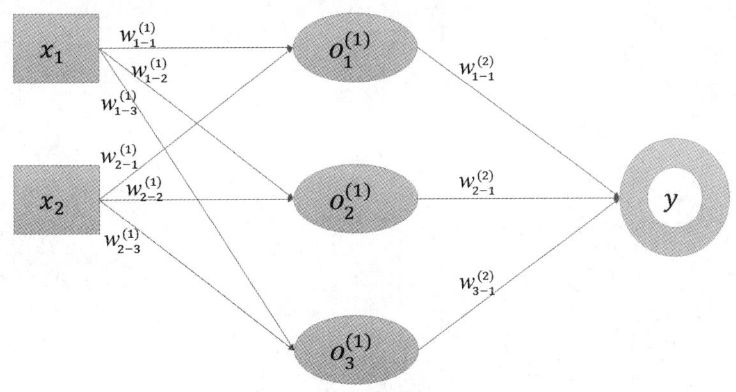

图 4.11　线性模型

图 4.11 中的线性模型的输入/输出关系见式（4.1）。

$$y = w_{1-1}^{(2)}o_1^{(1)} + w_{2-1}^{(2)}o_2^{(1)} + w_{3-1}^{(2)}o_3^{(1)} \tag{4.1}$$

在式（4.1）中

$$o_1^{(1)} = w_{1-1}^{(1)}x_1 + w_{2-1}^{(1)}x_2$$

$$o_2^{(1)} = w_{1-2}^{(1)}x_1 + w_{2-2}^{(1)}x_2$$

$$o_3^{(1)} = w_{1-3}^{(1)} x_1 + w_{2-3}^{(1)} x_2$$

令

$$W^{(1)} = \begin{vmatrix} w_{1-1}^{(1)} w_{1-2}^{(1)} w_{1-3}^{(1)} \\ w_{2-1}^{(1)} w_{2-2}^{(1)} w_{2-3}^{(1)} \end{vmatrix}$$

$$W^{(2)} = \begin{vmatrix} w_{1-1}^{(2)} \\ w_{2-1}^{(2)} \\ w_{3-1}^{(2)} \end{vmatrix}$$

将 $o_1^{(1)}$、$o_2^{(1)}$、$o_3^{(1)}$、$W^{(1)}$ 和 $W^{(2)}$ 代入式（4.1）得到

$$y = w_{1-1}^{(2)}(w_{1-1}^{(1)} x_1 + w_{2-1}^{(1)} x_2) + w_{2-1}^{(2)}(w_{1-2}^{(1)} x_1 + w_{2-2}^{(1)} x_2) + w_{3-1}^{(2)}(w_{1-3}^{(1)} x_1 + w_{2-3}^{(1)} x_2)$$

合并上式中的 x_1 和 x_2 同类项，得到

$$y = (w_{1-1}^{(2)} w_{1-1}^{(1)} + w_{2-1}^{(2)} w_{1-2}^{(1)} + w_{3-1}^{(2)} w_{1-3}^{(1)}) x_1 + (w_{1-1}^{(2)} w_{2-1}^{(1)} + w_{2-1}^{(2)} w_{2-2}^{(1)} + w_{3-1}^{(2)} w_{2-3}^{(1)}) x_2$$

进一步简化上式得到

$$y = \begin{vmatrix} w_{1-1}^{(1)} w_{1-2}^{(1)} w_{1-3}^{(1)} \\ w_{2-1}^{(1)} w_{2-2}^{(1)} w_{2-3}^{(1)} \end{vmatrix} \times \begin{vmatrix} w_{1-1}^{(2)} \\ w_{2-1}^{(2)} \\ w_{3-1}^{(2)} \end{vmatrix} \times \begin{vmatrix} x_1 x_2 \end{vmatrix}$$

此处令 $W^{(1)}W^{(2)} = W'$，则本例中的输入/输出关系可以表示为

$$y = W' x$$

新的关系表达式仍然符合线性模型关系。

如果给线性模型添加偏置变量，其结果是一样的，如图 4.12 所示。

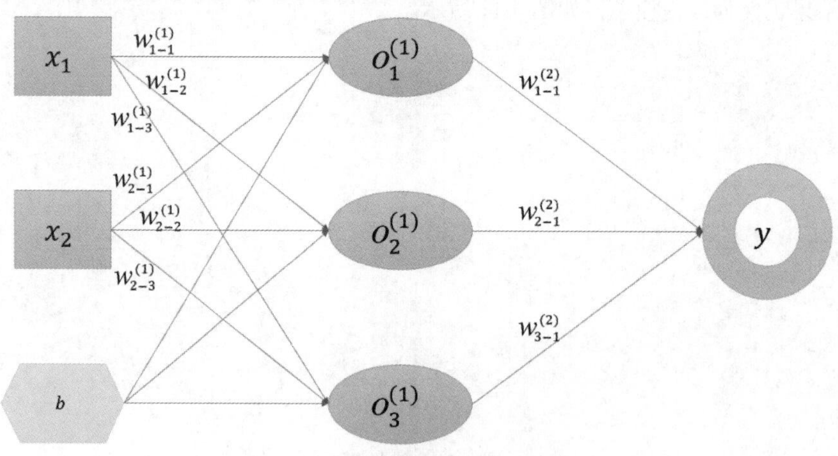

图 4.12　添加偏置变量后的线性模型

图 4.12 中的线性模型的输入/输出关系见式（4.2）。

$$y = w_{1-1}^{(2)} o_1^{(1)} + w_{2-1}^{(2)} o_2^{(1)} + w_{3-1}^{(2)} o_3^{(1)} \tag{4.2}$$

在式（4.2）中

$$o_1^{(1)} = w_{1-1}^{(1)} x_1 + w_{2-1}^{(1)} x_2 + b$$

$$o_2^{(1)} = w_{1-2}^{(1)}x_1 + w_{2-2}^{(1)}x_2 + b$$
$$o_3^{(1)} = w_{1-3}^{(1)}x_1 + w_{2-3}^{(1)}x_2 + b$$

代入上式为

$$y = w_{1-1}^{(2)}(w_{1-1}^{(1)}x_1 + w_{2-1}^{(1)}x_2 + b) + w_{2-1}^{(2)}(w_{1-2}^{(1)}x_1 + w_{2-2}^{(1)}x_2 + b) + w_{3-1}^{(2)}(w_{1-3}^{(1)}x_1 + w_{2-3}^{(1)}x_2 + b)$$

合并上式中的 x_1 和 x_2 同类项，得到

$$y = (w_{1-1}^{(2)}w_{1-1}^{(1)} + w_{2-1}^{(2)}w_{1-2}^{(1)} + w_{3-1}^{(2)}w_{1-3}^{(1)})x_1 + (w_{1-1}^{(2)}w_{2-1}^{(1)} + w_{2-1}^{(2)}w_{2-2}^{(1)} + w_{3-1}^{(2)}w_{2-3}^{(1)})x_2 + (w_{1-1}^{(2)} + w_{2-1}^{(2)} + w_{3-1}^{(2)})b$$

简化上式后得到

$$y = \begin{vmatrix} w_{1-1}^{(1)} w_{1-2}^{(1)} w_{1-3}^{(1)} \\ w_{2-1}^{(1)} w_{2-2}^{(1)} w_{2-3}^{(1)} \end{vmatrix} \times \begin{vmatrix} w_{1-1}^{(2)} \\ w_{2-1}^{(2)} \\ w_{3-1}^{(2)} \end{vmatrix} \times \begin{vmatrix} x_1 x_2 \end{vmatrix} + \begin{vmatrix} w_{1-1}^{(2)} \\ w_{2-1}^{(2)} \\ w_{3-1}^{(2)} \end{vmatrix} \times b$$

参照未添加偏置变量的线性模型的计算过程后得到

$$y = W'\,x + W^{(2)}b$$

综上所述，该式仍然符合线性模型的特征。

线性模型的特点是计算速度快、占用内存少，那么为什么神经网络模型一定要用激活函数去线性化呢？这就涉及线性模型的一个局限性——线性模型无法解决非线性问题。

假如现在存在如图 4.13 所示的分类问题，要求将两种类型的图像分开。

很显然，利用线性模型是不可能将两种类型的图像分开的，因为线性模型的分割图像是一条直线，如图 4.14 所示。

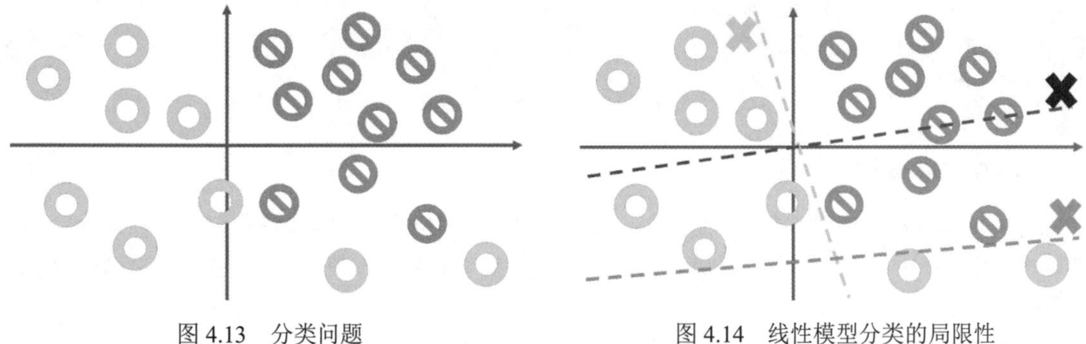

图 4.13　分类问题　　　　图 4.14　线性模型分类的局限性

要想解决这个问题，必须对线性模型进行非线性化处理，这就涉及接下来要讲的激活函数了。

4.3　激 活 函 数

从前面的介绍中可以知道，神经网络在没有加入激活函数之前，做的都是线性累加变换，线性模型所能解决的问题也只能是线性问题。而生活中要处理的大量案例都是非线性的，因此需要通过激活函数强化网络的学习能力，如图 4.15 所示。

图 4.15　线性模型的重复做工对于解决复杂问题毫无帮助

4.3.1　常见的激活函数

激活函数的种类很多，这里仅介绍几种比较常见的激活函数，如图 4.16 所示。

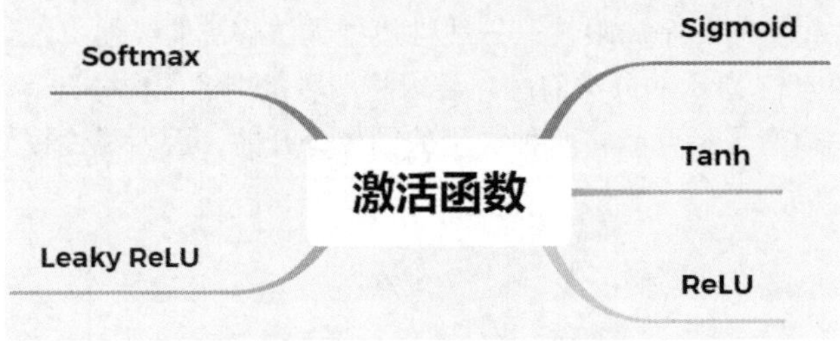

图 4.16　常见的激活函数

1. Sigmoid 函数

Sigmoid 函数也被称为逻辑激活函数。它将模型的输出结果压缩到 0～1。当模型的最终目标是预测概率时，它可以被应用到输出层。它使很大的负数向 0 转变，使很大的正数向 1 转变。在数学上表示为

$$\sigma(x)=\frac{1}{1+\mathrm{e}^{-x}}$$

其导数形式表示为

$$\sigma'(x)=\sigma(x)\cdot(1-\sigma(x))$$

Sigmoid 函数及其导数的曲线形状如图 4.17 所示。

仔细观察 Sigmoid 函数及其导数的图像可以发现，该函数连续可微并且非线性。同时该曲线在特定范围内梯度很大（图 4.17 中，函数在-2.5～2.5 的图像非常陡），这意味着当结果的输入值在这个区间范围内时很容易被推到极致，这对于模型分类有着巨大的帮助。但是该模型也存在着明显的弊端，就是容易出现过饱和现象，当输入的值是很大的正值时，Sigmoid 会趋近于 1；当输入的值是很大的负值时，Sigmoid 会趋近于 0，且此时梯度也趋近于 0；进行反向传播时，无法进行参数的传递。

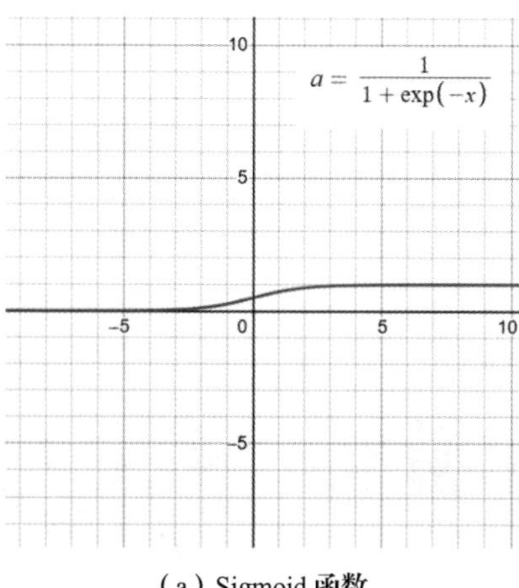

(a) Sigmoid 函数

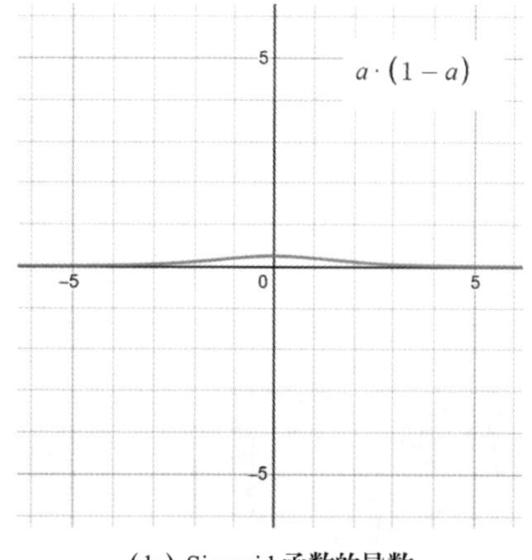

(b) Sigmoid 函数的导数

图 4.17 Sigmoid 函数

Sigmoid 函数的特点如图 4.18 所示。

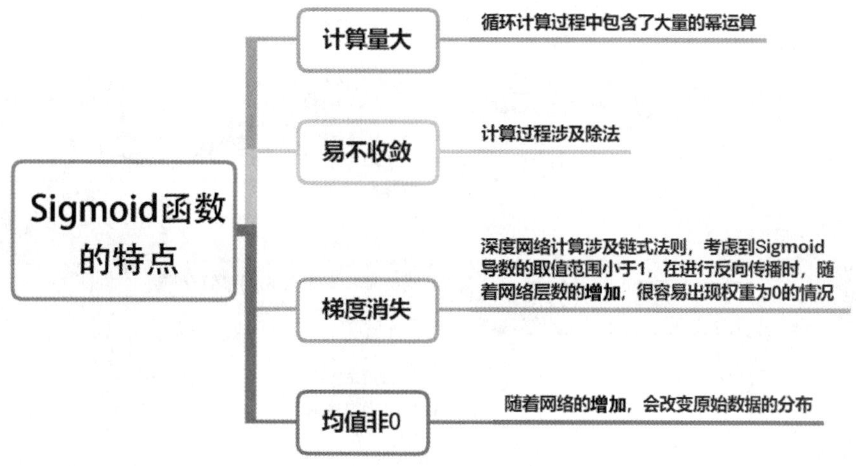

图 4.18 Sigmoid 函数的特点

2. Tanh 函数

Tanh 函数又叫双曲正切激活函数，它与 Sigmoid 函数类似，也是对模型的输出结果进行压缩；它与 Sigmoid 函数的区别在于 Tanh 函数的压缩范围在-1～1，均值为零。这也是 Tanh 函数比 Sigmoid 函数优秀的地方。

Tanh 函数的数学表达式为

$$\tanh(x)=\frac{\mathrm{e}^{x}-\mathrm{e}^{-x}}{\mathrm{e}^{x}+\mathrm{e}^{-x}}$$

Tanh 函数的导数的数学表达式为

$$\tanh'(x)=1-(\tanh(x))^2$$

Tanh 函数及其导数的曲线形状如图 4.19 所示。

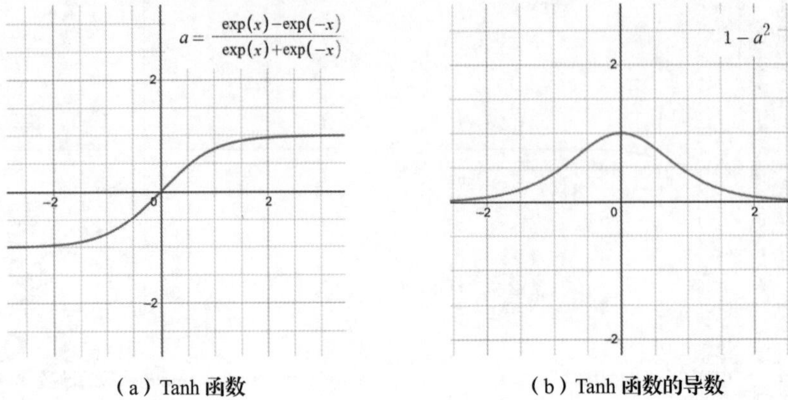

（a）Tanh 函数　　（b）Tanh 函数的导数

图 4.19　Tanh 函数

对比 Tanh 函数及 Sigmoid 函数的曲线发现，曲线的形状几乎一样。Tanh 函数的曲线相当于将 Sigmoid 函数的曲线放大后再向下平移，结果就是 Tanh 函数的均值为 0，保证了输入数据经过深层计算后其分布状态不会发生改变。

Tanh 函数的特点如图 4.20 所示。

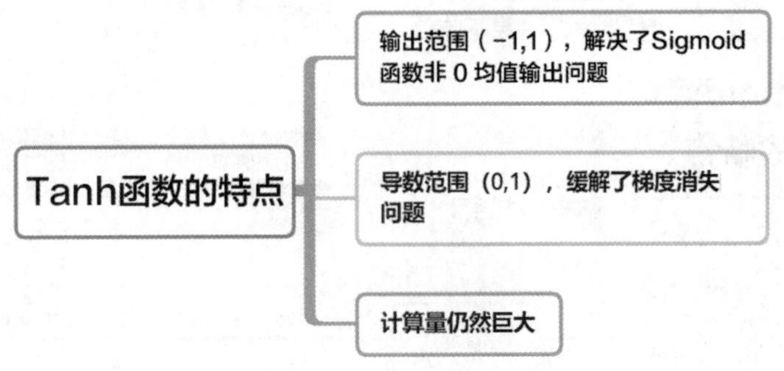

图 4.20　Tanh 函数的特点

3. ReLU 函数

ReLU 函数又叫线性整流函数，该函数的数学表达式为

$$f(x)=\max(0,x)$$

导数形式为

$$f'(x)=\begin{cases}0, & x<0\\1, & x\geqslant 0\end{cases}$$

ReLU 函数及其导数的曲线形状如图 4.21 所示。

从图 4.21 中可以看出，ReLU 函数对输入的数据从底部进行优化处理，小于 0 的输入一律认定为 0，大于 0 的输入保持原样。这样做的好处就是网络可以快速收敛，同时可以增加对梯度消失的抵抗能力。

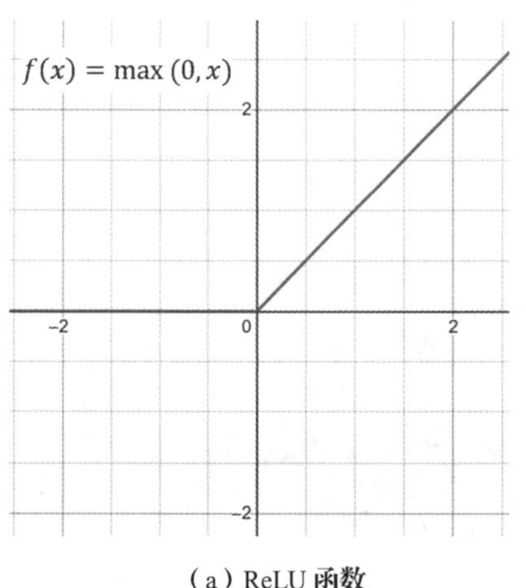

（a）ReLU 函数

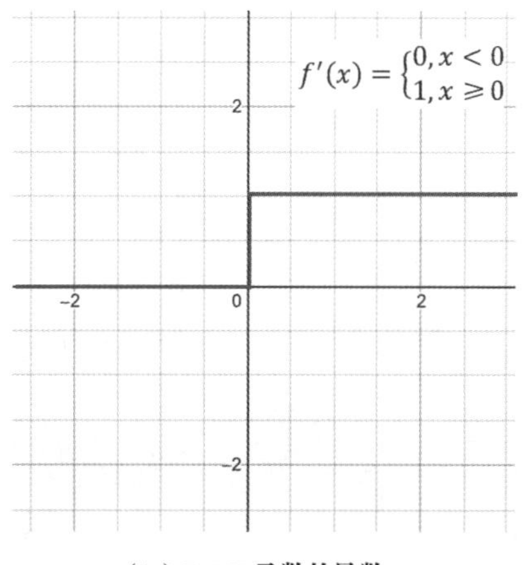

（b）ReLU 函数的导数

图 4.21　ReLU 函数

当输入的 x 大于 0 时，激活函数的特征是导数为 1，此时不会出现梯度消失现象，但是却有可能出现梯度爆炸现象。出现梯度爆炸现象的原因和出现梯度消失的原因一样，当初始值输入较大时，随着网络的加深，输入单元会呈指数级增长，最终导致梯度爆炸现象的发生。

假设有这样一个场景，一个平民做出了巨大贡献，皇上要赏赐平民，平民提出了一个赏赐方案：第 1 天给 1 两黄金，第 2 天给 2 两黄金，第 3 天给 4 两黄金，第 4 天给 8 两黄金，以此类推，第 n 天给 2^{n-1} 两黄金。皇帝一听感觉没有问题，便同意了。半个月后，皇帝终于后悔了，如图 4.22 和图 4.23 所示。

当输入的 x 小于 0 时，此时 ReLU 函数的输出为 0，这样做的目的是对数据进行稀疏处理。通常深度学习的目标之一就是从大量样本中提取关键信息、保留关键数据、去除噪音，提高模型的鲁棒性。对模型进行稀疏处理的方法有很多，而 ReLU 函数显然不是理想的处理方式，这是由于 ReLU 函数强制将所有输入值小于 0 的部分做了归零处理。这样导致模型的很多有效特征将被舍弃，并且计算容易进入“死区”。

图 4.22　梯度爆炸现象的示例 1　　　　图 4.23　梯度爆炸现象的示例 2

ReLU 函数的特点如图 4.24 所示。

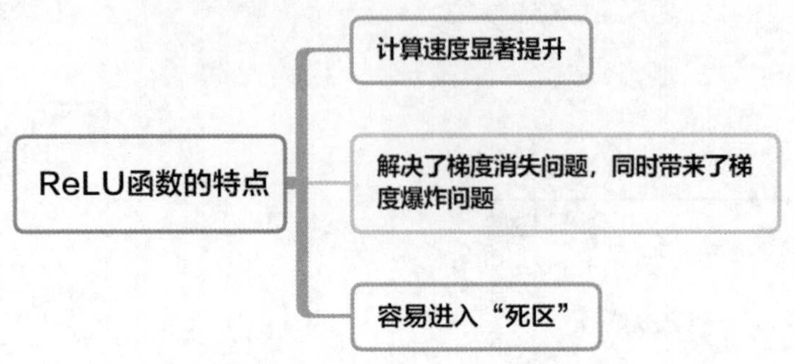

图 4.24　ReLU 函数的特点

4. Leaky ReLU 函数

尽管 ReLU 函数解决了梯度消失问题，同时又提高了计算速度，但是存在一个最大的问题：当输入值小于 0 时，由于梯度为 0，使此时的运算进入了一个“死区”。为了解决这个问题，学者们提出了 Leaky ReLU 的概念。Leaky ReLU 的表达式为

$$f(x)=\begin{cases} x, x \geqslant 0 \\ ax, x<0 \end{cases}$$

其中，a 取很小的值，如 0.01。

Leaky ReLU 函数及其导数的曲线形式如图 4.25 所示。

从图 4.25 中可以看出，在 Leaky ReLU 函数小于零的区域中，图像由值为 0 的水平线变为一条非水平的斜线，这样做的好处就是避免了零梯度现象，不会再出现“死区”。尽管 Leaky ReLU 函数的效果较 ReLU 函数提高很多，但是仍然不稳定。后来，专家学者又提出了 ReLU 函数的其他优化形态，如图 4.26 所示。

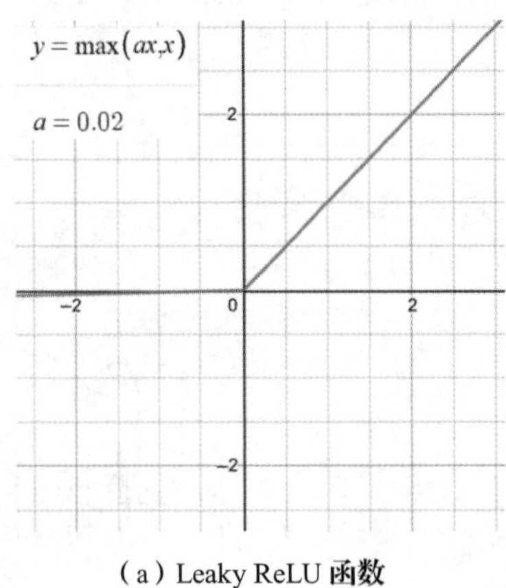

（a）Leaky ReLU 函数

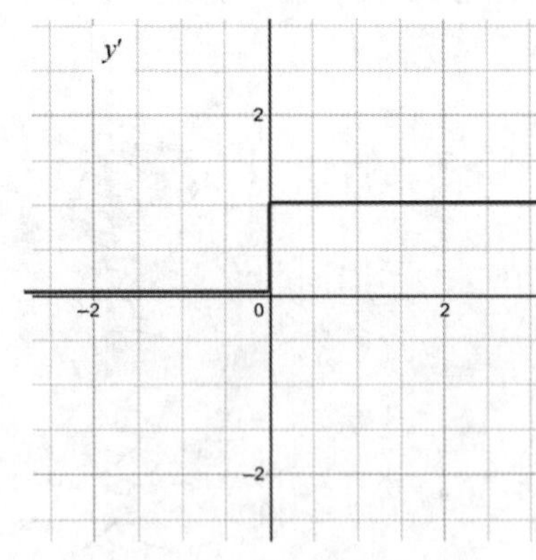

（b）Leaky ReLU 函数的导数

图 4.25　Leaky ReLU 函数

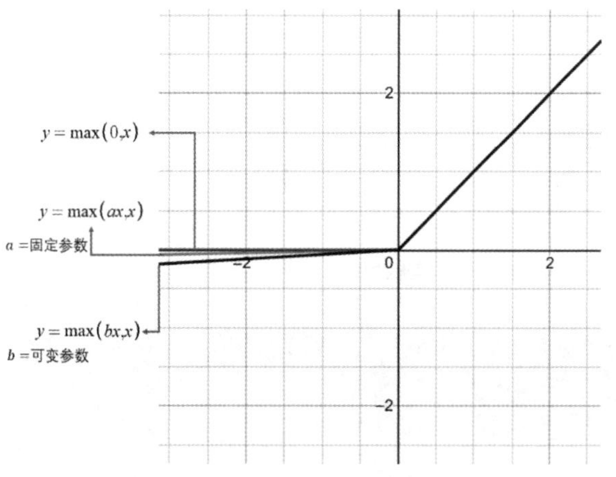

图 4.26 ReLU 激活函数的其他优化形态

Leaky ReLU 函数及其优化函数的总结如图 4.27 所示。

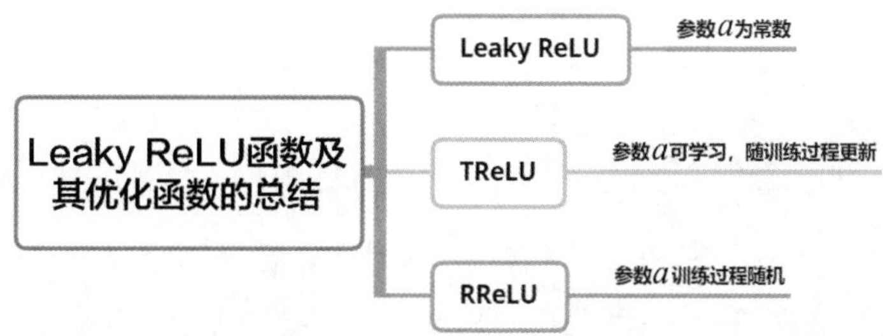

图 4.27 Leaky ReLU 函数及其优化函数的总结

5. Softmax 函数

Softmax 函数也被称为归一化指数函数，是 Sigmoid 函数的一种，同样用来处理分类问题。两者的区别在于 Sigmoid 函数通常用于处理二分类问题，而 Softmax 函数通常用于处理多分类问题。Softmax 函数的表达式为

$$\text{Softmax}(y_i) = \frac{\mathrm{e}^{y_i}}{\sum_{j=1}^{n} \mathrm{e}'_j}$$

其中，y_i 表示模型的输入参数，经过深度学习模型计算之后，这些参数的数量不发生变化，但是这些参数的数值变为 y'_j；$\frac{\mathrm{e}^{y_i}}{\sum_{j=1}^{n} \mathrm{e}'_j}$ 代表经过 Softmax 转换后的概率分布，分母表示所有数据经过深度学习网络转换后的数值总和，分子表示其中一个数据经过 Softmax 转换后的结果。

上述几种激活函数的使用场景如图 4.28 所示。

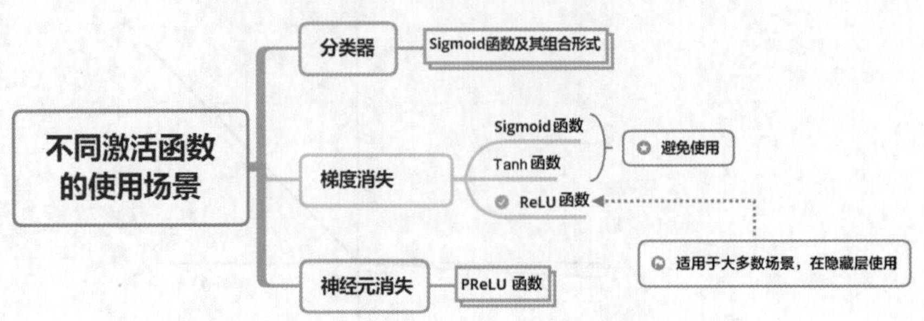

图 4.28　不同激活函数的使用场景

4.3.2　非线性问题

非线性模型有一个共同特点，即模型都是由曲线表示的。这样做的好处是可以极大地提高模型的泛化能力，以解决复杂问题，如图 4.29 所示。

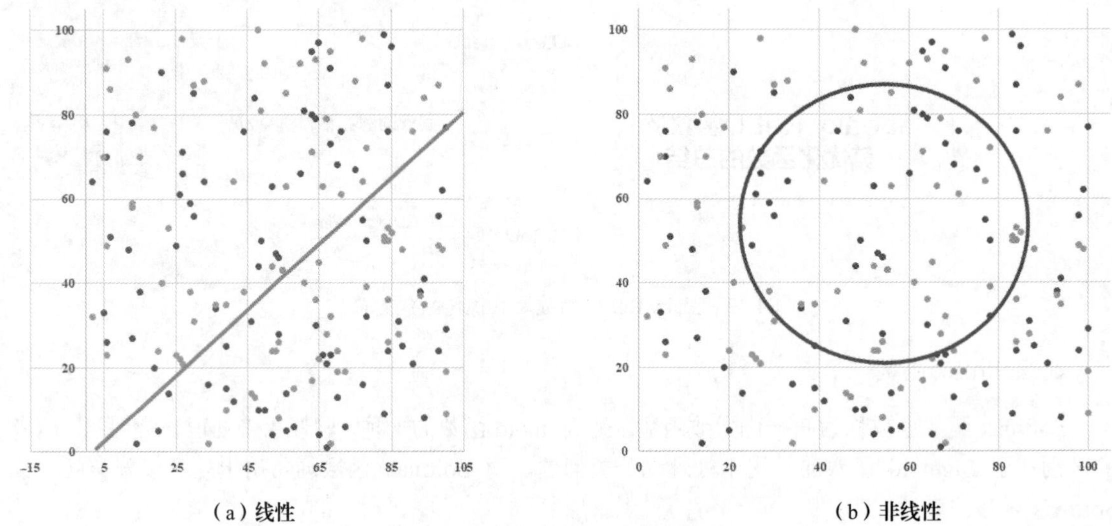

图 4.29　线性与非线性问题

如图 4.29（a）所示，可以用一条直线进行分类，而图 4.29（b）则需要一条圆形曲线进行分类。图 4.29（a）是线性分类，图 4.29（b）则是非线性分类。

这里可以进一步思考一下，图 4.29（b）的非线性曲线是否可以用分段的线性函数表示？答案是肯定的。就像祖冲之计算圆周率一样，利用微积分的手段进行线性组合，也可以拟合出非线性效果的曲线，但是这样做会极大地增加计算的工作量，并且会降低数学模型本来的美感。

4.3.3　多层网络解决异或运算

多层网络解决异或运算问题是深度学习的基础问题。在介绍异或运算之前，首先介绍一下感知机。

1957 年，感知机（Perceptron）由 Rosenblatt 提出，如图 4.30 所示，是神经网络和支持向量机的组成基础。

图 4.30　Rosenblatt 提出了感知机

感知机的模型特点是接收多个信号并输出一个信号，结构如图 4.31 所示。

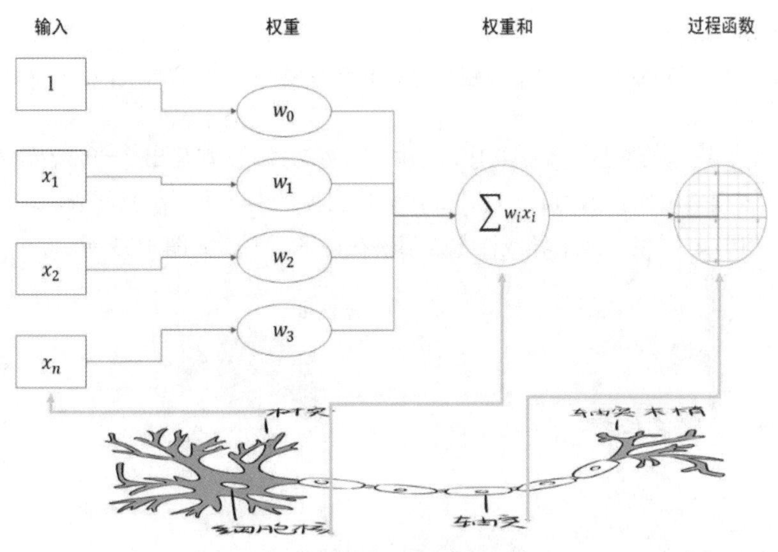

图 4.31　感知机的结构

从图 4.31 中可以看出，输入是多元的。每个输入单元与对应的权重相乘并进行求和运算，对运算结果进行分类。当运算结果大于该阈值时，会产生一个输出；当运算结果小于该阈值时，会产生另外一个输出。这里的分类函数就是激活函数，如图 4.32 所示。

图 4.32（a）所示是理想中的激活函数，它将输入映射为输出 0 或 1。当输出为 1 时，对应的神经元处于激活状态；当输出为 0 时，对应的神经元处于抑制状态。这样做对于计算机分类是有利的，但是将这个函数用作激活函数显然是不合适的，这是由于该函数不连续且不光滑，不利于计算。因此在实际应用中常将 Sigmoid 函数用作激活函数，如图 4.32（b）所示。

通过以上的介绍可以知道，感知机就是一个分类计算模型，接收多个输入，得到一个输出。感知机的分类效果由模型结构决定，单层感知机的结构如图 4.33 所示。

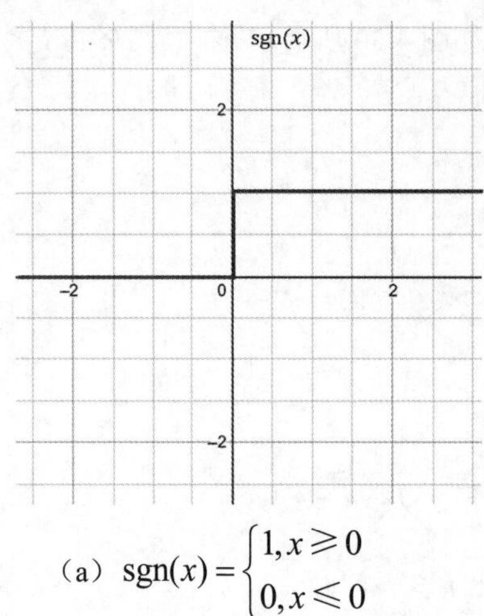

（a）$\mathrm{sgn}(x)=\begin{cases}1, x\geqslant 0\\0, x\leqslant 0\end{cases}$

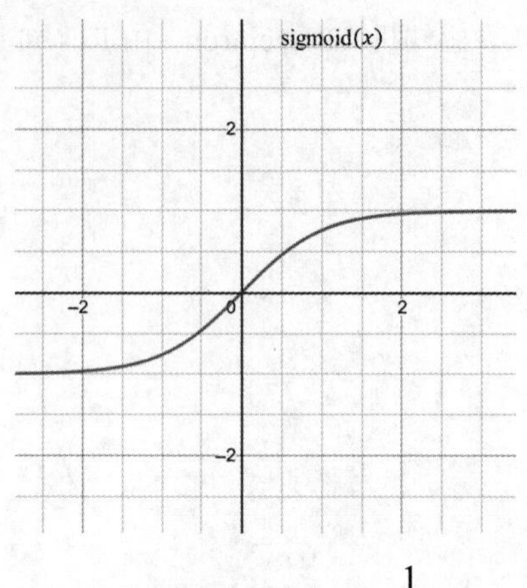

（b）$\mathrm{sigmoid}(x)=\dfrac{1}{1+\mathrm{e}^{-x}}$

图 4.32　感知机中的激活函数

那么什么是异或运算呢？

异或是一个数学运算符号，应用于逻辑运算。其数学符号为“ ⊕ ”，计算机符号为 xor，其运算法则如图 4.34 所示。

如图 4.34 所示，输入的数据 $x, y\in\{0,1\}$，若输入的数据相同，则输出 $z=0$；若输入的数据不同，则输出 $z=1$。上述模型可以表示为 $z=f(x, y)$，该模型可以由一个三维空间表示，成立的条件是存在于一个平面，使图 4.34 中的四个异或样本点都落在该平面上，如图 4.35 所示。

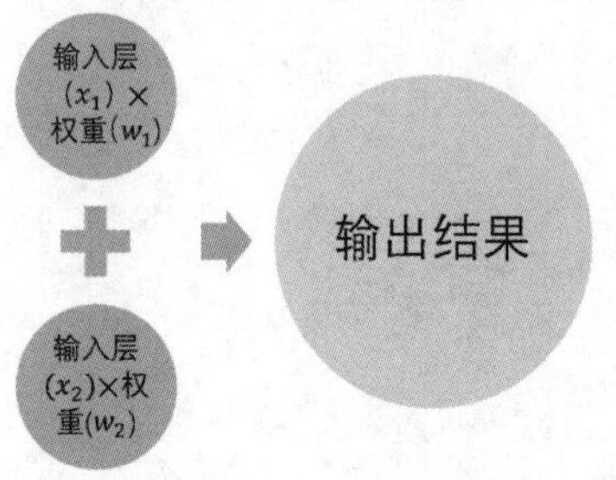

图 4.33　单层感知机的结构

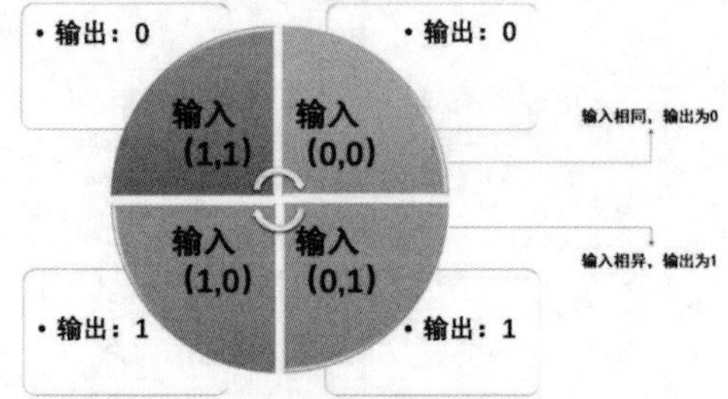

图 4.34　异或运算的运算法则

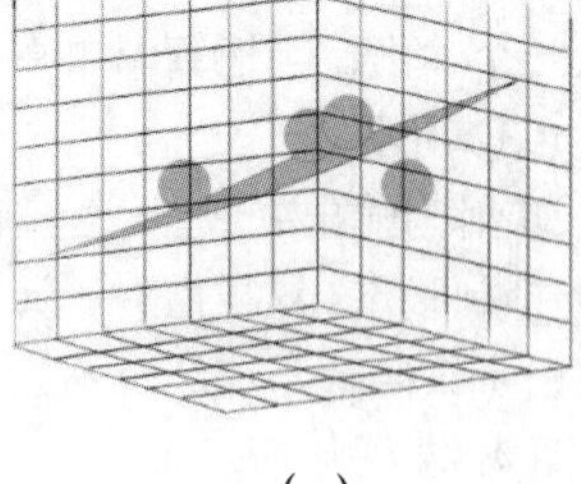

（a）

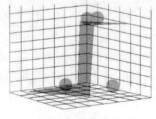

（b）

图 4.35　四点共面的异或问题

图 4.35（a）的模型可以表示为

$$z = w_1 x + w_2 y + b_1$$

其中，w_1、w_2 为输入的权重系数，b_1 为超平面的截距。

图 4.35（b）的模型可以表示为

$$z = f(w_1 x + w_2 y + b_1)$$

从图 4.35 中显然无法找到这样一个超平面（可以让这四个点同时在该平面上）。因此，单层感知机无法解决异或问题。那么如果将单层感知机进行组合可以解决异或问题吗？

下面介绍多层感知机，这里以两层感知机为例进行讲解，如图 4.36 所示。

图 4.36 是一个两层感知机的基本模型结构，其中 z_1、z_2 模型的输出分别是下一层感知机的输入条件，可视化模型效果如图 4.37 所示。

从图 4.37 中可以看出，所有样本点均落在了 z_3 对应的曲面上。由此可见，多层感知机可以解决单层感知机解决不了的异或运算问题。

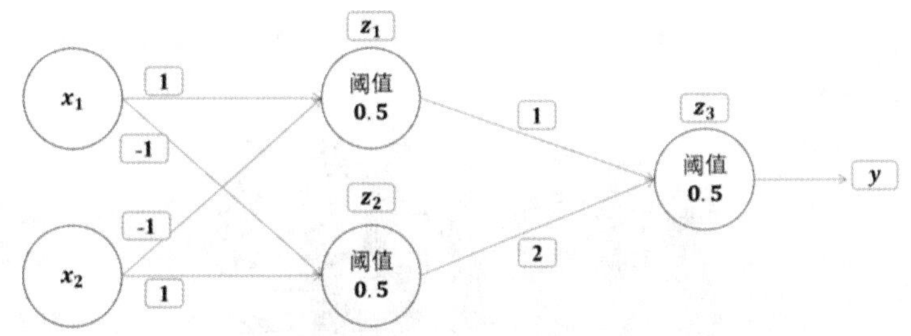

图 4.36 两层感知机的结构特点

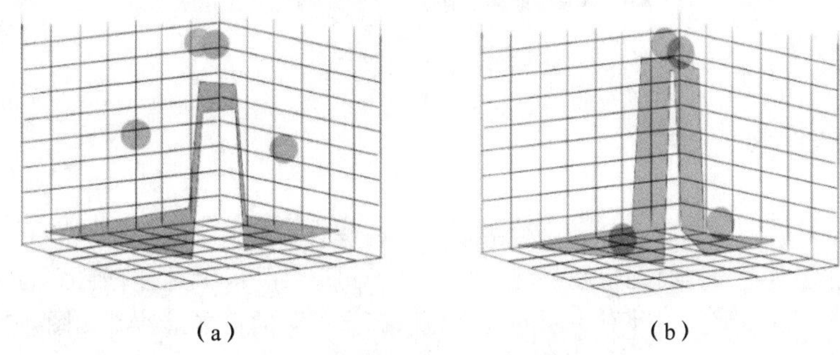

（a）（b）

图 4.37 两层感知机可视化模型

由前面的描述可知，单层感知机虽然是非线性模型，但是其主要结构是线性的，它的非线性属性主要是通过激活函数转化生成的。因此，单层感知机的非线性作用仅为整流，即为模型分类增加置信度。那么，单层感知机是如何实现非线性的？这里主要是通过对两层非线性感知机叠加使用。通过可视化模型可以发现，对于异或问题，非线性要解决的主要是模型的单调可变性问题，其中涉及了多元函数的单调性问题。

以二元函数单调性为例，假定向量矢量 AB 是平面 xoy 上的一条有向线段，二元函数 $z = f(x, y)$ 在向量矢量 AB 上有意义，则对于 $\vec{AB}$ 上的任意两个点 P_1、P_2，如果 $\vec{P_1P_2}$ 与 $\vec{AB}$ 同向，则

$$f(P_1)<f(P_2) \to z=f(x,y) \text{ 在 } \vec{AB} \text{ 上单调递增}$$

$$f(P_1)>f(P_2) \to z=f(x,y) \text{ 在 } \vec{AB} \text{ 上单调递减}$$

总体而言，单层感知机无法解决非线性问题的原因是单层感知机的主体结构依然是线性的，虽然增加了激活函数，但并不能改变模型整体的单调性；而多层感知机则可以通过层间组合改变模型整体的单调性，从而解决非线性问题。

4.4 损失函数

生活中是如何判断两个事物是否相等或相似的？例如，如何判断两个图形是否大小一样？如图 4.38 所示，判断两条线是否平行除了用尺子直接测量之外，还可以在相邻的两条线上任取 n 个点，分别计算这几个点到相邻曲线的投影距离。若投影距离处处相同，则可以判断两条线平行；若不同，则两条线不平行。同时可以计算投影的距离差，距离差越大，说明曲线的波动越大，这里的距离差可以近似地认为是损失函数。

图 4.38 “平行线”

4.4.1 经典损失函数

第 1 章中说过机器学习的四个任务：分类、回归、降维、聚类。其中分类和回归问题都属于监督学习的研究范畴，描述分类问题或回归问题是否准确的重要手段就是计算它们的损失函数。

损失函数有很多不同类型，针对不同的问题可以选择不同的损失函数，如图 4.39 所示。

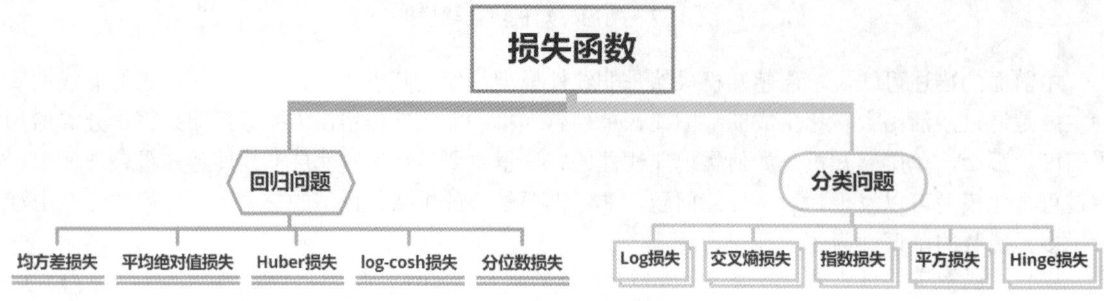

图 4.39 损失函数的分类树

图 4.39 是描述回归问题和分类问题是否准确常用的损失函数，下面将分别简要介绍各损失函数的特点。

1. 回归问题

- 均方差损失函数

均方差损失函数是回归问题最常用的损失函数，公式为

$$L_{\mathrm{MSE}}=\frac{1}{n}\sum_{i=1}^{n}(y_i-f(x_i))^2$$

均方差损失函数逻辑清晰、计算方便，可以利用梯度下降法进行优化，但是当出现异常点时，会由于赋予了较大的权重而导致优化方向出现偏差。均方差损失函数的曲线特征如图 4.40 所示。

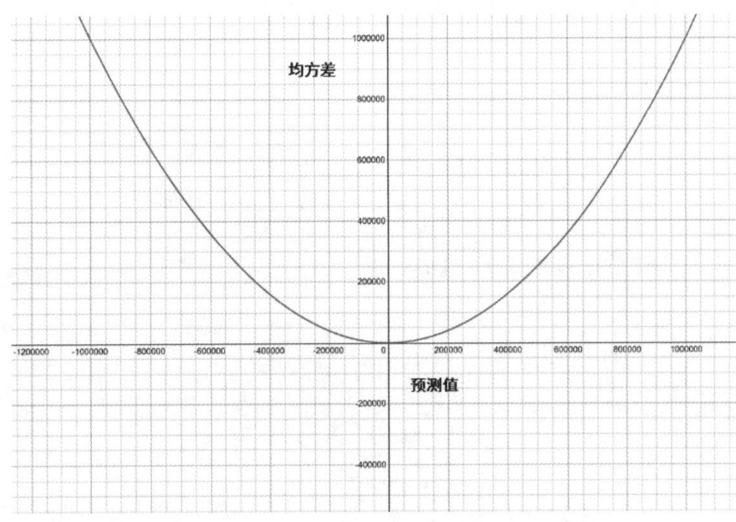

图 4.40　均方差损失函数

从图 4.40 中可以看出，当预测值接近真实值时，该曲线接近最小值；当误差增加时，曲线的取值呈倍数增长，由此可见该损失函数对异常值非常敏感。

均方差损失函数可以看作 L^2 损失函数。

- 平均绝对值损失函数

平均绝对值损失函数的公式为

$$L_{\mathrm{MAE}}=\frac{1}{n}\sum_{i=1}^{n}|y_i-f(x_i)|$$

平均绝对值损失函数表示对目标值与预测值两者的差值的绝对值再取平均值，它能够表示预测值与目标值之间相差的幅度。由于该损失函数没有做平方计算，因此不会对结果进行放大，从而对异常值有较好的鲁棒性。平均绝对值损失函数的缺点是，由于误差计算不考虑方向性且梯度不变，因此不利于模型的收敛。平均绝对值损失函数的曲线特征如图 4.41 所示。

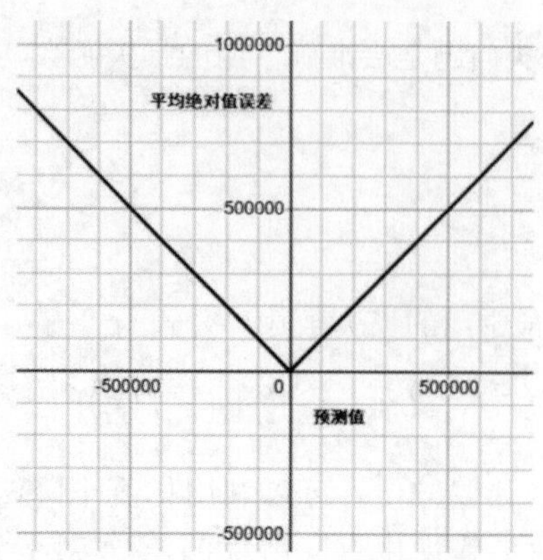

图 4.41　平均绝对值损失函数

- Huber 损失函数

Huber 损失函数的公式为

$$L_\delta(y,f(x))=\begin{cases}\frac{1}{2}(y-f(x))^2, & |y-f(x)|\leqslant\delta\\ \delta|y-f(x)|-\frac{1}{2}\delta^2, & \text{其他}\end{cases}$$

Huber 损失函数的曲线特征如图 4.42 所示。

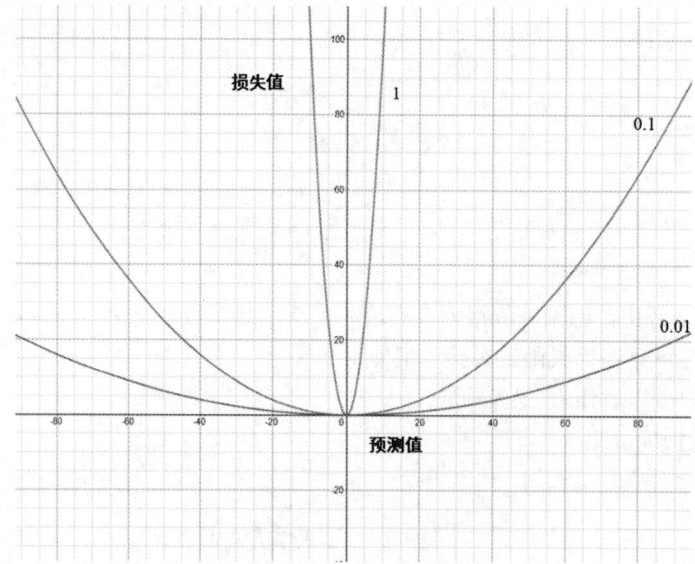

图 4.42　Huber 损失函数

从图 4.42 可以看出，当预测值与真实值的差值的绝对值小于某个值时，该函数可以看作均方差损失函数；当该差值的绝对值大于某个值时，该函数可以看作平均绝对值损失函数。

参数 δ 的选择对 Huber 损失函数很重要，该函数处理异常值时鲁棒性能更优，但是由于该函数会在临界点附近出现调整，因此该函数不可导。

- log-cosh 损失函数

log-cosh 损失函数的公式为

$$L(y,f(x))=\sum_{i=1}^{n}\log(\cosh(y-f(x)))$$

log-cosh 函数的曲线特征如图 4.43 所示。

当误差较小时，曲线类似于 MSE；当误差较大时，曲线类似于 MAE，且曲线在临界点处连续。该损失函数继承了 Huber 损失函数的优点，但是如果异常值一直出现该函数会出现梯度问题。

- 分位数损失函数

分位数损失函数的公式为

$$L_\gamma(y,y^p)=\sum_{i:y_i<y_i^p}(1-\gamma)|y_i-y_i^p|+\sum_{i:y_i\geqslant y_i^p}\gamma|y_i-y_i^p|$$

分位数损失函数的曲线分布特征如图 4.44 所示。

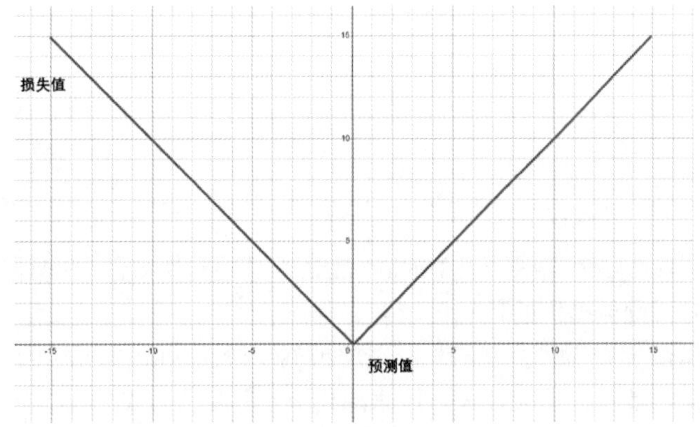

图 4.43　log-cosh 损失函数

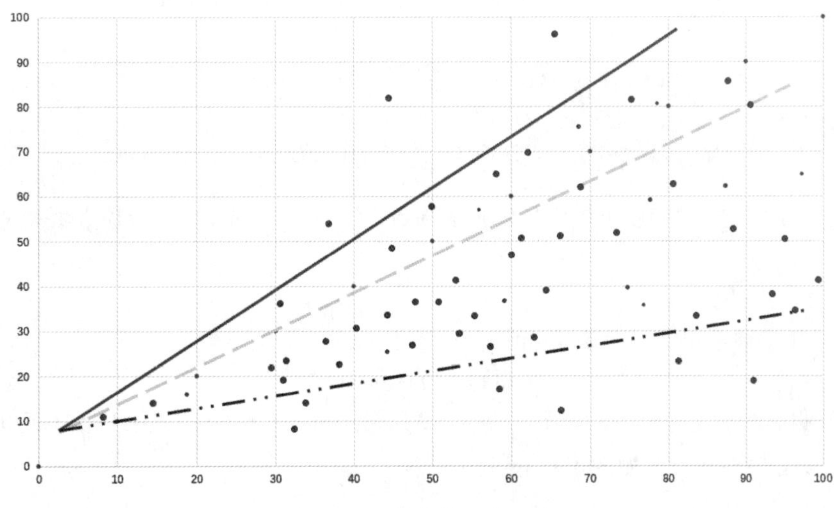

图 4.44　分位数损失函数

2. 分类问题

关于分类问题中的损失函数，这里仅简单介绍交叉熵损失函数和 Hinge 损失函数，其余损失函数和回归问题类似，这里不再赘述。

- 交叉熵损失函数

交叉熵是信息论的一个重要概念。信息论的主要思想是如果一个小概率事件发生了，那么它一定包含较多的信息量；反之如果一个事件本身就是大概率事件，则它的发生能够提供的有效信息则较少，如图 4.45 所示。

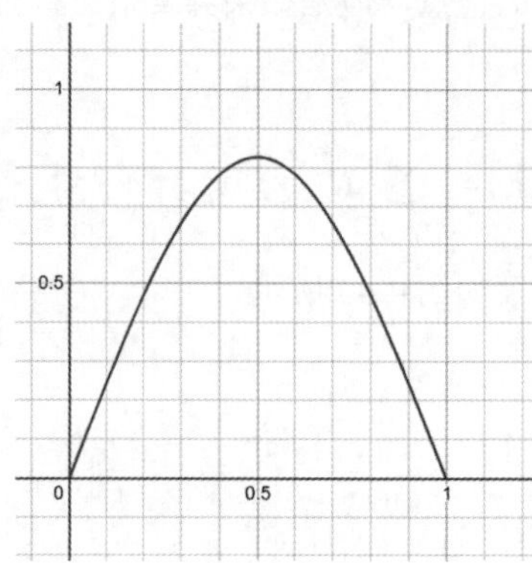

图 4.45　交叉熵损失函数

如图 4.45 所示，当事件发生概率接近 1 或 0 时，认为是确定性事件，此时能提供的信息量较少；反之当该事件不确定时，则能提供的信息量较多。

人们通常利用 KL 散度来描述符合同一分布的预测值与实际值之间的距离，距离越近，预测的损失越小；反之，这说明预测的损失较大。用来描述 KL 散度的公式为

$$D_{\mathrm{KL}}(P\|Q)=E_{X\sim P}[\log(P(x))-\log(Q(x))]$$

在机器学习的过程中，通常不会直接利用上述公式进行计算，而是使用它的替代形式——交叉熵。交叉熵的计算公式为

$$H(P,Q)=H(P)+D_{\mathrm{KL}}(P\|Q)$$

简化后可以得到

$$H(P,Q)=-\sum_{x}P(x)\log(Q(x))$$

交叉熵损失函数是分类问题中较常用的损失函数。需要注意的是，交叉熵损失函数是不对称的，即 $H(P,Q)\neq H(Q,P)$。

- Hinge 损失函数

Hinge 损失函数通常用于 maximum-margin 分类任务中，其数学表达式为

$$L(y)=\max(0,1-y^{*}y)$$

其中，y^{*} 是预测值，y 是真实值。如果 $1-y^{*}y>0$，则结果取 $1-y^{*}y$；如果 $1-y^{*}y\leqslant 0$，则结果取 0。Hinge 损失函数的曲线特征如图 4.46 所示。

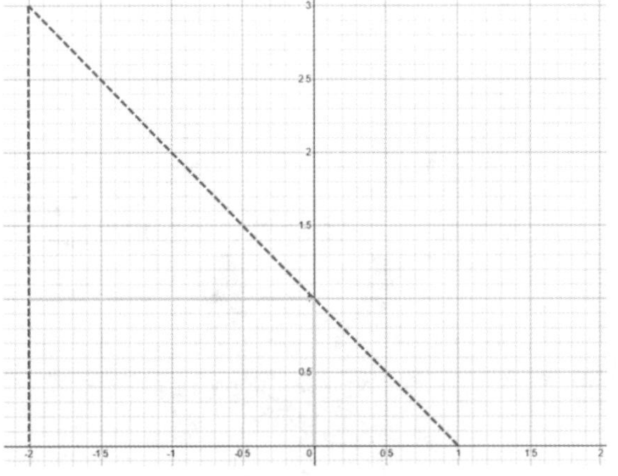

图 4.46　Hinge 损失函数

大多数时候，人们会对该函数进行优化，优化后的公式为

$$L(y, y^*) = \max(0, m - y + y^*)$$

其中，y 是正样本得分，y^* 是负样本得分，m 是 margin。这样做的好处是人们可以指定正负样本之间的分差以此达到想要的分类目的。

4.4.2　自定义损失函数

前面介绍的损失函数在机器学习过程中提供了极大的便利，但是有时候针对特定的问题，也许上述损失函数并非最优选择，这时候 TensorFlow 同样支持人们去自定义损失函数。

自定义损失函数的原理同上述损失函数是一样的，都是去测算真实值和预测值之间的差值，这个差值越小说明预测的结果越准确，反之则说明预测越不准确。

例如，老王是职场精英，有一次，老王和另一个商业大亨约谈重要事情。现在问题来了，如果老王去得太早，就要等对方，这对老王而言是时间上的损失（假定老王每分钟的时间收益是 100 元）；反之，如果老王去得晚了，对方也会让老王支付等待费用（假定对方每分钟的等待费用是 70 元）。假设老王达到商谈地点的时间为 y 分钟（由于不确定路况，因此具体时间无法预测），那么老王应该提前多久出发才能降低损失，如图 4.47 所示。

上述问题属于回归问题，显然不能用均方差损失函数进行求解，这是由于无论老王去得早还是晚都会面临经济损失，而本题的目标就是尽量降低经济损失。这里需要用两个不同的损失函数分别进行描述，因此该函数是一个分段函数，可以表示为

$$f(y_i^*, y_i) = \begin{cases} 100(y - y^*), y \geqslant y^* \\ 70(y^* - y), y < y^* \end{cases}$$

$$L(y, y^*) = \sum_{i=1}^{n} f(y_i, y_i^*)$$

其中，y_i 表示某次计算中真实的到达时间，y_i^* 表示对应的提前出发时间。根据上式即可得到老王想要最小化经济损失的提前出发时间。具体代码如下。

图 4.47　老王见客户

```
import TensorFlow as tf

v1 = tf.constant([1.0, 2.0, 3.0, 4.0])
v2 = tf.constant([4.0, 3.0, 2.0, 1.0])

sess = tf.InteractiveSession()                        # 创建默认会话
print(tf.greater(v1, v2).eval())                      # 输出 v1 中元素是否比 v2 中元素大
print(tf.where(tf.greater(v1, v2), v1, v2).eval())
# 若 v1 比 v2 大，输出 v1，反之则输出 v2
sess.close()
```

结果如下。

```
>>[False False  True  True]
[ 4.  3.  3.  4.]
```

4.5　通过摧毁竞争对手取得胜利

在某一届全国大学生计算机竞赛中，发生了这样一件有趣的故事。此次竞赛的规则是每个团队设计一款机器人，该机器人的工作是将机器羊赶进系统指定的区域内。赶羊的过程不做限制，每个机器人都要通过“思考”制定自己的赶羊策略（机器人不能通过人工远程遥控），最终的胜利标准是赶进指定区域的羊的数量。

比赛开始后，大部分机器人都在中规中矩地赶着自己的羊群，有的机器人学习牧羊犬战术对羊进行引导；有的机器人模拟狼群对羊进行恐吓，试图将羊逼入指定区域。但是有一只机器人的行为很奇怪，他抓起了一只羊，并直接将羊带入指定区域，然后该机器人对指定区域进行了封闭。这种行为让其他团队很困惑，因为按照这种策略，一只只地抓羊，显然效率最低，几乎不可能取得最终胜利。

就在人们疑惑该机器人的行为时，机器人接下来的动作解答了人们的疑惑。在该机器人将自己的一只羊放进指定区域后，开始摧毁场地中的其他羊和机器人，最终这只邪恶的机器人取得了胜利，并且没有违反比赛规则，如图 4.48 所示。

人们分析这只机器人制定的战略规定发现，该机器人并不擅长将羊赶回围栏中，但它可以消除其他竞争者，赢得比赛的胜利。

图 4.48　通过摧毁其他羊和机器取得胜利

第 5 章

机器学习优化问题

对算法进行优化可以提高算法的性能，如提高计算效率、减少参数量从而降低对硬件系统的过度依赖，增加算法的适配性从而更好地进行不同平台的拓展等。

优化算法的方法有很多，本章将对最基本、最重要的部分进行讲解，包括：

- 基于梯度的优化问题。
- 反向传播的计算原理。
- 解决过拟合与欠拟合的方法。

5.1 基于梯度的优化

为了帮助读者更好地理解梯度在算法中的应用，在介绍基于梯度优化算法的方法之前，本节先讲述一个关于梯度计算的小故事。

古时某年，恰逢天气大旱，庄稼颗粒无收，街市上有很多流浪汉，给社会治安问题带来了很大的隐患。这一天，京城一家有名的钱庄失窃了，经过调查是内部人士作案，且锁定的嫌疑人范围是财务人员。于是，衙门抓来了该钱庄的三名账房先生进行问审，如图 5.1 所示。

衙门："大胆刁民，竟敢私自偷窃钱庄财物，且数额巨大，论罪当斩。不过皇上有爱才之心，听说你们都是算术高手，现在给你们现场出题，如果能第一个答上来，非但可以免除死罪，还能在朝廷谋个一官半职。"

嫌疑人们："感谢皇上不杀之恩，请快快出题吧。"

于是衙门命人抬上来一千袋小麦，并将其编号为 1～1000。

衙门："这里有一千袋小麦，我已经按顺序进行了编号，其中有一袋小麦被我换作了红豆，你们猜是哪一袋？规则如下：假设我把第一百袋小麦换作了红豆，如果你猜的是 200，我会告诉你猜大了，你就要往小了猜；假如你猜的是 90，我会告诉你猜小了，你再往大了猜，直到猜对为止，谁用的次数最少，就算谁赢，可以免除死罪，其他人则午后问斩。"

嫌疑人甲："我从前往后一个个猜吧，万一最后一袋就是红豆，我就直接胜利了，万一第一袋是红豆，我也认了，都是命。"

嫌疑人乙："我从后往前一个个猜吧，万一第一袋就是红豆，我就直接胜利了，万一最后一袋是红豆，我也认了，都是命。"

嫌疑人丙："我每次都猜中间的编号，除非在前十个或后十个，否则我一定是最快猜到的。"

图 5.1　哪个嫌疑人能活命

上述这个小故事就是对梯度优化的一个应用案例，其中嫌疑人甲、乙、丙 3 个人分别用了 3 种方法去快速逼近结果，但是从结果来看，显然嫌疑人丙的方法是最科学的，他的方法可以保证在最短时间达到目标，即选用他的方法可以保证用时最少。

在空间中每一个点都可以确定无限多个方向。例如，在以上案例中，假设结果是数字 978，想要快速接近它，可以从它的左侧（小于 978）推导，也可以从右侧推导。同样地，对于一个多元函数在某个点也必然有无限多个方向。这种带有方向的函数，我们称为导数。在这无限多个导数中最大的一个（它直接反映了函数在这个点的变化率的数量级）等于多少？它是沿什么方向达到的？描述这个最大方向导数及其所沿方向的矢量，就是我们所说的梯度。

梯度是场论里的一个基本概念。场表示空间区域上某种物理量的一种分布。从数学上看，能表示为数值函数 $u=u(x,y,z)$ 的场称为数量场，如温度场、密度场等。

梯度的本义是一个向量（矢量），表示某一函数在该点处的方向导数沿着该方向取得最大值，即函数在该点处沿着该方向（此梯度的方向）变化最快、变化率最大（为该梯度的模），如图 5.2 所示。

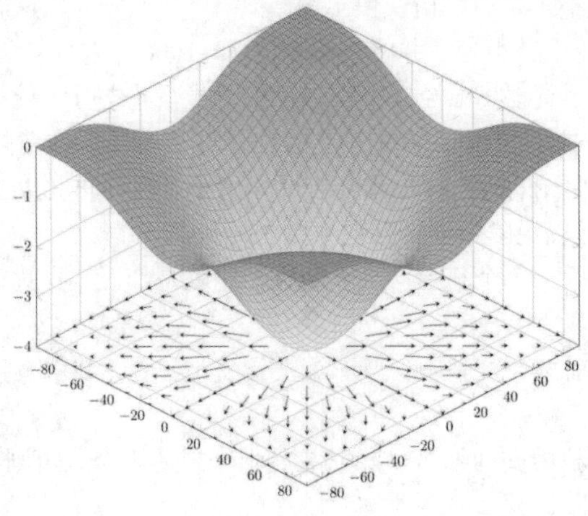

图 5.2　梯度的示意图

5.1.1　最快下山原则

为了读者直观地理解梯度下降概念，这里以下山作为一个应用场景进行讲解。假设有一个旅游团被困在了山上，因为身上携带的食物资源匮乏，且救援人员由于各种原因无法抵达被困人员所在的位置，需要被困人员用最快的速度抵达山下的救援平台。显然路越陡峭，下山距离越短，用时也就越快，如图 5.3 所示。

我们可以假设这座山最陡峭的地方是无法通过肉眼观察出来的，而是需要一个复杂的工具来测量的，同时，有个人此时正好拥有测量出最陡峭地方的能力。所以，此人每走一段距离，都需要一段时间来测量最陡峭的地方，这是比较耗时的。那么为了在太阳下山之前到达山底，就要尽可能地减少测量的次数。这是一个两难的选择，如果测量得频繁，虽然可以保证下山的方向是正确的，但是会非常耗时；如果测量得过少，又有偏离轨道的风险。所以需要找到一个合适的测量频率，来确保下山的方向不出错，同时又不至于耗时太久！这种方法就是接下来将要重点介绍的梯度下降。

图 5.3　梯度下降案例——最快下山原则

梯度下降的基本过程就和下山的场景很类似。

首先，有一个可微分的函数，它代表着一座山。目标就是找到这个函数的最小值，也就是山底。根据之前的场景假设，最快的下山方式就是找到当前位置最陡峭的方向，然后沿着此方向下山，对应到函数中，就是找到给定点的梯度，然后朝着梯度相反的方向，就能让函数值下降得最快。因为梯度的方向是函数中变化最快的方向（在后面会详细解释），所以重复利用这个方法反复求取梯度，最后就能得到局部的最小值。求取梯度就确定了最陡峭的方向，也就是场景中测量方向的手段，如图 5.4 所示。

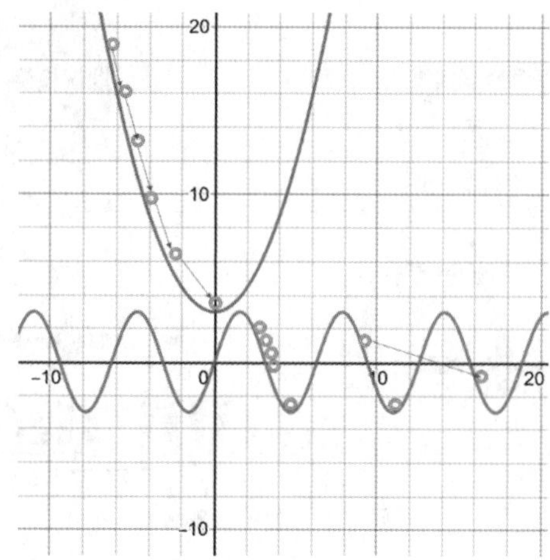

图 5.4　局部最小值

5.1.2　主流梯度下降优化算法

在当前的深度学习算法中有 3 种主流框架用于对梯度下降问题进行优化，不同的算法对于更新参数时使用的样本规模不同，因此它们最终的优化效果以及优化用时也不同。3 种框架分别为：BGD（Batch Gradient Descent，批量梯度下降）、SGD（Stochastic Gradient Descent，随机梯度下降）和

MBGD（Mini-Batch Gradient Descent，小批量梯度下降）。接下来将对这 3 种框架的用法及特点逐条分析。

1. BGD

在介绍 BGD 之前，先来看一下梯度下降的数学原理。梯度下降的参数更新公式可以表示为

$$\theta' = \theta - \nabla \theta J(\theta)$$

该算法是对所有样本参数求导然后更新参数，因此最大限度地保证了更新方向的正确性，并最终保证收敛于极值点（其中凸函数是全局最优，非凸函数是局部最优）。但是，由于每次使用需要对所有的数据集进行更新，因此更新时间较长，而且对于内存的消耗较高，所以并不适用在线学习。

为了解决上述问题，常见的做法是采用 BGD 方式，该算法会对训练集中的所有样本的参数求偏导，然后更新参数。假设批量训练的样本总数为 n，每次训练时，样本输入记为 X^i，样本输出记为 Y^i，权重参数记为 W，损失函数记为 $J(W)$，学习率记为 η_t，则通过 BGD 法更新参数的数学表达式为

$$W_{t+1} = W_t - \eta_t \sum_{i=1}^{n} \nabla J_i(W_t, X^i, Y^i)$$

其中，W_t 表示 t 时刻的权重值。

从上述公式可以看出，使用 BGD 法进行模型优化可以极大地提高模型的计算效率，这是由于权值的调整是在批量样本输入之后进行的，而不是每输入一个参数就要调整一次的，这样可以有效减少更新频次，如图 5.5 所示。

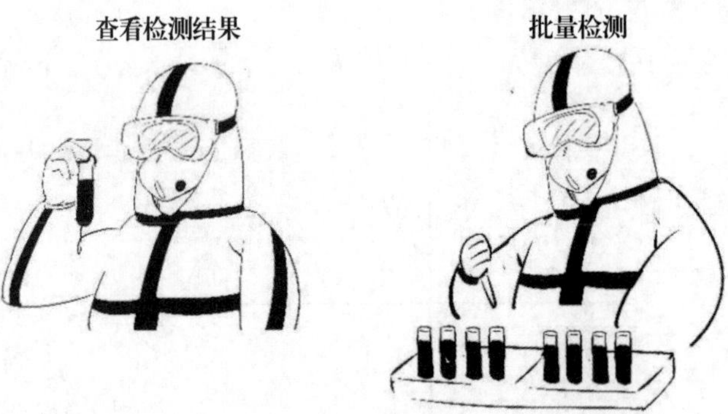

图 5.5　批量检测

BGD 的 Python 实现代码如下。

```
# -*- coding: utf-8 -*-
# BGD Python 实现过程
# 输入随机数库
import random
# 用 y = Θ1*x1 + Θ2*x2 进行输入/输出的拟合
# input1  2   4   6   8
# input2  1   2   3   4
```

```
# output  12  23  34  45
input_x = [[2,1], [4,2], [6,3], [8,4]]                # 输入矩阵
y = [12,23,34,45]                                     # 输出矩阵
theta = [1,1]                                         # 设定初始化参数
loss = 10                                             # 定义损失范围
step_size = 0.01                                      # 设定步长
eps =0.0001                                           # 防止分母为 0
iter_count = 0                                        # 迭代计数
iter_max = 10000                                      # 最大迭代次数

error =0                                              # 损失值
err1=[0,0,0,0]                                        # 求Θ1 梯度的中间变量 1
err2=[0,0,0,0]                                        # 求Θ2 梯度的中间变量 2

while( loss > eps and iter_count < iter_max):     # 定义迭代条件
   loss = 0
   err1sum = 0
   err2sum = 0
   for i in range (1,10):                             # 每次迭代所有的样本都进行训练
      pred_y = theta[0]*input_x[i][0]+theta[1]*input_x[i][1]     # 预测值
      err1[i]=(pred_y-y[i])*input_x[i][0]
      err1sum=err1sum+err1[i]
      err2[i]=(pred_y-y[i])*input_x[i][1]
      err2sum=err2sum+err2[i]
   theta[0] = theta[0] - step_size * err1sum/9
   theta[1] = theta[1] - step_size * err2sum/9
   for i in range (1,10):
      pred_y = theta[0]*input_x[i][0]+theta[1]*input_x[i][1]     # 预测值
      error = (1/(2*9))*(pred_y - y[i])**2        # 损失值
      loss = loss + error                             # 总损失值
   iter_count += 1
   print ("iters_count", iter_count)
print ('theta: ',theta )
print ('final loss: ', loss)
print ('iters: ', iter_count)
```

2. SGD

如果把 BGD 看作跑步下山的优化方式，那么就可以把 SGD 看作直接跳下山的优化方式。SGD 有比 BGD 更快的优化速度，这是由于 SGD 不是对所有参数进行优化，而是每次更新参数时仅仅随机选择一个样本，更新公式为

$$\theta' = \theta - \eta \nabla \theta J(\theta; x_t, y_t)$$

SGD 的优化方式就好像是对 BGD 进行了 Dropout 策略，这种策略在享受高效的同时也会有一定的风险。每次都随机选择一个样本，会造成更新参数可能不是朝着最优方向进行，优化的波动比较大。但是，对于非凸函数，这种特点可能会在训练的过程中，使学习算法跳出局部最优点；也有可能在学习结束的时候达到更好的局部最优点或全局最优点。

SGD 的计算流程如图 5.6 所示。

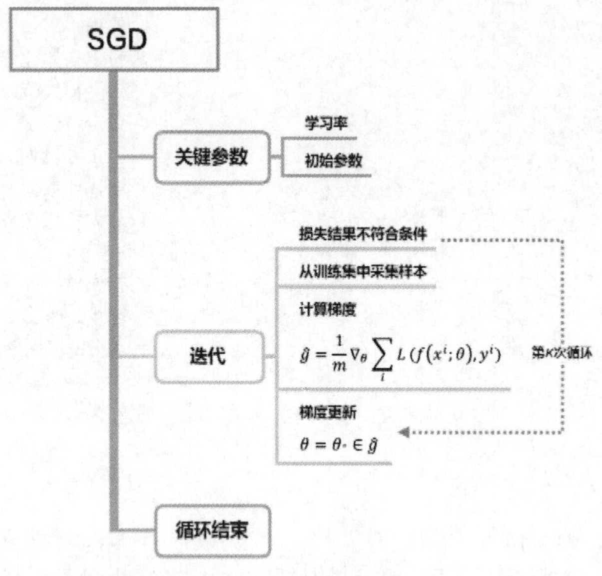

图 5.6　SGD 的计算流程

在 SGD 的基础上又有**基于动量法的 SGD**。动量法的目的是加速学习，尤其是处理局部形态呈现高曲率特征的梯度或带噪声的梯度。动量法积累了之前的梯度指数级衰减的移动的平均值，并且继续沿该方向移动。动量法的效果如图 5.7 所示。

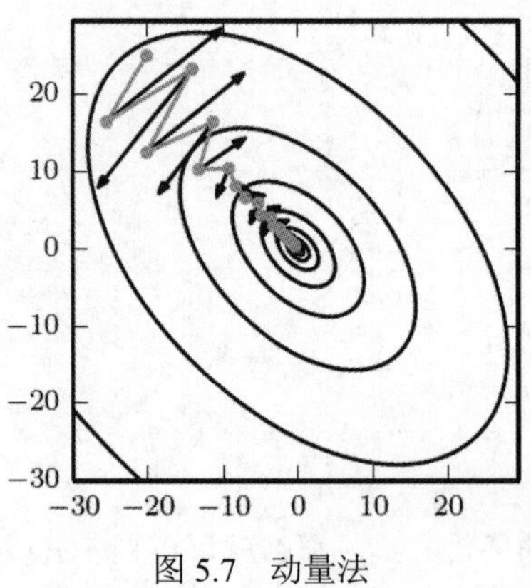

图 5.7　动量法

人们用动量法主要解决两个基本问题，Hessian 矩阵的病态条件和随机梯度的方差。图 5.7 中说明了动量克服病态条件的过程。等高线描绘的是一个二次损失函数（该函数具有病态条件 Hessian 矩阵），其中与等高线交会的折线表示动量学习规则遵循的路径，它是函数的最小化。如果在路径的每一步都绘制一个箭头，该箭头则表示梯度下降的方式。通过观察很容易发现，有效动量是向着穿越等高线的方向移动的，而非有效动量则是在等高线之间来回移动的。

基于动量法的 SGD 的流程如图 5.8 所示。

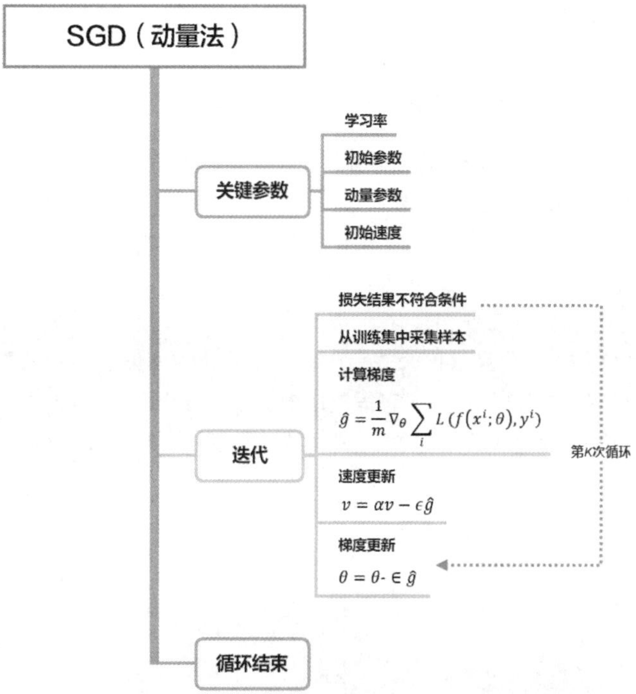

SGD（动量法）

关键参数

学习率

初始参数

动量参数

初始速度

迭代

损失结果不符合条件

从训练集中采集样本

计算梯度

$\hat{g}=\frac{1}{m}\nabla_\theta\sum_i L\left(f\left(x^i;\theta\right),y^i\right)$

第K次循环

速度更新

$v=\alpha v-\epsilon\hat{g}$

梯度更新

$\theta=\theta-\epsilon\hat{g}$

循环结束

图 5.8　基于动量法的 SGD 的计算流程

3. MBGD

为了平衡上述两种算法的优缺点，让算法优化既能高效，同时又不至于出现方向性错误，学者们提出用小批量的样本进行参数更新，每次从训练集中选择 m 个样本进行学习。这样可以避免使用所有数据集而导致的学习速度过慢的问题（优化中的过拟合），也可以避免每次只使用一个样本学习而导致的学习波动过大的问题（优化中的欠拟合）。其更新公式为

$$\theta'=\theta-\eta\nabla\theta J(\theta;x_{i:i+m},y_{i:i+m})$$

实际上，梯度下降算法一直是机器学习或深度学习算法工程师头疼的问题。在梯度下降算法中，存在很多挑战。

（1）学习率的选择。学习率的选择如果不恰当，则会出现类似于过拟合或欠拟合的情况。例如，选择较小的学习率会导致学习过程比较缓慢，相当于过拟合；选择较大的学习率会导致难以收敛，在极小点处震荡，相当于欠拟合。

（2）学习率的调整。优秀的算法会在学习的过程中对学习率进行动态调整。一般使用事先制定好的策略或在每次迭代中递减一个较小的阈值。这种自适应的调整算法使用本节介绍的 3 种框架无法实现。

（3）优化策略过于单一。前面介绍的方法使用的优化参数都是相同的，这对于解决稀疏或差异性特征很不友好。

（4）对于非凸目标函数，容易出现伪最优点。

为了解决上述的 4 个问题，接下来将介绍一些其他常用的梯度下降优化算法。

5.1.3 其他常用的梯度下降优化算法

1. NAG（Nesterov Accelerated Gradient，涅斯捷罗夫加速梯度）算法

加速梯度算法在 1983 年被首次提出，该算法通过对连续两个优化梯度的矢量叠加，得到新的梯度动量，然后以此梯度动量进行参数的更新。它通过这种方法策略实现前向计算的目的，其公式为

$$v_t = \gamma v_{t-1} + \beta \nabla \theta J(\theta - \gamma v_{t-1})$$

$$\theta' = \theta - v_t$$

加速梯度算法是对动量法的改进和优化。动量法计算的是当前位置的梯度，然后通过更新策略改善参数（图 5.9 中的实线）。而 NAG 算法首先在之前累计的梯度上进行参数更新（图 5.9 中的点虚线），然后对梯度进行矢量叠加，进行一定程度的修正（图 5.9 中的长虚线）。这种预期更新既能防止参数更新过快，又能保证迭代计算的效率，具体的算法流程如图 5.10 所示。

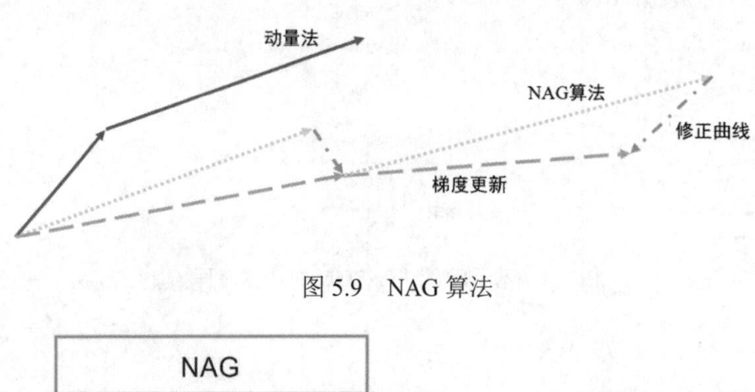

图 5.9　NAG 算法

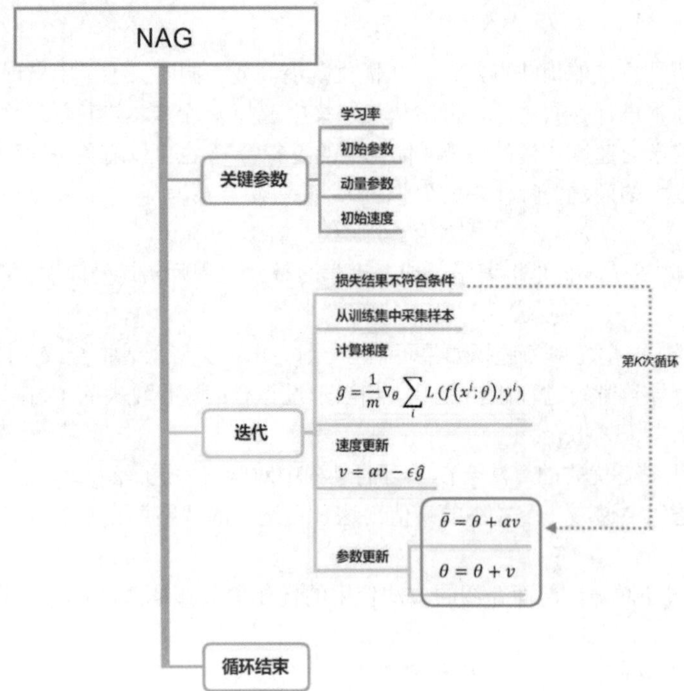

图 5.10　NAG 算法的流程

NAG 算法的实现代码如下。

```
# -*- coding: utf-8 -*-
# SGD-Python 实现
import random
# input1  2   4   6   8
# input2  1   2   3   4
# output  12  23  34  45
input_x = [[2,1], [4,2], [6,3], [8,4]]        # 输入
y = [12,23,34,45]                             # 输出
theta = [1,1]                                 # 初始化参数
loss = 10                                     # loss 先定义一个数，为了进入循环迭代
step_size = 0.01                              # 步长
eps =0.0001                                   # 精度要求
iter_count = 0                                # 当前迭代次数
iter_max = 10000                              # 最大迭代次数
error =0                                      # 损失值


while( loss > eps and iter_count < iter_max): # 迭代条件
    loss = 0
    i = random.randint(0,3)                   # 每次从输入中随机选取一组数据更新
    pred_y = theta[0]*input_x[i][0]+theta[1]*input_x[i][1]          # 预测值
    theta[0] = theta[0] - step_size * (pred_y - y[i]) * input_x[i][0]
    theta[1] = theta[1] - step_size * (pred_y - y[i]) * input_x[i][1]
    for i in range (0,3):
        pred_y = theta[0]*input_x[i][0]+theta[1]*input_x[i][1]      # 预测值
        error = 0.5*(pred_y - y[i])**2
        loss = loss + error
    iter_count += 1
    print ('iters_count', iter_count)
print ('theta: ',theta )
print ('final loss: ', loss)
print ('iters: ', iter_count)
```

2. AdaGrad 算法

AdaGrad 算法是一个模型适应性表现优秀的算法。该算法对历史梯度进行平方计算并与当前梯度求和，更新时采用求和后的平方根进行逐项计算。该算法的特点是对于大倒数可以快速下降，对于小倒数则较为平滑，是一种优秀的自适应学习算法。

AdaGrad 算法对于凸函数往往更能呈现出令人满意的曲线效果。但是通过大量研究案例发现对于训练深度神经网络模型而言，AdaGrad 算法会导致学习率过快消亡，因此该算法并不适用于所有深度神经网络。

AdaGrad 算法的流程如图 5.11 所示。

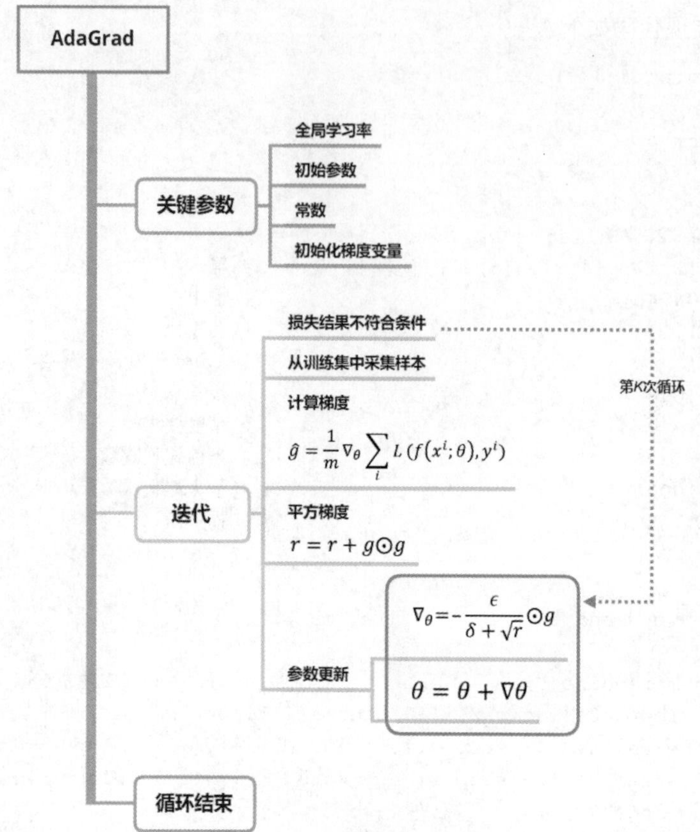

图 5.11　AdaGrad 算法的流程

3. AdaDelta 算法

AdaGrad 算法有一个最大的问题就是学习率会在计算的过程中消亡，这对于深度神经网络来说是致命的缺陷。AdaGrad 算法会有这种缺陷是由于该算法从训练之初就累计平方梯度，将此作为分母进行计算。这种计算的特点就是每项都是正的，因此保证了在整个训练过程中，迭代的结果是值的持续累加，从而有效地缩小了每个维度的学习率，并最终使学习率变得无限小，近似于消亡。

为了解决这个问题，学者们对 AdaGrad 算法进行了优化，改良版的新算法叫 AdaDelta。

AdaDelta 算法摒弃了对累计时间内平方梯度的累加操作，同时将梯度的窗口限制为一定的固定大小 w。由于梯度大小被限制，因此即使对梯度进行累加，AdaDelta 的分母也不会变得无穷大，而是一直在局部范围内更新，这就保证了学习率可以随着迭代不断地进行优化而不会消失。

为了提高 AdaDelta 算法的计算效率，将这种累加的结果用平方梯度的指数衰减平均值来替代。假设迭代到第 t 步，该平均值可以表示为

$$E(g^2)_t=\rho E(g^2)_{t-1}+(1-\rho)g_t^2$$

其中，衰减常数 ρ 的用法可以参考动量法中使用的衰减常数。参数更新时要计算该平均值的平方根，对于截止到时间 t 之前平方梯度的 RMS 的计算公式可以表示为

$$\mathrm{RMS}(g)_t = \sqrt{E(g^2)_t + \varepsilon}$$

常数 ε 的目的是更好地调节公式中的分母，最终的参数更新公式为

$$\nabla x_t = -\frac{\beta}{\mathrm{RMS}(g)_t} g_t$$

∇x 的值也可以通过预测得到。由于当前时间段的 ∇x_t 未知，考虑到时间的连续性，假设曲率在该时间段附近可导，通过时间 t 之前的参数 w 的窗口上计算指数衰减的 RMS 来近似 ∇x_t。最后生成的 AdaDelta 算法可以用公式表示为

$$\nabla x_t = -\frac{\mathrm{RMS}(\nabla x)_{t-1}}{\mathrm{RMS}(g)_t}$$

该公式中常数 ε 被添加到分子上。常数 ε 的作用是从初始阶段（$\nabla x_t = 0$）开始，确保整个计算过程中不会出现梯度消失现象，从而保证算法的稳定性。

在每一步迭代中，AdaDelta 算法进行参数更新的具体流程如图 5.12 所示。

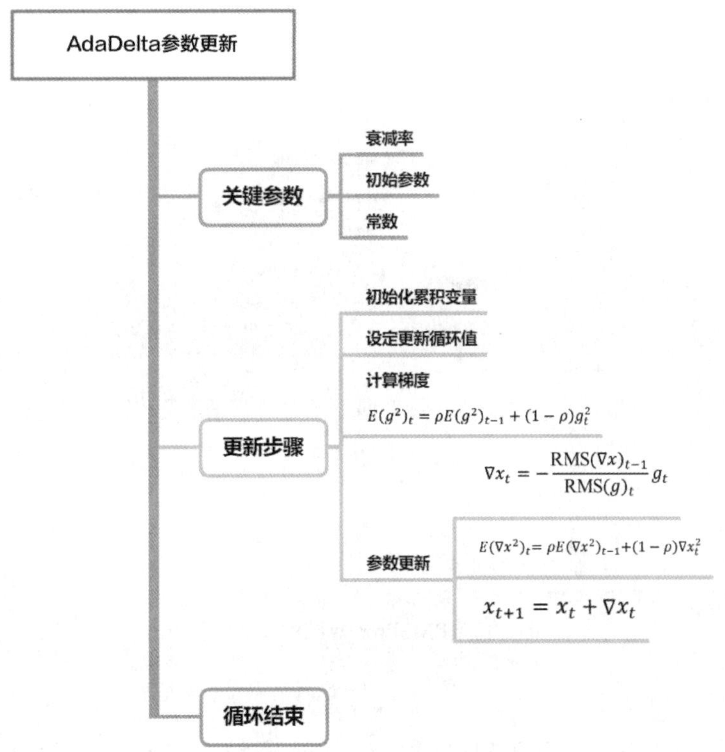

图 5.12　AdaDelta 算法的流程

AdaDelta 算法的特点如下。

（1）不依赖于全局学习率。

（2）可以做到快速迭代。

（3）收敛于局部最小值附近。

4. RMSProp 算法

AdaGrad 算法在解决凸问题时有着优异的表现，但是在解决非凸问题时的表现不尽如人意，RMSProp 算法通过对 AdaGrad 算法的优化，有效地解决了这个问题。该算法用指数加权来替代原来的梯度累积策略，这样能够在解决凸问题时快速收敛。对于神经网络中的非凸问题，RMSProp 算法可以快速找到一个局部最优解。RMSProp 算法通过对衰减指数求平均的方法丢弃较早之前的记录，从而提高优化效率。

RMSProp 算法使用指数加权和移动平均的策略引入了一个新的超参数，用来控制移动平均的长度范围，如图 5.13 所示。

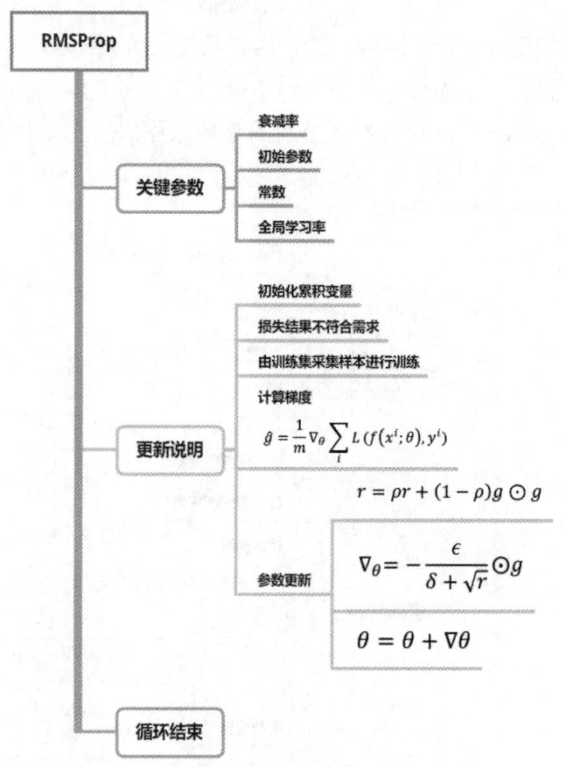

图 5.13　RMSProp 算法的计算流程

5. Adam 算法

最后一个要介绍的自适应学习率的优化算法是 Adam 算法，Adam 算法的计算流程如图 5.14 所示。Adam 这个名字的全称是 adaptive moments。在优化算法的早期，它被看作在 RMSProp 算法改良下的动量变种。这是由于在 Adam 算法中，梯度一阶矩（指数加权）的估计被并入动量算法中。最直观的做法是将动量应用于缩放后的梯度计算，同时，Adam 算法会从原点初始化的一阶矩（动量项）和二阶矩（非中心的）的估计开始进行偏置修正计算。尽管在 RMSProp 算法中也采用了同样的策略，但是缺少了修正因子，这使 RMSProp 算法在训练初期有很高的偏置，这也对之后超参数的选择增加了难度。

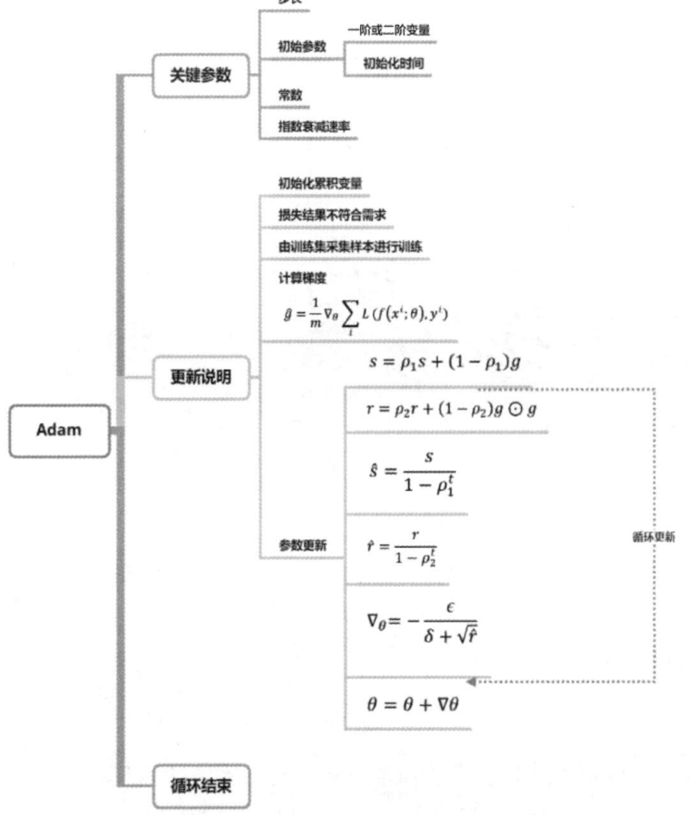

图 5.14　Adam 算法的计算流程

5.2　反 向 传 播

反向传播算法是适合于多层神经元网络的一种学习算法，它建立在梯度下降法的基础上。反向传播神经网络的输入/输出关系实质上是一种映射关系：一个 n 输入/m 输出的反向传播神经网络所完成的功能是从 n 维欧氏空间向 m 维欧氏空间中有限域的连续映射，这一映射具有高度非线性。它的信息处理能力来源于简单非线性函数的多次复合，因此具有很强的函数复现能力。这是反向传播算法得以应用的基础。

5.2.1　正向传播的计算流程

在实际运算时会发现，随着计算次数的增加，卷积神经网络的输出结果与预期结果会不断地接近。这是因为网络中的权重参数在不断地调整，那么参数是如何调整的？这就涉及一个反向传播的问题。反向传播其实是神经网络的基础，下面将通过一个简单的示例带大家详细了解一下这个数学过程，如图 5.15 所示。

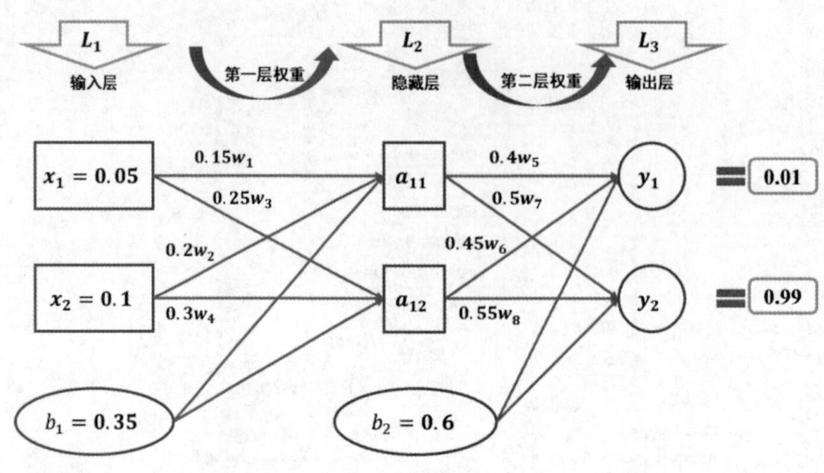

图 5.15　正向传播

图 5.15 所示是典型的神经网络的基本构成。其中，L_1 层是输入层、L_2 层是隐藏层、L_3 层是输出层。假定现在输入一系列数组，希望最后的输出是预期的值，那么这些数组必然要经历一个参数的计算过程，下面将通过一个具体的示例讲述这个变化是如何发生的。

第一步，确定初始条件。

（1）输入数据为

$$x_1 = 0.05, \quad x_2 = 0.1$$

（2）初始权重（基础值，迭代会在该值的基础上进行不断的调整和优化）为

$$w_1 = 0.15, \quad w_2 = 0.2, \quad w_3 = 0.25, \quad w_4 = 0.3$$

$$w_5 = 0.4, \quad w_6 = 0.45, \quad w_7 = 0.5, \quad w_8 = 0.55$$

（3）偏置量为

$$b_1 = 0.35, \quad b_2 = 0.6$$

（4）激活函数采用 Sigmoid 函数，该函数的目的是找到一组权重值，使输入的参数经过权重的调整，输出结果为

$$y_1 = 0.01, \quad y_2 = 0.99$$

第二步，前向传播。

（1）从 L_1 层到 L_2 层的传播过程（输入层到隐藏层）。

首先计算隐藏层第一个神经元的输入结果，该结果是 x_1 与 x_2 的加权和，公式为

$$\text{net}_{a_{11}} = 0.15 \times 0.05 + 0.2 \times 0.1 + 0.35 \times 1 = 0.3775$$

此时对神经元 $\text{net}_{a_{11}}$ 进行一次激活运算，即利用 Sigmoid 函数对其去线性化，公式为

$$\text{out}_{a_{11}} = \frac{1}{1 + e^{-\text{net}_{a_{11}}}} = \frac{1}{1 + e^{-0.3775}} = 0.59327$$

同理可得

$$\text{out}_{a_{12}} = 0.59688$$

（2）从 L_2 层到 L_3 层的传播过程（隐藏层到输出层）。

此时可以将 L_2 层看作输入层，计算过程与（1）类似，首先计算 y_1 的输入结果，公式为

$$\text{net}_{y_1} = w_5 \times \text{out}_{a_{11}} + w_6 \times \text{out}_{a_{12}} + b_2 \times 1$$

代入数据后公式为

$$\text{net}_{y_1} = 0.4 \times 0.59327 + 0.45 \times 0.59688 + 0.6 \times 1 = 1.10590$$

对 net_{y_1} 执行激活运算得

$$\text{out}_{y_1} = \frac{1}{1+\text{e}^{-\text{net}_{y_1}}} = 0.75137$$

同理可得

$$\text{out}_{y_2} = 0.77293$$

这样前向传播的过程就结束了，得到的输出值为[0.75137, 0.77293]，与实际值[0.01, 0.99]相差还很远，为了得到一组接近需要的数据，需要调整参数（神经网络的权重），重新计算并输出。那么如何调整参数呢？大家应该知道当前参数对误差的总影响，具体的方法就是要进行反向传播计算。

5.2.2 反向传播的计算原理

在 5.2.1 小节中完成了网络的一个基本正向传播步骤，接下来将要通过反向传播算法对网络中的参数进行优化调整，本小节将描述反向传播的计算过程。

在进行反向传播之前，最后再回顾一下正向传播的流程。

（1）定义了一组输入数值 X。

（2）对输入数组执行第一层计算并将结果给到隐藏层 L_2，假定这个函数为 $F(x)$。

（3）对隐藏层进行非线性处理，假定这一步操作为 $S(F(x))$。

（4）将 L_2 层视为新的输入层，对它执行一系列变化并将值给到输出层 L_3，假定这一步操作为 $G(S(F(x)))$。

（5）对输出层执行非线性变化，得到第一次计算的最终结果，这一步操作可以看作 $T(G(S(F(x))))$。

根据链式法则，现在要做的就是给这个多嵌套的函数逐层脱衣服。

第一步，计算总误差，公式为

$$E_{\text{total}} = \sum \frac{1}{2}(\text{target} - \text{output})^2$$

第二步，分别计算 y_1 和 y_2 的误差，再计算两者之和，公式为

$$E_{y_1} = \frac{1}{2}(\text{target}_{y_1} - \text{out}_{y_1})^2 = \frac{1}{2}(0.01 - 0.75137)^2 = 0.27481$$

同理可得

$$E_{y_2} = 0.02356$$

两者相加得

$$E_{\text{total}} = E_{y_1} + E_{y_2} = 0.29837$$

第三步，计算输出层向隐藏层的权值更新。这里以权重参数 w_5 为例，计算参数 w_5 对整体误差的影响，根据链式法则有

$$\frac{\partial E_{\text{total}}}{\partial w_5}=\frac{\partial E_{\text{total}}}{\partial \text{out}_{y_1}}\times\frac{\partial \text{out}_{y_1}}{\partial \text{net}_{y_1}}\times\frac{\partial \text{net}_{y_1}}{\partial w_5}$$

计算原理如图 5.16 所示。

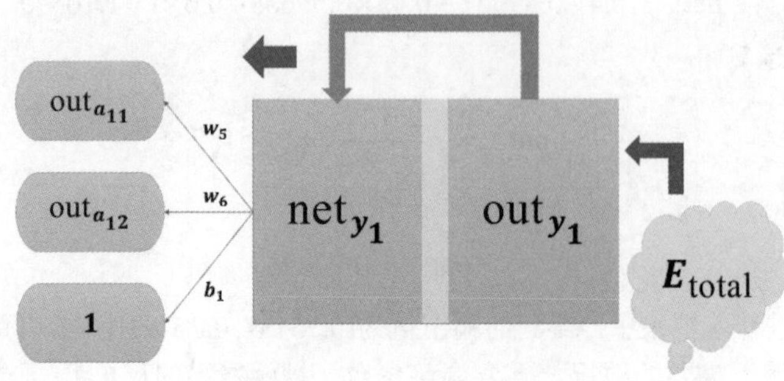

图 5.16　输出层到隐藏层权值更新

现在计算每个单独算式。

（1）计算 $\frac{\partial E_{\text{total}}}{\partial \text{out}_{y_1}}$

$$E_{\text{total}}=\frac{1}{2}(\text{target}_{y_1}-\text{out}_{y_1})^2+\frac{1}{2}(\text{target}_{y_2}-\text{out}_{y_2})^2$$

$$\frac{\partial E_{\text{total}}}{\partial \text{out}_{y_1}}=2\times\frac{1}{2}(\text{target}_{y_1}-\text{out}_{y_1})^{2-1}\times(-1)+0$$

代入数据得 $-(0.01-0.75137)=0.74137$

（2）计算 $\frac{\partial \text{out}_{y_1}}{\partial \text{net}_{y_1}}$

$$\text{out}_{y_1}=\frac{1}{1+\mathrm{e}^{-\text{net}_{y_1}}}$$

$$\frac{\partial \text{out}_{y_1}}{\partial \text{net}_{y_1}}=\text{out}_{y_1}\times(1-\text{out}_{y_1})$$

代入数据得 $0.75137\times(1-0.75137)=0.18681$

（3）计算 $\frac{\partial \text{net}_{y_1}}{\partial w_5}$

$$\text{net}_{y_1}=w_5\times\text{out}_{a_{11}}+w_6\times\text{out}_{a_{12}}+b_2\times 1$$

代入数据得

$$\frac{\partial \text{net}_{y_1}}{\partial w_5}=\text{out}_{a_{11}}=0.59327$$

根据链式法则，代入相应数据对上述 3 个值相乘得

$$\frac{\partial E_{\text{total}}}{\partial w_5}=0.74137\times0.18681\times0.59327=0.08217$$

以上即为权重参数 w_5 的求解过程。

权重参数的更新方程为

$$(w_5)^{+} = w_5 - \eta \frac{\partial E_{\text{total}}}{\partial w_5}$$

其中，$(w_5)^{+}$ 是更新后的权重参数，η 是学习率。

同理，权重参数 w_6、w_7 和 w_8 的更新结果为

$$w_6 = 0.40867$$
$$w_7 = 0.51130$$
$$w_8 = 0.56137$$

第四步，计算隐藏层向输入层的权值更新。

计算思想与上面过程类似，但是需要注意的是，从 L_3 层到 L_2 层计算权重 w_5 时，是从 out_{y_1} 到 net_{y_1} 最后再到 w_5；而从 L_2 层到 L_1 层计算权重 w_1 时，传播路径为 $\text{out}_{a_{11}}$ 到 $\text{net}_{a_{11}}$ 最后到 w_1，其中 $\text{out}_{a_{11}}$ 同时受到 E_{y_1} 和 E_{y_2} 两个方向的影响，如图 5.17 所示。

$$\frac{\partial E_{\text{total}}}{\partial w_1} = \frac{\partial E_{\text{total}}}{\partial \text{out}_{a_{11}}} \times \frac{\partial \text{out}_{a_{11}}}{\partial \text{net}_{a_{11}}} \times \frac{\partial \text{net}_{a_{11}}}{\partial w_1}$$

在上式中

$$\frac{\partial E_{\text{total}}}{\partial \text{out}_{a_{11}}} = \frac{\partial E_{y_1}}{\partial \text{out}_{a_{11}}} \times \frac{\partial E_{y_2}}{\partial \text{out}_{a_{11}}}$$

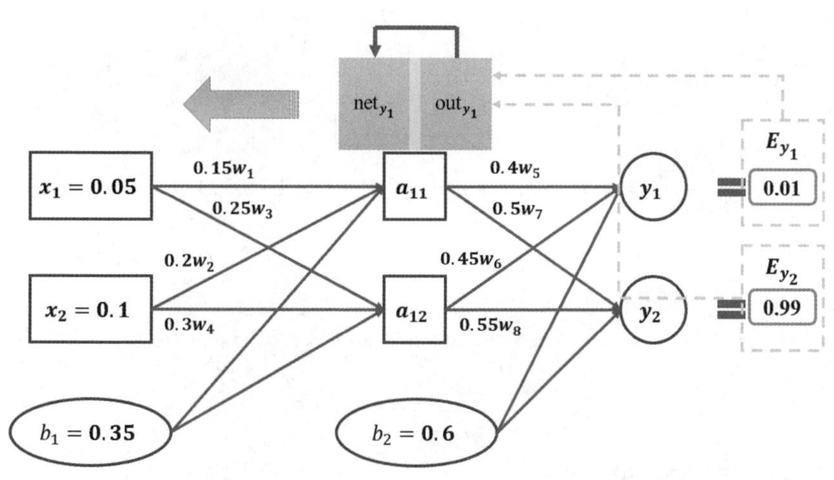

图 5.17　隐藏层到输入层权值更新

（1）计算 $\dfrac{\partial E_{y_1}}{\partial \text{out}_{a_{11}}}$

在上式中

$$\frac{\partial E_{y_1}}{\partial \text{out}_{a_{11}}} = \frac{\partial E_{y_1}}{\partial \text{net}_{y_1}} \times \frac{\partial \text{net}_{y_1}}{\partial \text{out}_{a_{11}}}$$

$$\text{net}_{y_1} = w_5 \times \text{out}_{a_{11}} + w_6 \times \text{out}_{a_{11}} + b_2 \times 1$$

$$\frac{\partial \text{net}_{y_1}}{\partial \text{out}_{a_{11}}} = w_5$$

代入相关数据

$$\frac{\partial E_{y_1}}{\partial \text{net}_{y_1}} = 0.74137 \times 0.18681 = 0.13850$$

$$\frac{\partial E_{y_1}}{\partial \text{out}_{a_{11}}} = 0.13850 \times 0.4 = 0.05540$$

同理计算出

$$\frac{\partial E_{y_2}}{\partial \text{out}_{a_{11}}} = -0.01905$$

两者相加得

$$\frac{\partial E_{\text{total}}}{\partial \text{out}_{a_{11}}} = \frac{\partial E_{y_1}}{\partial \text{out}_{a_{11}}} + \frac{\partial E_{y_2}}{\partial \text{out}_{a_{11}}} = 0.05540 + (-0.01905) = 0.03635$$

（2）计算 $\frac{\partial \text{out}_{a_{11}}}{\partial \text{net}_{a_{11}}}$

在上式中

$$\text{out}_{a_{11}} = \frac{1}{1 + \text{e}^{-\text{net}_{a_{11}}}}$$

$$\frac{\partial \text{out}_{a_{11}}}{\partial \text{net}_{a_{11}}} = \text{out}_{a_{11}} \times (1 - \text{out}_{a_{11}}) = 0.59327 \times (1 - 0.59327) = 0.2413$$

（3）计算 $\frac{\partial \text{net}_{a_{11}}}{\partial w_1}$

$$\text{net}_{a_{11}} = w_1 \times x_1 + w_2 \times x_2 + b_1 \times 1$$

$$\frac{\partial \text{net}_{a_{11}}}{\partial w_1} = x_1 = 0.05$$

根据链式法则，对上述结果相乘

$$\frac{\partial E_{\text{total}}}{\partial w_1} = \frac{\partial E_{\text{total}}}{\partial \text{out}_{a_{11}}} \times \frac{\partial \text{out}_{a_{11}}}{\partial \text{net}_{a_{11}}} \times \frac{\partial \text{net}_{a_{11}}}{\partial w_1} = 0.00044$$

更新 w_1 权值的过程为

$$(w_1)^+ = w_1 - \eta \frac{\partial E_{\text{total}}}{\partial w_1} = 0.15 - 0.00044 = 0.14956$$

同理，更新 w_2、w_3 和 w_4 权值为

$$w_2 = 0.19956$$
$$w_3 = 0.24975$$
$$w_4 = 0.29951$$

这样误差反向传播法就完成了，最后我们再把更新的权值重新计算，不停地迭代。在这个例子中第一次迭代之后，总误差 E_{total} 由 0.298371109 下降至 0.291027924。迭代 10000 次后，总误差为 0.000035085，输出为 0.015912196、0.984065734，非常接近预期输出，证明效果还是不错的。

5.2.3 反向传播的工程实现

通过 5.2.2 小节的描述，读者了解了神经网络的计算流程的数学原理，这里用 Python 实现上述内容，代码如下。

```
import random
import string
import math

random.seed(0)

# 在区间[a, b)内生成随机数据
def rand(a, b):
    return (b-a)*random.random() + a

# 生成大小 I*J 的矩阵，默认矩阵是全零矩阵
def makeMatrix(I, J, fill=0.0):
    m = []
    for i in range(I):
        m.append([fill]*J)
    return m

# 引入激活函数 Sigmoid，返回损失函数 Tanh
def sigmoid(x):
    return math.tanh(x)

# 生成函数 Sigmoid 的派生函数，返回输出 y
def dsigmoid(y):
    return 1.0 - y**2

# 定义神经网络的类
class NN:
        # 对网络初始化
    def __init__(self, ni, nh, no):
        self.ni = ni + 1                        # 增加一个偏差节点
        self.nh = nh                            # 设定隐藏单元
        self.no = no                            # 设定输出单元数量
```

```
        # 设置激活参数
        self.ai = [1.0]*self.ni                  # 设置输入全为 1 的矩阵
        self.ah = [1.0]*self.nh                  # 设置隐藏层全为 1 的矩阵
        self.ao = [1.0]*self.no                  # 设置输出全为 1 的矩阵

        # 建立权重（矩阵）
        self.wi = np.random.randn(self.ni, self.nh)
        self.wo = np.random.randn(self.nh, self.no)
        # 设为随机值
        for i in range(self.ni):
            for j in range(self.nh):
                self.wi[i][j] = rand(-0.2, 0.2)
        for j in range(self.nh):
            for k in range(self.no):
                self.wo[j][k] = rand(-2.0, 2.0)

        # 记录梯度矩阵
        self.ci = makeMatrix(self.ni, self.nh)
        self.co = makeMatrix(self.nh, self.no)

    def update(self, inputs):
        if len(inputs) != self.ni-1:
            raise ValueError('与输入层节点数不符！')

        # 激活输入层
        for i in range(self.ni-1):
            #self.ai[i] = sigmoid(inputs[i])
            self.ai[i] = inputs[i]

        # 激活隐藏层
        for j in range(self.nh):
            sum = 0.0
            for i in range(self.ni):
                sum = sum + self.ai[i] * self.wi[i][j]
            self.ah[j] = sigmoid(sum)

        # 激活输出层
        for k in range(self.no):
            sum = 0.0
            for j in range(self.nh):
                sum = sum + self.ah[j] * self.wo[j][k]
            self.ao[k] = sigmoid(sum)

        return self.ao[:]

    # 定义反向传播
    def backPropagate(self, targets, N, M):
```

```
        if len(targets) != self.no:
            raise ValueError('与输出层节点数不符！')

        # 计算输出层的误差
        output_deltas = [0.0] * self.no
        for k in range(self.no):
            error = targets[k]-self.ao[k]
            output_deltas[k] = dsigmoid(self.ao[k]) * error

        # 计算隐藏层的误差
        hidden_deltas = [0.0] * self.nh
        for j in range(self.nh):
            error = 0.0
            for k in range(self.no):
                error = error + output_deltas[k]*self.wo[j][k]
            hidden_deltas[j] = dsigmoid(self.ah[j]) * error

        # 更新输出层权重
        for j in range(self.nh):
            for k in range(self.no):
                change = output_deltas[k]*self.ah[j]
                self.wo[j][k] = self.wo[j][k] + N*change + M*self.co[j][k]
                self.co[j][k] = change
                #print(N*change, M*self.co[j][k])

        # 更新输入层权重
        for i in range(self.ni):
            for j in range(self.nh):
                change = hidden_deltas[j]*self.ai[i]
                self.wi[i][j] = self.wi[i][j] + N*change + M*self.ci[i][j]
                self.ci[i][j] = change

        # 计算误差
        error = 0.0
        for k in range(len(targets)):
            error = error + 0.5*(targets[k]-self.ao[k])**2
        return error

    def test(self, patterns):
        for p in patterns:
            print(p[0], '->', self.update(p[0]))

    def weights(self):
        print('输入层权重:')
        for i in range(self.ni):
            print(self.wi[i])
```

```
        print()
        print('输出层权重:')
        for j in range(self.nh):
            print(self.wo[j])

    def train(self, patterns, iterations=1000, N=0.5, M=0.1):
        # N: 学习速率(learning rate)
        # M: 动量因子(momentum factor)
        for i in range(iterations):
            error = 0.0
            for p in patterns:
                inputs = p[0]
                targets = p[1]
                self.update(inputs)
                error = error + self.backPropagate(targets, N, M)
            if i % 100 == 0:
                print('误差 %-.5f' % error)
```

5.3　学习率的设置

学习率是一个重要的优化指标，学习率设置得合适与否直接关系到模型的计算效率。本节将简单介绍学习率的设置方法。

5.3.1　指数衰减的学习率

卷积神经网络模型是建立在反向传播神经网络之上来进行参数优化的，评判一个模型的好坏除了看模型的准确率之外，模型的计算效率也是需要重点考虑的因素。如何提高模型的计算效率，其中学习率的正确设置起到了至关重要的作用。图 5.18 所示为学习率的意义。

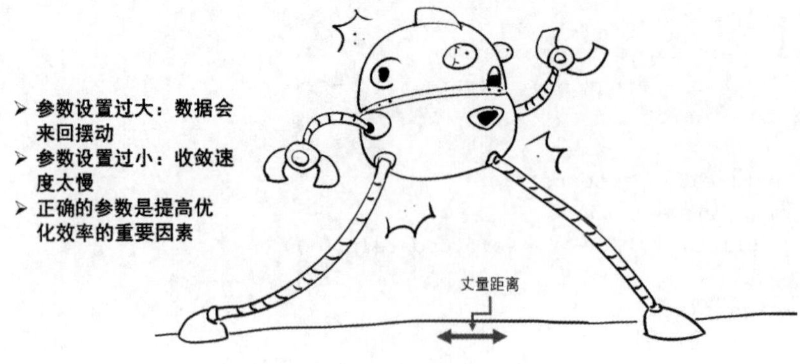

图 5.18　要正确设置优化参数

下面用一段代码具体说明。

```
# LEARNING_RATE_BASE 表示学习率的初始值，LEARNING_RATE_DECY 表示学习率衰减率
# global_step 表示运行了几轮的 BATCH_SIZE 计数器，LEARNING_RATE_STEP 表示计算样本次数
# BATCH_SIZE 表示样本大小，学习率更新原则遵循：总样本数/BATCH_SIZE
import TensorFlow as tf

LEARNING_RATE_BASE = 0.1              # 最初学习率
LEARNING_RATE_DECY = 0.99             # 学习率衰减率
LEARNING_RATE_STEP = 1

# 全局运算，初始值为 0，不参与训练
global_step = tf.Variable(0, trainable=False)

# 定义指数下降学习率
learning_rate = tf.train.exponential_decay(LEARNING_RATE_BASE, global_step,
                                               LEARNING_RATE_STEP
LEARNING_RATE_DECY, staircase=True)

# 定义待优化参数，初值为 10
w = tf.Variable(tf.constant(10, dtype=tf.float32))
# 定义损失函数 loss
loss = tf.square(w+1)
# 定义反向传播方法
train_step = tf.train.GradientDescentOptimizer(learning_rate).minimize(loss,
global_step=global_step)

# 生成会话，训练 100 轮
with tf.Session() as sess:
    init_op = tf.global_variables_initializer()
    sess.run(init_op)
    for i in range(100):
        sess.run(train_step)
        learning_rate_val = sess.run(learning_rate)
        global_step_var = sess.run(global_step)
        w_var = sess.run(w)
        loss_var = sess.run(loss)
        print('after %d steps: global_step is %f, w is %f, learn_rate is %f, loss
is %f' % (i+1, global_step_var, w_var,
 learning_rate_val, loss_var))
```

5.3.2 不同学习率的应用说明

5.3.1 小节中提到，学习率设置不准确将会严重影响计算结果，或者导致无法收敛，或者导致收敛速度过慢，下面将通过实际数据给大家展示不同学习率带来的计算效果。

当学习率过小时，网络达到最小损失值需要经过较多的迭代次数，这会严重降低计算的效率，

见表 5.1。

表 5.1　学习率过小

迭代次数	当前参考值	梯度×学习率	更新参考值
1	10	10×1×0.1=1	10-1=9
2	9	9×1×0.1=0.9	9-0.9=8.1
3	8.1	8.1×1×0.1=0.81	8.1-0.81=7.29
4	7.29	7.29×1×0.1=0.729	7.29-0.729=6.561
5	6.561	6.561×1×0.1=0.6561	6.561-0.6561=059049

当学习率过大时，可能会导致参数在极值点附近来回摆动，严重的会造成计算不收敛，见表 5.2。

表 5.2　学习率过大

迭代次数	当前参考值	梯度×学习率	更新参考值
1	10	10×1×2=20	10-20=-10
2	-10	-10×1×2=-20	-10-（-20）=10
3	10	10×1×2=20	10-20=-10
4	-10	-10×1×2=-20	-10-（-20）=10
5	10	10×1×2=20	10-20=-10

5.4　拟合的目的

在使用某个训练集训练机器学习模型的过程中，通常会计算在模型训练集上的损失函数来度量训练误差，损失越小，说明模型训练得越好。但是在实际情况中，不仅仅要求模型在训练集上表现得好，更希望的是模型在未得到训练的数据集上也有良好的表现，这种在未知的数据集上表现良好的能力称为泛化。大众当然希望泛化误差越小越好。但是在降低训练误差和测试误差的过程中，通常面临着机器学习的两个挑战：过拟合和欠拟合。

5.5　过拟合和欠拟合

欠拟合是指模型不能够在训练集上获得足够低的误差；过拟合则相反，是指在训练集上表现优异，但是在测试集上表现较差。于是需要解决模型的过拟合问题，提高模型的泛化能力。

5.5.1　L_2 正则化

正则化（Regularization）是机器学习中对原始损失函数引入额外信息（额外信息是一个比较难理解的地方，后面的内容中会进行解释），以便防止过拟合和提高模型泛化性能的一类方法的统称。

也就是目标函数变成了原始损失函数加上额外项。常用的额外项一般有两种，称作 L_1 正则化和 L_2 正则化，或 L_1 范数和 L_2 范数（实际是 L_2 范数的平方）。

L_1 正则化和 L_2 正则化可以看作损失函数的约束条件，即对损失函数中的某些参数做一些限制。对于线性回归模型，使用 L_1 正则化的模型叫作 Lasso 回归，使用 L_2 正则化的模型叫作 Ridge 回归（岭回归）。

L_1 正则化和 L_2 正则化的区别：L_1 正则化可以使参数稀疏化，即得到的参数是一个稀疏矩阵，可以用于特征选择。

稀疏性是指模型的很多参数是 0。通常机器学习中特征数量很多，例如文本处理时，如果将一个词组作为一个特征，那么特征数量会达到上万个。在预测或分类时，那么多特征显然难以选择，但是如果代入这些特征得到的模型是一个稀疏模型，很多参数是 0，表示只有少数特征对这个模型有贡献，绝大部分特征对这个模型是没有贡献的，即使去掉，对模型也没有什么影响，此时就可以只关注系数是非零值的特征。这相当于对模型进行了一次特征选择，只留下了一些比较重要的特征，提高模型的泛化能力，降低过拟合的可能。

L_2 正则化可以防止模型过拟合；一定程度上，L_1 正则化也可以防止模型过拟合。

在了解正则化是如何防止过拟合之前，先来简单地看一下损失函数

$$E(x)=\min_{w}\left[\sum_{i=1}^{n}(w^T x_i - y_i)^2\right]$$

其中，$E(x)$ 被称为损失函数，w 是权重，$w^T x_i$ 是计算结果，y_i 代表真实结果。损失函数的值越小，说明计算结果越接近真实结果。理论上，当这个值为 0 时，预测结果与实际结果完全吻合。而这时过拟合现象已经发生，模型缺乏泛化能力，即模型失去了预测新输入数据的能力。

那么如何解决这个问题呢？通常的做法是给这个模型添加一个约束，限制模型参数的大小和范围。L_2 范数约束模型为

$$E(x)=\min_{w}\left[\sum_{i=1}^{n}(w^T x_i - y_i)^2\right]+\lambda \| w \|_2^2$$

那么问题来了，为什么 L_2 范数可以有效防止过拟合？

为了提高模型的泛化能力，通常在拟合过程中都倾向于让权值尽可能小，最后构造一个所有参数都比较小的模型。因为一般情况下，参数值小的模型比较简单，能适应不同的数据集，也在一定程度上避免了过拟合现象。可以设想一下，对于一个线性回归方程，若参数很大，那么只要数据偏移一点，就会对结果造成很大的影响；但如果参数足够小，数据偏移得多一点也不会对结果造成什么影响，专业一点的说法就是抗扰动能力强。

注意：L_1 范数可以减少权值数量，L_2 范数可以让系数变小。

图 5.19 所示分别是过拟合曲线、欠拟合曲线和正常曲线的特征比较。

针对正则化的解释如下。

（1）以线性回归中的梯度下降法为例。假设 θ 为要求的参数，$h\theta(x)$ 是假设的函数，那么线性回归的代价函数可以表示为

$$J\theta=\frac{1}{2n}\sum_{i=1}^{n}(h\theta(x^{(i)})-y^{(i)})^2$$

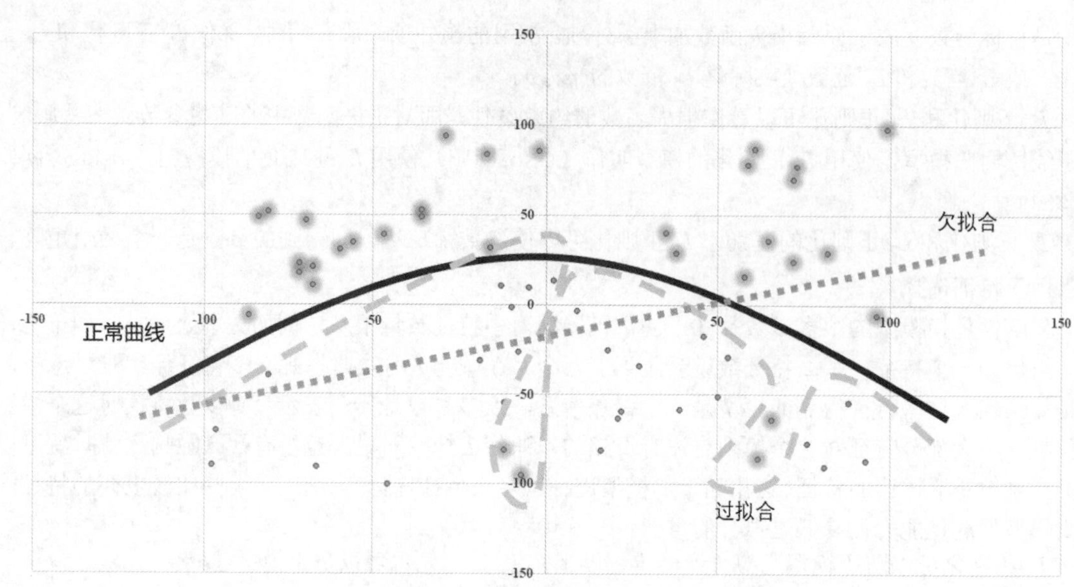

图 5.19 过拟合曲线、欠拟合曲线、正常曲线

（2）在梯度下降中对参数 θ 进行优化，公式为

$$\theta_{j+1}=\theta_j-\alpha\frac{1}{n}\sum_{i=1}^{n}\left(h\theta\left(x^{(i)}\right)-y^{(i)}\right)x_j^{(i)}$$

（3）上式是没有添加 L_2 正则化项的迭代公式，其中 α 是学习率。如果在初始代价函数之后添加 L_2 正则化，则迭代公式优化为

$$\theta_{j+1}=\theta_j\left(1-\alpha\frac{\lambda}{n}\right)-\alpha\frac{1}{n}\sum_{i=1}^{n}\left(h\theta\left(x^{(i)}\right)-y^{(i)}\right)x_j^{(i)}$$

其中，λ 是正则化参数。

从上式中可以看到，与未添加 L_2 正则化的迭代公式相比，每一次迭代，参数 θ_j 都要先乘以一个小于 1 的因子，从而使 θ_j 不断减小，因此总的来看，θ_j 是不断减小的。

前文提到 L_1 正则化一定程度上也可以防止过拟合。原因之前做了解释，当 L_1 正则化的系数很小时，得到的最优解会很小，可以达到和 L_2 正则化类似的效果。

L_1 正则化与 L_2 正则化的区别如下。

① L_1 正则化，可以使参数变得稀疏；

② L_2 正则化，可以防止过拟合。

不过上述区别并不明显，因为有些情况下，L_1 正则化也可以防止过拟合。

这里以图形化形象地说明这一点。为了便于图形化显示，同时为了方便读者理解，这里假定输入的参数仅包含 2 个特征，即权重只有 2 个 w_1 和 w_2，设 w_1 为横坐标，w_2 为纵坐标，分别表示出损失函数和范数的等值线图，则 L_1 和 L_2 范数可以用图 5.20 表示。

在图 5.20 中，实线的图形代表损失函数的等值线图，虚线的图形代表范数的等值线图。其中，实线圆圈代表 L_2 范数，实线菱形代表 L_1 范数。

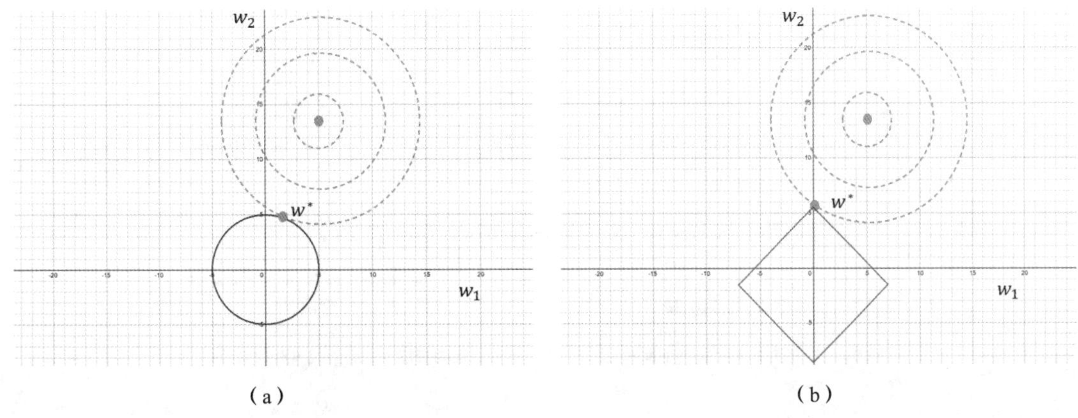

图 5.20 L_1 和 L_2 范数

等值线图是指在输出值相等的情况下，w_1 和 w_2 的取值在平面内的投影组成的图像。

从图 5.20 中很容易发现，对于 L_1 范数，损失函数和范数首次相交的点（这些也是最优解所在的点）很容易落在坐标轴上，此时的权值参数取值为零，这就是 L_1 范数可以稀疏化矩阵的原因。

L_2 范数与损失模型首次相交的点则很难有机会落在坐标轴上，因此 L_2 范数很难对矩阵系数化。

这里要说明：之所以 L_1 范数是正方形，L_2 范数是圆形，是因为看到的图形都是投影的结果。

5.5.2 Bagging 方法

Bagging 算法的全称是 Bootstrap aggregating，官方解释是引导聚集算法。该算法又被称为装袋算法，在 1996 年由 Leo Breiman 最早提出。Bagging 算法可以和分类算法、回归算法联合使用，提高算法的精度和稳定性，并且可以降低结果的方差，防止出现过拟合现象。

5.5.3 Dropout 方法

在机器学习模型中，如果模型的参数太多，而训练样本又太少，训练出来的模型很容易出现过拟合现象（类似于结构力学中的超静定问题）。在训练神经网络时经常会遇到过拟合的问题，过拟合具体表现在：模型在训练数据上损失函数较小，预测准确率较高；但是在测试数据上损失函数较大，预测准确率较低。过拟合是很多机器学习模型的通病。如果模型过拟合，那么得到的模型几乎不能用。为了解决过拟合问题，一般会采用模型集成的方法，即训练多个模型进行组合。此时，训练模型费时就成为一个很大的问题，不仅训练多个模型费时，测试多个模型也很费时。

综上所述，训练深度神经网络时，总是会遇到两大缺点。

（1）容易过拟合。

（2）Dropout 可以比较有效地缓解过拟合的发生，在一定程度上达到正则化的效果。

什么是 Dropout？关于 Dropout 的来源，网上说得很详尽，这里就不再赘述，有兴趣的读者可以自行查阅。这里仅对 Dropout 的过程做简单说明。

众所周知，典型的神经网络其训练流程是将输入通过网络进行正向传导，再将误差进行反向传播。Dropout 就是随机地删除隐藏层的部分单元，进行上述过程。

上述过程可以分步骤如下。

（1）随机删除网络中的一些隐藏神经元，保持输入/输出神经元不变。

（2）将输入通过修改后的网络进行前向传播，然后将误差通过修改后的网络进行反向传播。

（3）对于另外一批的训练样本，重复上述操作。

这里可以用如图 5.21 和图 5.22 所示的图像来形象地表述这个过程。

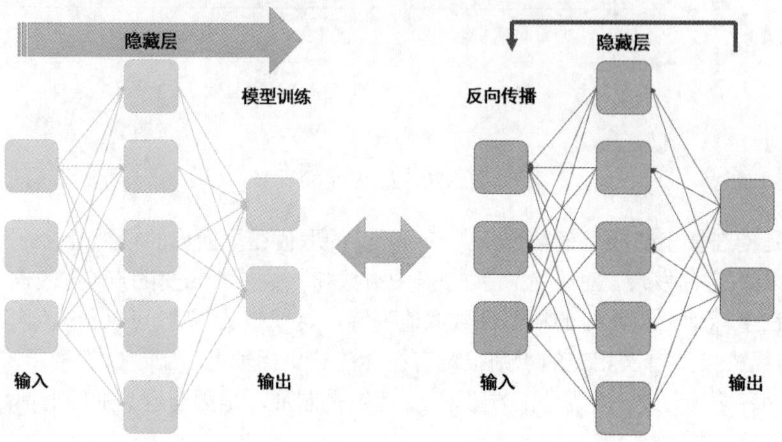

图 5.21　普通的反向传播

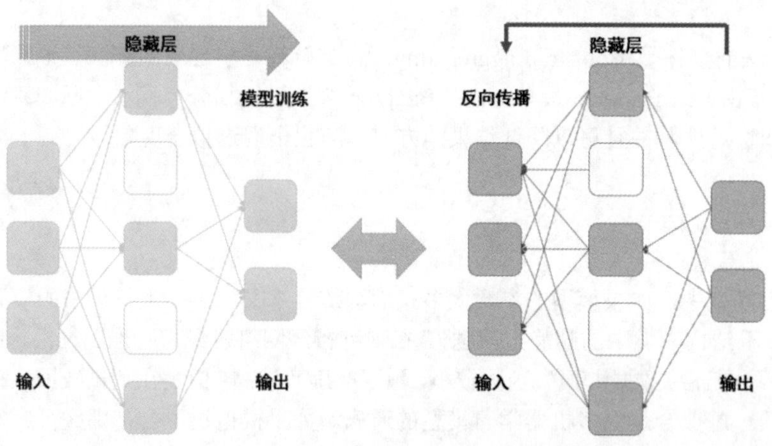

图 5.22　引入 Dropout 后的反向传播

图 5.21 所示是传统的神经网络，其工作流程如下。

（1）数据从最左端输入。

（2）经过与权重相乘并求和传递给隐藏层。

（3）隐藏层与权重相乘并求和传递给输出端。

（4）对输出求损失。

（5）从输出端开始逐步更新权重参数。

（6）利用新的权重参数，从最左端开始重复步骤（1）～步骤（5）。

图 5.22 所示是引入了 Dropout 之后的计算过程，可以发现整个流程完全一模一样，但是由于中间的隐藏层被随机抽掉了一部分，因此每次计算过程中的参数数量明显下降（注意，总的参数不变，只是每次参与计算的变少了。因为被抽掉的部分神经元并不是永久性地消失，只是不参与这一轮的计算而已）。

为什么 Dropout 可以解决过拟合问题？图 5.23 展示了 Dropout 解决过拟合的思路。

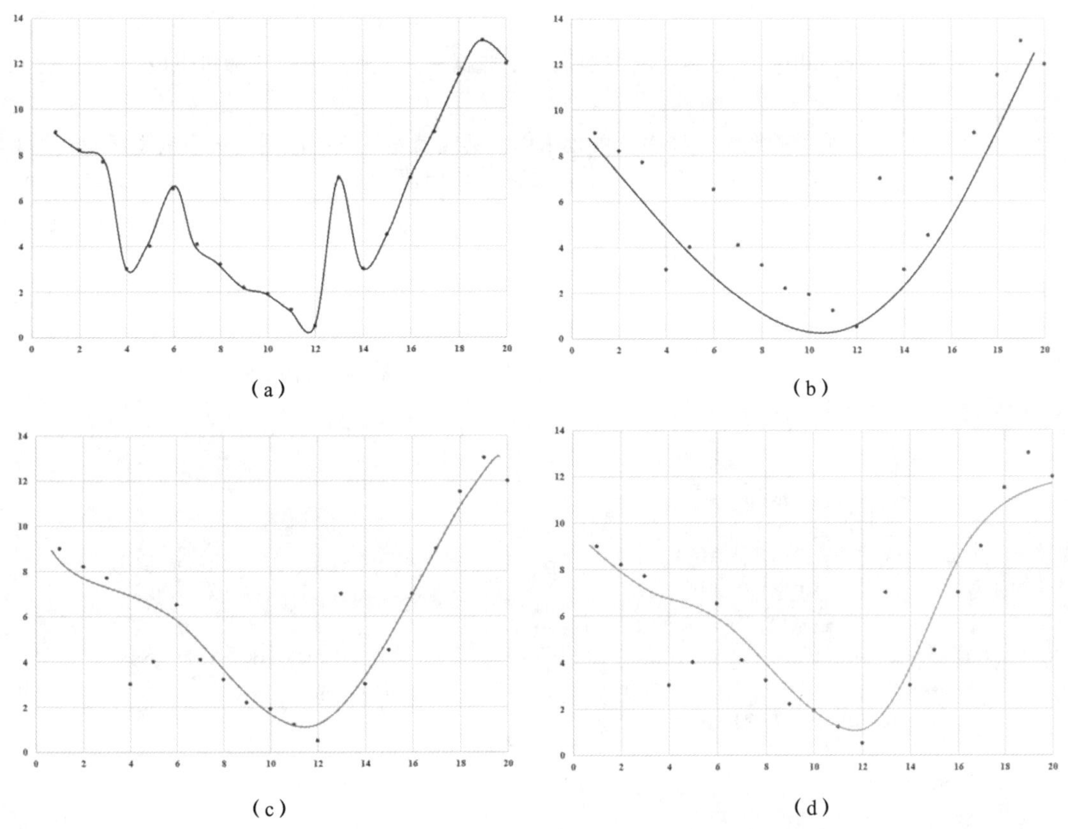

图 5.23　Dropout 解决过拟合问题的思路

在图 5.23 中，当数据量不足够而参数足够时，模型很容易出现过拟合现象，但是对其中的特征值进行随机摘除后（暂时扔掉的是隐藏层的神经元，可以看作随机扔掉了一部分输入的特征值），曲线的特征明显减弱。当对模型训练多次后，再对输出的曲线进行取平均的操作，得到的结果的泛化性会极大提高。

Dropout 的具体工作流程前面已经详细地介绍过了，但是具体怎么让某些神经元以一定的概率停止工作（就是被删除）？

下面将具体讲解 Dropout 的一些公式推导。在训练模型阶段无可避免地，在训练网络的每个单元都要添加一道概率流程。

没有添加 Dropout 计算规则的网络计算公式为

$$z_i^{(l+1)} = w_i^{(l+1)} y^i + b_i^{(l+1)}$$
$$y_i^{(l+1)} = f(z_i^{(l+1)})$$

添加 Dropout 计算规则的网络计算公式为

$$r_j^{(l)} \sim \text{Bernoulli}(p)$$
$$\tilde{y}^{(l)} = r^{(l)} y^{(l)}$$
$$z_i^{(l+1)} = w_i^{(l+1)} \tilde{y}^{(l)} + b_i^{(l+1)}$$
$$y_i^{(l+1)} = f(z_i^{(l+1)})$$

上面公式中的 Bernoulli（伯努利）函数是为了生成概率 r 向量，也就是随机生成一个 0 或 1 的向量。

代码层面实现了让某个神经元以概率 p 停止工作，其实就是让它的激活函数值从概率 p 变为 0。比如，某一层网络神经元的个数为 1000 个，其激活函数输出值为 y_1、y_2、$y_3 \cdots y_{1000}$，Dropout 的比率选择 0.4，那么这一层神经元经过 Dropout 后，1000 个神经元中会有大约 400 个的值被设置为 0。

下面是 Dropout 的 Python 实现代码。

```
import numpy as np

p = 0.4                                           # 神经元激活概率
def train_step(X):


    # 三层神经网络正向传播为例
    H1 = np.maximum(0, np.dot(W1, X) + b1)
    U1 = np.random.rand(*H1.shape) < p            # first dropout mask
    H1 *= U1                                      # drop
    H2 = np.maximum(0, np.dot(W2, H1) + b2)
    U2 = np.random.rand(*H2.shape) < p            # second dropout mask
    H2 *= U2                                      # drop
    out = np.dot(W3, H2) + b3

def predict(X):
    # ensembled forward pass
    H1 = np.maximum(0, np.dot(W1, X) + b1) * p    # NOTE: scale the activations
    H2 = np.maximum(0, np.dot(W2, H1) + b2) * p   # NOTE: scale the activations
out = np.dot(W3, H2) + b3
```

5.6 俄罗斯方块的"新玩法"

Tom Murphy 博士在 2013 年提出了一个完美解决玩 NES 游戏胜利的方案。所谓 NES 游戏就是指红白机游戏。"80 后""90 后"小时候玩得最多的就是 NES 游戏，代表游戏有《魂斗罗》《飞机大战》《超级玛丽》《双截龙》等。

Tom Murphy 博士的想法就是把这些游戏当作数学问题来解决，程序通过不断地尝试找到得分最高的一种算法，然后不断地优化该算法，从而获得更高的分数。

基本思想是从玩家对游戏输入的简短记录中推导出一个目标函数。然后使用目标函数来指导模拟器搜索可能的输入。这使玩家对于游戏操作的概念能够被一般化，从而产生一些全新的游戏玩法。

这套算法模型在大多数游戏中取得了很好的效果，然而在《俄罗斯方块》这款游戏中，却完全失败了。

就像墨菲说过的那样：虽然掉落的东西看起来或多或少很正常，但是游戏有一个很矛盾的点就是，掉落东西会增加评分，消除东西也会增加评分，这种模式就导致了一个结果，模型会想办法不断地让碎片落下，因为这是最直接的得分方式，可是这样的结果就是游戏很快就会由于碎片充满了指定空间而终结。

因此 Tom Murphy 博士提出的方案无法解决《俄罗斯方块》的随机问题，计算机找不到合理的方式取得胜利，这时计算机会采取极端的方法让自己胜利，如图 5.24 所示。

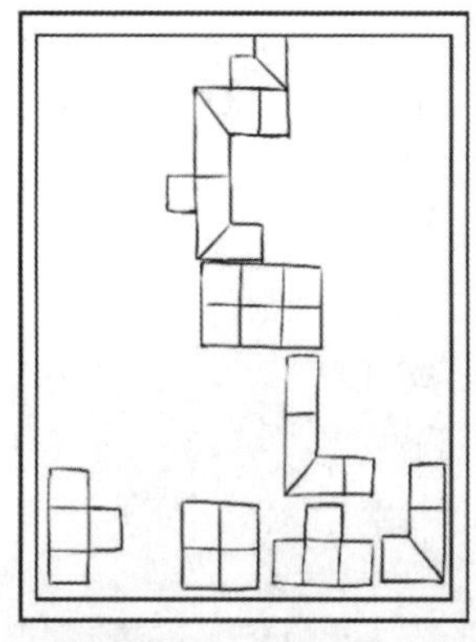

图 5.24 《俄罗斯方块》的“胜利”方式

像图 5.24 一样，当屏幕被碎片堆满后，程序会启动暂停选项，因为程序设定的规则就是只要游戏不结束，就能够一直得分，直到胜利。程序对这个结果的解读就是 “赢得比赛的唯一途径就是不要继续玩游戏”，此时程序就会暂停游戏。

第 6 章

全连接神经网络的经典实战

全连接神经网络是深度学习最基本的网络，也是最重要的基本网络，其他各种复杂的网络都是在全连接神经网络的基础上衍生出来的。全连接神经网络对于深度学习/机器学习就好像 hello world 对于计算机语言的学习一样，都具有里程碑式的意义。

本章将重点介绍以下知识点：

- 全连接神经网络的设计规则。
- 实战经典数据集 MNIST。
- 如何给数据打标签。

6.1 犯罪嫌疑人模拟画像

假定警察抓嫌疑人的一个场景：老王是一个片区警察，某天该片区发生了一起恶性事件，由于现场摄像头被损坏，因此无法精准锁定犯罪嫌疑人。为了尽快抓捕嫌疑人归案避免造成更大的损失，老王决定带着团队去案发现场走访调查、寻找目击者。在对目击者进行询问时，发生了如下对话。

老王："各位父老乡亲，我是咱们的片区警察，刚接到报案称这里发生了一起恶性事件，请问有人看清嫌疑人长什么样了吗？"

目击者 A："嫌疑人大概 180cm 的样子。"

目击者 B："嫌疑人戴着一副黑色墨镜。"

目击者 C："嫌疑人手上有刀。"

目击者 D："嫌疑人头发的颜色是绿色的。"

目击者 E："嫌疑人的左手有伤。"

目击者 F："嫌疑人穿了黑色外套。"

目击者 G："嫌疑人穿了白衬衫。"

目击者 H："嫌疑人腿脚不好。"

目击者 I："嫌疑人很强壮。"

老王让助理花花按照目击者的描述，绘制了嫌疑人画像，并将绘制出的画像发给目击者让他们提意见，如图 6.1～图 6.3 所示。

图 6.1　众人描述犯罪现场

图 6.2　老王询问目击者嫌疑人特征

图 6.3　嫌疑人画像

6.2　网络设计规则

6.1 节中所讲述的过程相当于一个神经网络的全连接，但是与真正的全连接相比，缺少了一个参数输入。尽管每个人在对嫌疑人进行描述时，相当于参数输入，但是由于没有权重（即哪个人的描述更重要）的约束，因此最终的输出结果精度无法保证。通常，神经网络搭建流程如图 6.4 所示。

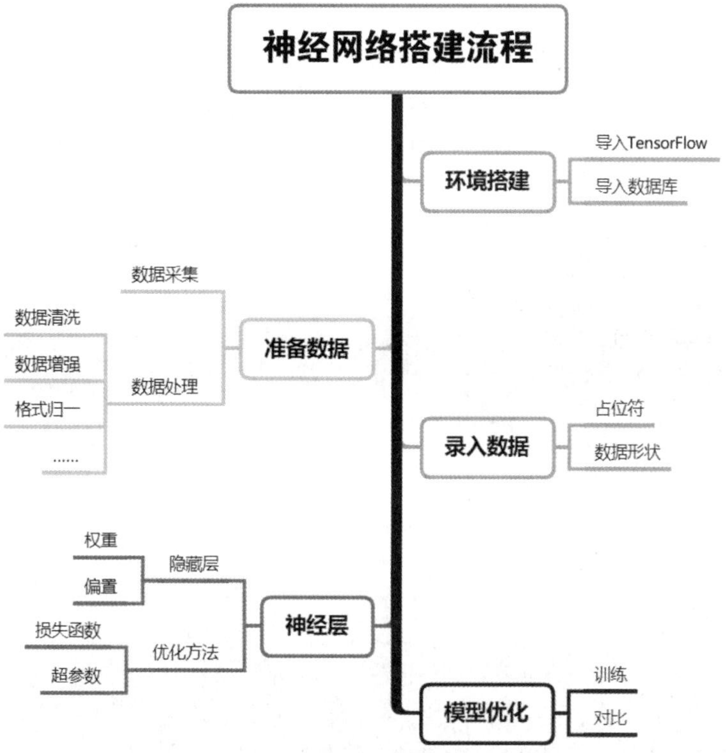

图 6.4 神经网络搭建流程

6.3 全连接神经网络实战 1

生活中，大部分人可能不会注意到身份证号码与性别之间的关系。本节将以身份证号码的后四位数为输入条件，以身份证号码对应的性别为输出分类结果，建立一个全连接神经网络，研究身份证号码与性别之间的关系。

身份证号码的倒数第二位数字如果是奇数，则代表是男士；如果是偶数，则代表是女士。假如不知道身份证号码有这种规章，是否可以通过机器学习的手段，对大量身份证号码信息进行查验，得到这个结果呢？答案是肯定的。

下面介绍测试方法，代码如下。

```
# 建立运算环境
import TensorFlow as tf
tf.disable_v2_behavior()
import random
random.seed()
# 设置模型参数
x = tf.placeholder(tf.float32)                    # 占位符用于填充输入数据
w = tf.Variable(tf.random_normal([4], mean=0.5, stddev=0.1), dtype=tf.float32)
```

```
# 权重变量，这里的权重是一个 4 维向量，且权重取值随机
b = tf.Variable(0, dtype=tf.float32)
# 偏置参数
O_1= w * x + b                                     # 输入经过线性变换后进入隐藏层的值
y_ = tf.nn.sigmoid(tf.reduce_sum(O_1))             # 通过激活函数计算隐藏层的输出
y = tf.placeholder(tf.float32)                     # 此处为真实值
# 设置优化属性
loss = tf.reduce_mean(y_ - y)                      # 平均值损失
optimizer = tf.train.RMSPropOptimizer(0.01)        # 优化率设置
train = optimizer.minimize(loss)
sess = tf.Session()
sess.run(tf.global_variables_initializer())
lossSum = 0.0
# 进行 20 次循环计算
for i in range(20):
    x_data = [int(random.random() * 10), int(random.random() * 10),
int(random.random() * 10), int(random.random() * 10)]
# 因为取身份证号码的后四位，因此生成 4 个数据
    if x_data[2] % 2 == 0:                 # 第三个数如果可以被 2 整除，则令标签 y_data=0
        y_data = 0
    else:
        y_data = 1
    result = sess.run([train, x, y, y_, loss], feed_dict={x: x_data, y: y_data})
    lossSum = lossSum + float(result[len(result) - 1])
    print(" %d, loss: %10.10f, avgLoss: %10.10f" % (i, float(result[len(result) -
1]), lossSum / (i + 1)))
```

输出结果如下。

```
 0, loss: 0.9459033211, avgLoss: 0.9459033211
 1,  loss: -0.0000030994, avgLoss: 0.4999501407
 2,  loss: -0.0000333786, avgLoss: 0.3332889676
 3,  loss: 0.9965768456, avgLoss: 0.4991109371
 4,  loss: -0.0005139112, avgLoss: 0.3991859674
 5,  loss: 0.9995651245, avgLoss: 0.4992491603
 6,  loss: -0.0000367761, avgLoss: 0.4279225980
 7,  loss: 0.9999986887, avgLoss: 0.4994321093
 8,  loss: 0.9999858141, avgLoss: 0.5550491876
 9,  loss: 0.9951871634, avgLoss: 0.5990629852
 10, loss: 0.9999163151, avgLoss: 0.6355041970
 11, loss: 0.9897064567, avgLoss: 0.6650210520
 12, loss: -0.0000034571, avgLoss: 0.6138653205
 13, loss: -0.0000083447, avgLoss: 0.5700172016
 14, loss: -0.0000065565, avgLoss: 0.5320156177
 15, loss: -0.0000475645, avgLoss: 0.4987616688
 16, loss: -0.0054171681, avgLoss: 0.4691040902
 17, loss: -0.0001895428, avgLoss: 0.4430322217
 18, loss: 0.9999995232, avgLoss: 0.4723462902
```

```
19, loss: 0.9981507063, avgLoss: 0.4986365110
```

上述均方误差的趋势如图 6.5 所示。

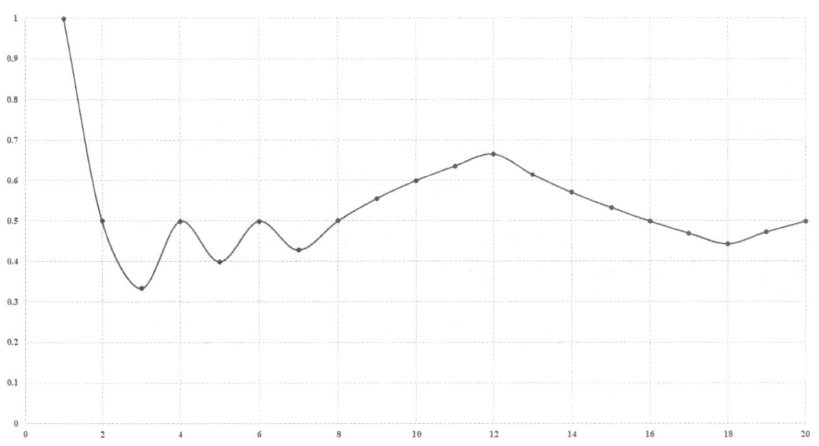

图 6.5　误差统计

从图 6.5 中可以看出，均方误差虽然随着计算在波动，但是误差总体偏大，无法验证身份证号码倒数第二位是否与持有人性别有关系，造成这种现象的原因是计算模型过于简单，这里可以对模型进行调整，如图 6.6 所示。

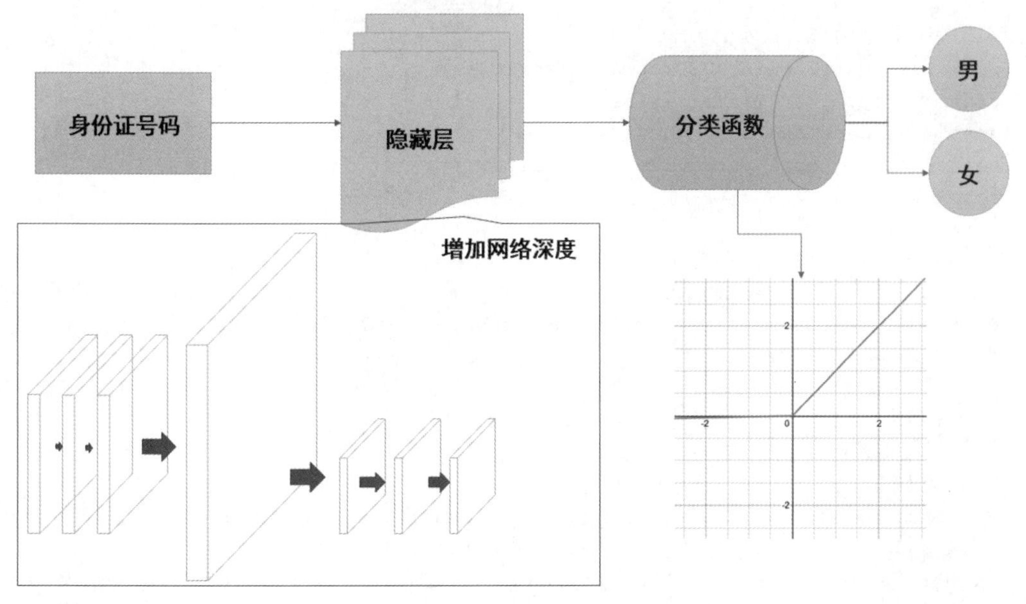

图 6.6　增加网络深度

按照上述方案对模型进行调整，具体代码如下。

```
# 创建计算环境
```

```
import TensorFlow as tf
tf.disable_v2_behavior()
import random
random.seed()
# 设置模型参数
x = tf.placeholder(tf.float32)
x_new = tf.reshape(x, [1, 4])
# 数据结构重构
w1 = tf.Variable(tf.random_normal([4, 6], mean=0.5, stddev=0.1),
dtype=tf.float32)
# 权重参数 w1 的形态为[ 4,6 ]，数据通过该层进行了升维处理
b1 = tf.Variable(0, dtype=tf.float32)
# 偏置参数
y = tf.placeholder(tf.float32)                          # 真实数据
O_1 = tf.nn.tanh(tf.matmul(x_new, w1)  + b1)
# 此处使用 tanh 作为激活函数
# 建立第二层模型
w2 = tf.Variable(tf.random_normal([6, 2], mean=0.5, stddev=0.1),
dtype=tf.float32)
b2 = tf.Variable(0, dtype=tf.float32)
O_2 = tf.matmul(n1, w2) + b2
y_ = tf.nn.softmax(tf.reshape(O_2, [2]))
# 此处引入 softmax 分类函数
# 设置模型优化属性
loss = tf.reduce_mean(tf.square(y_ - y))
# 误差计算采用了均方误差
optimizer = tf.train.RMSPropOptimizer(0.01)
train = optimizer.minimize(loss)
sess = tf.Session()
sess.run(tf.global_variables_initializer())
lossSum = 0.0

for i in range(20):
    x_data = [int(random.random() * 10), int(random.random() * 10),
int(random.random() * 10), int(random.random() * 10)]
    if x_data[2] % 2 == 0:
        y_data = [0, 1]
    else:
        y_data = [1, 0]
    # 分类处理
    result = sess.run([train, x, y, y_, loss], feed_dict={x: x_data, y: y_data})
    lossSum = lossSum + float(result[len(result) - 1])    # 作为参考
    print(" %d, loss: %10.10f, avgLoss: %10.10f" % (i, float(result[len(result) -
1]), lossSum / (i + 1)))
```

输出结果如下。

```
loss: 0.2794057131, avgLoss: 0.2794057131
```

```
loss: 0.2707225382, avgLoss: 0.2750641257
loss: 0.2383830249, avgLoss: 0.2628370921
loss: 0.2302166224, avgLoss: 0.2546819746
loss: 0.2219370306, avgLoss: 0.2481329858
loss: 0.2892706394, avgLoss: 0.2549892614
loss: 0.2235142291, avgLoss: 0.2504928282
loss: 0.2143460959, avgLoss: 0.2459744867
loss: 0.2993049324, avgLoss: 0.2519000918
loss: 0.2164967358, avgLoss: 0.2483597562
loss: 0.2978674173, avgLoss: 0.2528604526
loss: 0.2833086848, avgLoss: 0.2553978053
loss: 0.2318969518, avgLoss: 0.2535900474
loss: 0.2194586396, avgLoss: 0.2511520897
loss: 0.2968833745, avgLoss: 0.2542008420
loss: 0.2796766162, avgLoss: 0.2557930779
loss: 0.2375096232, avgLoss: 0.2547175805
loss: 0.2790060043, avgLoss: 0.2560669374
loss: 0.2608956099, avgLoss: 0.2563210781
loss: 0.2432899773, avgLoss: 0.2556695230
```

增加网络深度后，再次对身份证号码与性别进行匹配，误差结果如图 6.7 所示。

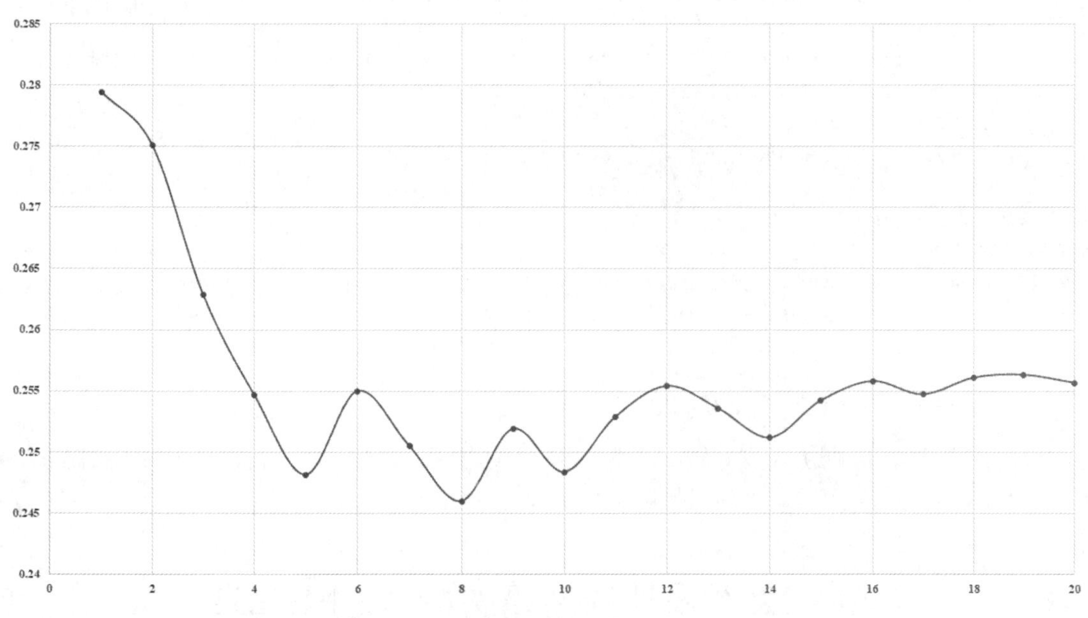

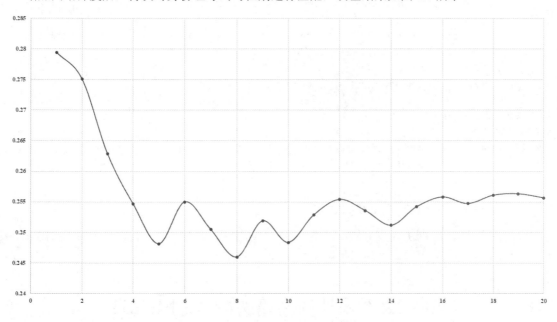

图 6.7　调整后的误差统计

从上述结果可以看出，模型增加了隐藏层，变为全连接并改变激活函数后，模型结果有了明显优化，但是依然无法满足判断需求。这里改变输入端，看结果是否能进一步提高，由于没有改变模型结构，因此仅需对输入端和隐藏层的数据结构做微调即可，该处代码如下。

```
import TensorFlow as tf
```

```
tf.disable_v2_behavior()
import random
random.seed()
# 输入设置
x = tf.placeholder(tf.float32)
x_new = tf.reshape(x, [1, 8])
# 重构输入矩阵模型
w1 = tf.Variable(tf.random_normal([8, 16], mean=0.5, stddev=0.1),
dtype=tf.float32)
y = tf.placeholder(tf.float32)                          # 真实数据
O_1 = tf.nn.tanh(tf.matmul(x_new, w1) + b1)
# 第一层隐藏层升维处理
# 第二层隐藏层降维处理
w2 = tf.Variable(tf.random_normal([16, 2], mean=0.5, stddev=0.1),
dtype=tf.float32)
b2 = tf.Variable(0, dtype=tf.float32)
O_2 = tf.matmul(n1, w2) + b2
y_ = tf.nn.softmax(tf.reshape(O_2, [2]))

for i in range(20):
    xDataRandom= [int(random.random() * 10), int(random.random() *
10),int(random.random()
*10),int(random.random()*10),int(random.random()*10),int(random.random()*10),
int(random.random() * 10), int(random.random() * 10)]
    if xDataRandom[2] % 2 == 0:
        yTrainDataRandom = [0, 1]
else:
        y_data = [1, 0]
# 分类处理
    result = sess.run([train, x, y, y_, loss], feed_dict={x: x_data, y: y_data})
    lossSum = lossSum + float(result[len(result) - 1])    # 作为参考
print(" %d, loss: %10.10f, avgLoss: %10.10f" % (i, float(result[len(result) -
1]), lossSum / (i + 1)))
# 结果与前面的代码类似，这里不再显示
```

最终计算发现，结果并没有好转，这说明该模型结构无法满足识别身份证号码问题的需求，因此需要对该模型进一步优化，如何优化这里留给读者思考。

6.4　全连接神经网络实战 2：MNIST

MNIST 是计算机进行图像识别的经典案例，它在图像识别中的地位就好像用编程语言编辑 hello world 一样。MNIST 是大量手写体数字图片集合，经过预处理之后，这些图片都被转化成了 28×28 的灰度图像。这些图像都被人为地做了标记（添加了标签），然后交由计算机反复识别。计算机在识别过程中会不断调整模型参数，直到识别率无法再提高为止。

6.4.1 数据集的下载说明

MNIST 数据集可以从其官网上直接下载获取。对于使用 TensorFlow 的同学来说，可以通过以下代码将其下载到计算机。

```
import warnings
warnings.filterwarnings('ignore')    # 忽略运行过程中出现的警告提示
# 导入相关模块
import TensorFlow as tf
from TensorFlow.examples.tutorials.mnist import input_data

# 下载数据集
mnist = input_data.read_data_sets("MNIST_data/", one_hot=True)
print(tf.__version__)
```

运行结果如下。

```
Extracting MNIST_data/train-images-idx3-ubyte.gz
Extracting MNIST_data/train-labels-idx1-ubyte.gz
Extracting MNIST_data/t10k-images-idx3-ubyte.gz
Extracting MNIST_data/t10k-labels-idx1-ubyte.gz
1.14.0
```

从运行结果可以看出，数据集包括了训练集图像和对应的标签、测试集图像和对应的标签。通过运行以下代码可以检查数据集的类型特征。

```
# 检查数据集
print(mnist.train.images.shape, mnist.train.labels.shape)     # 打印训练数据集
print("----------------------------------------------------------------------")
print(mnist.test.images.shape, mnist.test.labels.shape)       # 打印测试数据集
print("----------------------------------------------------------------------")
print(mnist.validation.images.shape, mnist.validation.labels.shape) # 打印验证数据集
```

检查结果如下。

```
(55000, 784) (55000, 10)
----------------------------------------------------------------
(10000, 784) (10000, 10)
 ----------------------------------------------------------------
(5000, 784) (5000, 10)
```

结果表明，数据集包含了 55000 个训练数据、5000 个验证数据和 10000 个测试数据。其中任意一个图像的尺寸均为 28 像素×28 像素，用数组表示图像长度为 784，如图 6.8 所示。

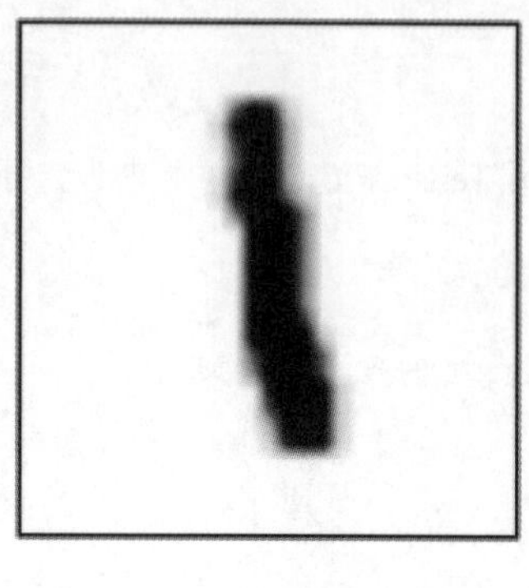

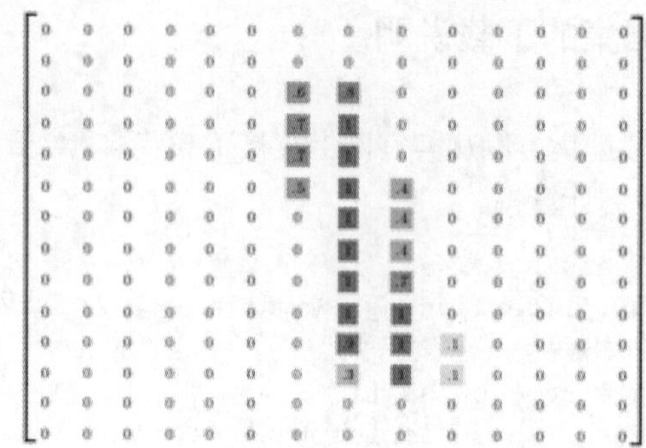

图 6.8　数字图形的矩阵形式

6.4.2　数据集的特征

MNIST 数据集如图 6.9 所示，每幅手写数字图片都有对应的标签，目的是让计算机知道每幅图片代表的含义。

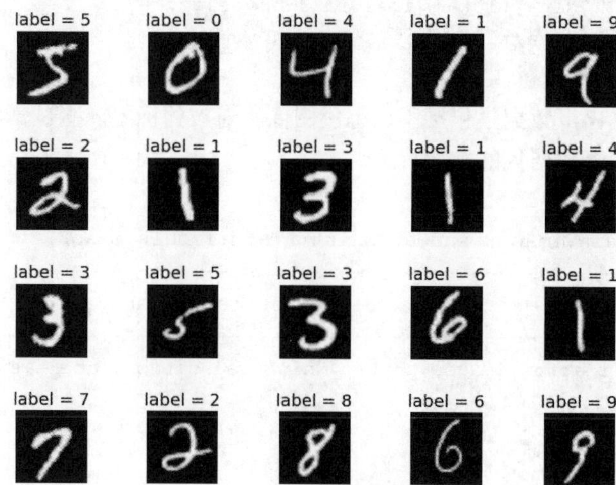

图 6.9　MNIST 数据集

6.5　搭建全连接网络结构

建立 Softmax 激活函数模型，代码如下。

```
# 该数学模型的数学结构为 y=Wx+b
x = tf.placeholder('float', [None, 784]) # x 不是一个特定的值，而是一个占位符 placeholder
# None 表示此张量的第一个维度可以是任意长度
W = tf.Variable(tf.zeros([784, 10]))      # W 代表权重
b = tf.Variable(tf.zeros([10]))           # b 代表偏置项
```

```
y = tf.nn.softmax(tf.matmul(x,W) + b)
```

上述代码中，W 的维度是[784，10]，因为模型想要用 784 维的图片向量乘以它以得到一个 10 维的向量，每一位对应不同数字类型；偏置项 b 的形状是[10]，所以这里可以直接把它加到输出上。

Softmax 函数使用 Python 实现的代码如下。

```
import numpy as np
import math
def softmax(inMatrix):
    # 矩阵形式
    m,n = np.shape(in_M)                          # 得到m,n，m和n为行和列
    Out_M = np.mat(np.zeros((m,n)))               # mat生成数组
    soft_sum = 0
    for idx in range(0,n):
        Out_M[0,idx] = math.exp(in_M[0,idx])      # 幂运算的目的是让结果非负
        soft_sum +=out_M[0,idx]                   # 求和运算
    for idx in range(0,n):
        Out_M[0,idx] = out_M[0,idx] /soft_sum     # 然后除以所有项之后进行归一化
    return out_M
a = np.array([[1,4,7,7,2,3,1]])
print(softmax(a))
```

6.6 设置损失函数

训练模型之前，首先要定义一个指标，用这个指标来判断最终的模型输出结果是好还是坏。在机器学习中比较常用的做法是定义一个损失函数（Loss Function）/代价函数（Cost Function），当这个函数的结果越小时，模型的模拟程度越好。

关于交叉熵损失函数，具体代码如下。

```
# 定义损失函数，判断模型好坏
y_ = tf.placeholder('float', [None, 10])      # 定义一个新的占位符用于输入正确的值（即标签）
cross_entropy = -tf.reduce_sum(y_*tf.log(y)) # 定义交叉熵
train_step = tf.train.GradientDescentOptimizer(0.01).minimize(cross_entropy)
# 选择梯度下降优化器，并将学习率设为0.01
init = tf.initialize_all_variables()
# 初始化变量，这行代码也可以写为tf.global_variables_initializer
sess = tf.Session()                          # 运行对话，开启模型
sess.run(init)
```

本案例将循环次数设置为 1000，分 10 次进行，每次计算 100 个迭代次数，具体代码如下。

```
# 开始训练模型，循环次数设为1000次
for i in range(1000):
batch_xs, batch_ys = mnist.train.next_batch(100)       # 以100作为一个训练批次进行训练
sess.run(train_step, feed_dict = {x: batch_xs, y_:batch_ys})
# 这里指将训练数据放进x的占位符，将标签放进y_的占位符，y是预测值，通过计算可以得出
```

6.7 模型评估

模型评估的具体代码如下。

```
# 评估模型
correct_prediction = tf.equal(tf.argmax(y,1), tf.argmax(y_,1))
# 这行代码的目的是对比预测值 y 与标签 y_ 是否匹配
accuracy = tf.reduce_mean(tf.cast(correct_prediction, 'float'))
# 这行代码会给一组布尔值
# 为了确定正确预测项的比例，可以把布尔值转换成浮点数，然后取平均值
# 例如，[True, False, True, True] 会变成 [1,0,1,1]，取平均值后得到 0.75
print (sess.run(accuracy, feed_dict = {x: mnist.test.images, y_: mnist.test.labels}))
# 评估模型准确率
```

输出结果如下。

```
0.9147
```

最终结果得到的模型精度大约为 91%。

6.8 补充知识

6.8.1 为何还要关注全连接模型

关注过深度学习的读者应该了解，模型的种类非常多，其中大部分模型的效果都优于全连接模型，但是大家仔细观察就会发现，多数参考书籍会先介绍全连接模型。这是由于全连接模型是深度学习模型的基础，全连接模型包含了深度学习所有的基本且重要的知识点，其他所有模型都是基于全连接模型进行优化或改造而来的。因此学习全连接模型，就好比是在打地基，只有地基打得牢固，才能更好地理解其他优秀模型，如图 6.10 所示。

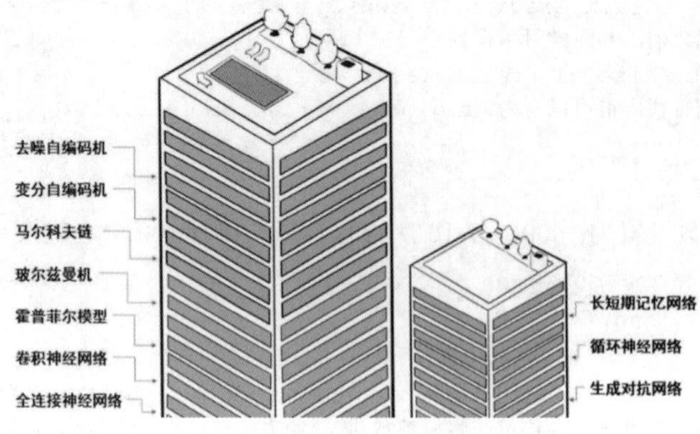

图 6.10　全连接模型是其他模型的学习基础

6.8.2 如何给数据打标签

图像识别的训练过程与人类的学习过程类似，如图 6.11 所示。那么问题来了，人类幼崽学习时会有他人辅助，而计算机学习这些图像时，标签是如何制作的呢？这里简单介绍一下如何给图像制作标签，标签的制作过程如图 6.12 所示。

图 6.11 打过标签的样本

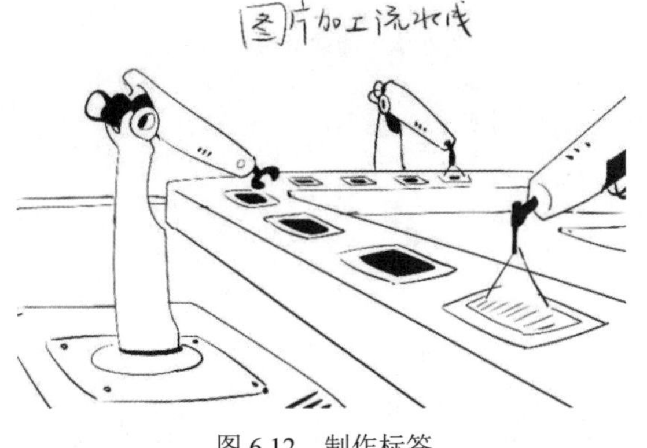

图 6.12 制作标签

1. 针对一般图片

对一般图片打标签的过程如图 6.13 所示。

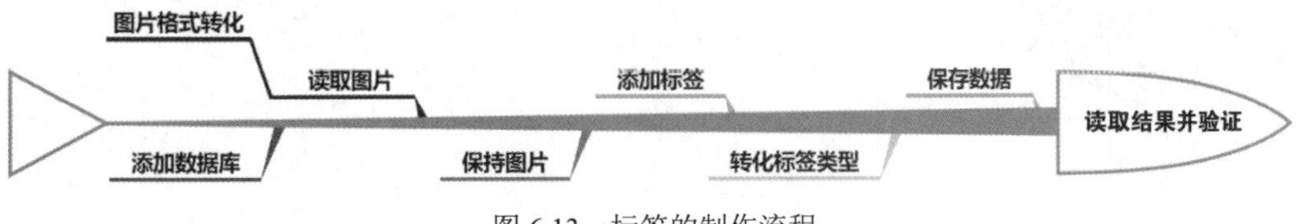

图 6.13 标签的制作流程

导入数据库的代码如下。

```
import numpy as np
from PIL import Image
import pickle
import matplotlib.pyplot as plt
```

读取并显示图片（图 6.14）的代码如下。

```
img_cat = Image.open('./LEEA/img_cat.jpg')
img_dog= Image.open('./LEEA/img_dog.jpg')
plt.imshow(img_640)
```

图 6.14　读取并显示图片

转化图片格式（图 6.15）的代码如下。

```
img_cat_n = np.array(img_cat)
img_dog_n = np.array(img_dog)

type(img_cat_n)
```

图 6.15　转化图片格式

保存数据的代码如下。

```
# 创建一个空的 list，用于存储图像数据，因为是两张图片，因此创建两个(480, 640, 3)矩阵
# 这里的 3 代表是彩色图片
image_data = []
# 把数据存放进来
image_data.append(img_cat_n)
image_data.append(img_dog_n)
# 添加标签，假设这两张图片是两个类别，把它们标注为类型 1 和 2
image_data_label = np.empty(2)

image_data_label[0] = 1
image_data_label[1] = 2
# 把标签的类型转换成 int 类型，为了方便记录，把 data 转换成 numpy.ndarray 类型
image_data = np.array(image_data)
image_data_label=image_data_label.astype(np.int)
image_data_label
array([1, 2])
plt.imshow(image_data[1])
<matplotlib.image.AxesImage at 0x15ece1845f8>
# 把数据合并成一个元组进行保存
train_data = (image_data,image_data_label)
# 把数据写入 pkl 文件中
write_file=open('./test/train_data.pkl','wb')
pickle.dump(train_data,write_file)
write_file.close()
```

验证图片和标签（图 6.16）的代码如下。

```
# 从 pkl 文件中读取图片数据和标签
read_file=open('./test/train_data.pkl','rb')

(train_data,lab_data)=pickle.load(read_file)
read_file.close()
# 查看读取出来的数据
train_data.shape
(1800,720,3)
lab_data
array([1,2])
plt.imshow(train_data[0])
<matplotlib.image.AxesImage at 0x15ece1daa20>
```

到这里就完成了将图片加标签后存储与读取，为后续神经网络数据的输入做好了准备。当需要数据时，加载 pkl 文件即可。

图 6.16　打标签

2. 针对视频文件

图片训练数据的获取除了来源于常规图片外，对视频进行逐帧截图也是获取数据的有效且常用手段。前面介绍了给常规图片添加标签的方法，而对于视频文件，则需要先将视频文件转换为静态图片格式，具体实现代码如下。

```
# 导入所需要的库
import cv2
import numpy as np
# 定义保存图片函数
# image：要保存的图片名字
# addr：图片地址与图片名字的前部分
# num：名字的后缀
# int：数据类型
def save_image(image,addr,num):
    address = addr + str(num)+ '.jpg'
cv2.imwrite(address,image)
# 读取视频文件
videoCapture = cv2.VideoCapture("./test/test_1.mp4")
# 通过摄像头的方式
# videoCapture=cv2.VideoCapture(1)
# 读帧
success, frame = videoCapture.read()
i = 0
while success :
    i = i + 1
```

```
    save_image(frame,'./LEEA/img_',i)
    if success:
        print('save image:',i)
success, frame = videoCapture.read()
```

结果如下。

```
save image: 1
save image: 2
save image: 3
save image: 4
save image: 5
save image: 6
```

通过上述代码将视频文件转化为图片格式后，剩下的步骤则可以参考 6.8.1 小节的内容进行。

6.8.3 深度学习常见的打标签工具

这里介绍 labelimg 工具的使用。以 Windows 10 环境为例，假定已经安装好了 Anaconda，没有安装的读者可以参照第 2 章的内容进行安装。首先通过开始菜单进入 Anaconda Prompt 环境，然后依次输入指令 pip install PyQt5 和 pip install labelimg，如图 6.17 所示。

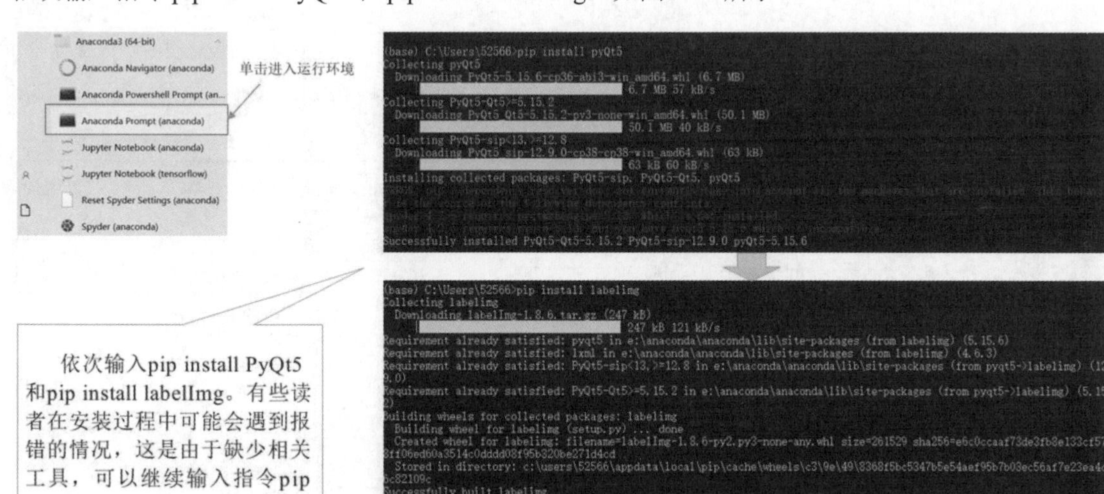

图 6.17　工具安装

安装完成后可以在 Anaconda Navigator 中查看是否安装成功，如图 6.18 所示。

现在打开该工具进入操作界面，然后导入相关图片，如图 6.19 和图 6.20 所示。

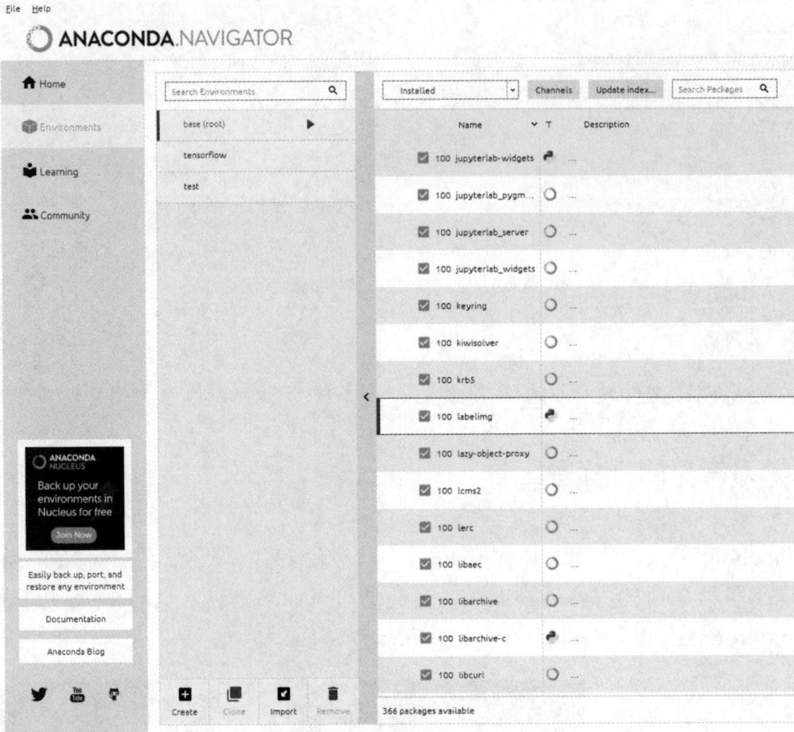

图 6.18　检查是否安装成功

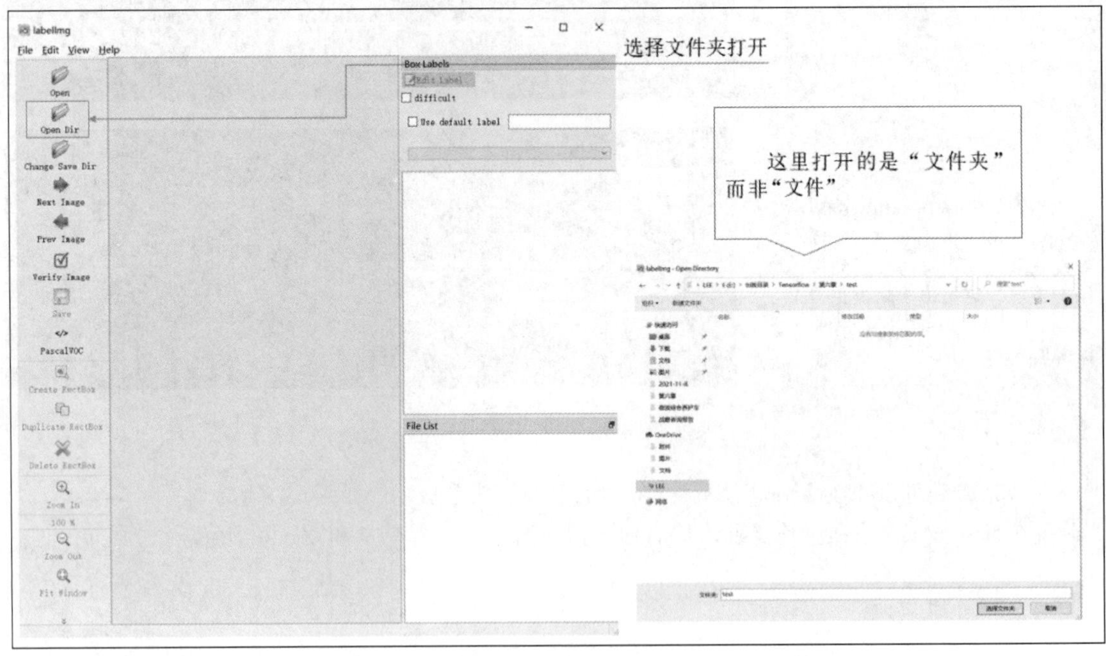

图 6.19　进入操作界面

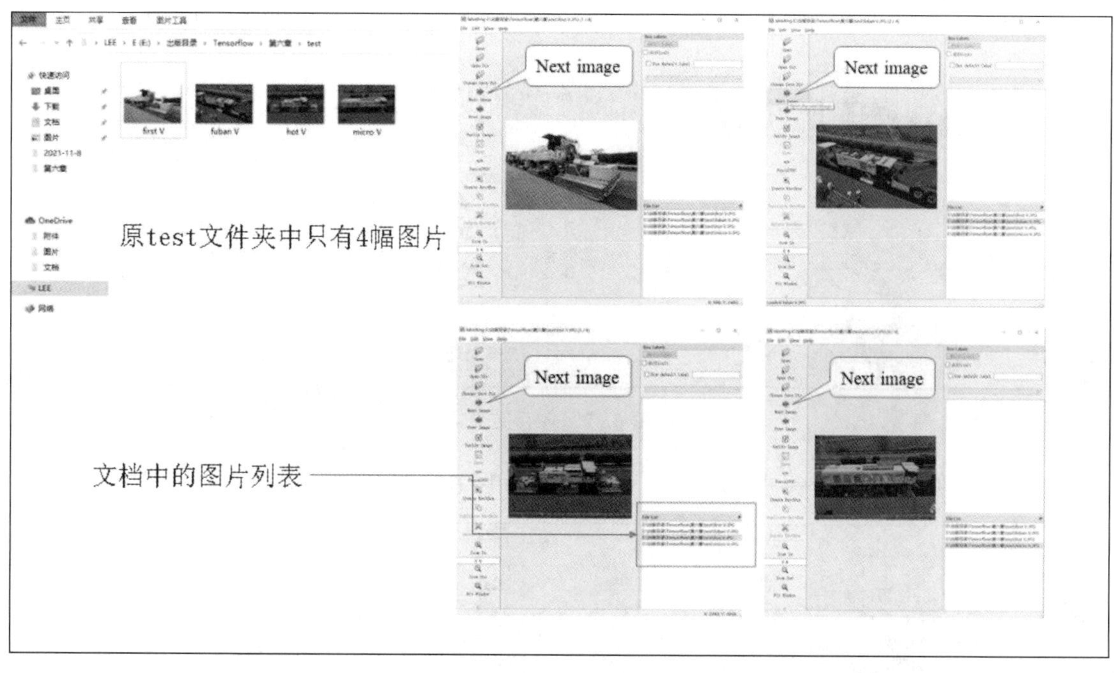

图 6.20　导入相关图片

下面开始为图片添加标签，操作方式如图 6.21 所示。

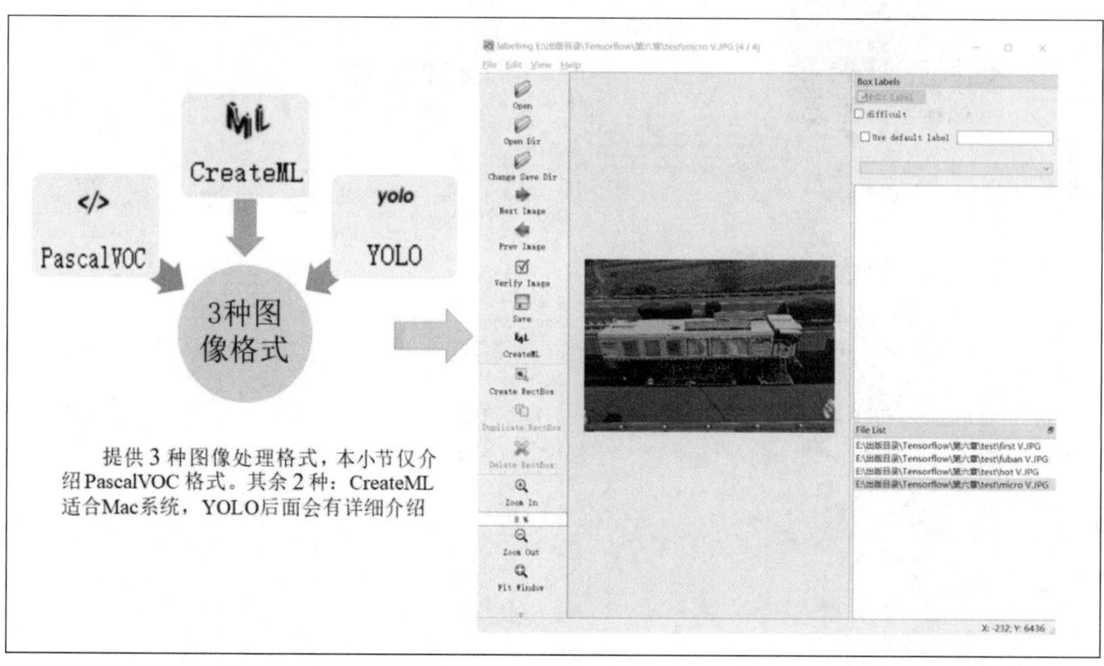

图 6.21　添加标签

直接保存，结果如图 6.22 所示。

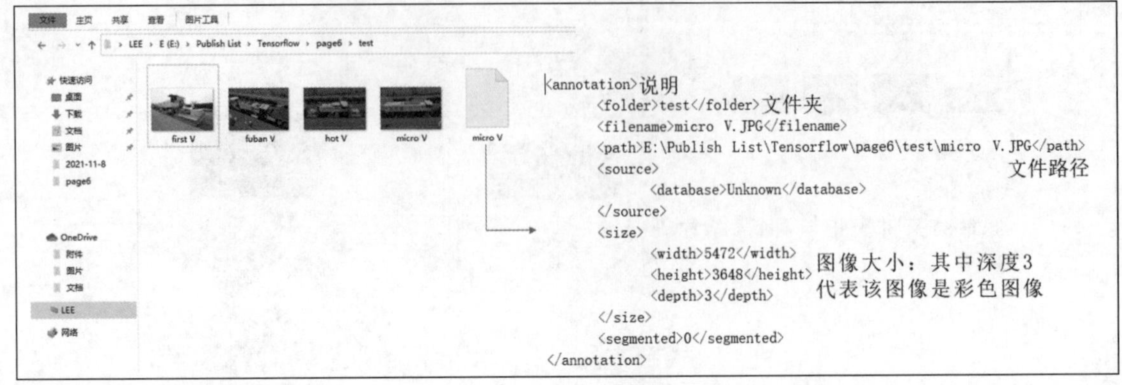

图 6.22　保存结果

现在仅在图片中的部分区域添加标签，标记方式如图 6.23 所示。

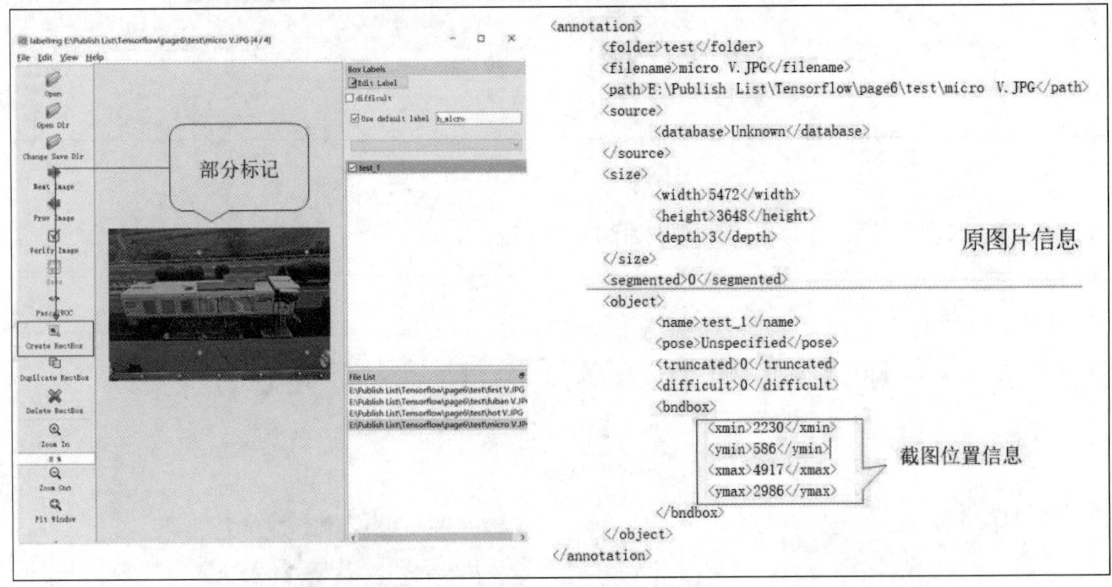

图 6.23　标签属性

以上就是利用代码和工具给图像打标签的操作步骤，读者可以根据上述说明自己尝试制作数据集。

第 7 章

卷积神经网络

卷积神经网络（Convolution Neural Network，CNN）的应用早已遍布人们的日常生活，当你打开手机进行搜索时，总是能够发现推荐给你的都是你感兴趣的内容，这些都是依靠算法实现的，而这些算法则是通过卷积神经网络完成的。

本章将对卷积神经网络进行一个简单的介绍，包括：

- 卷积神经网络的基本结构。
- 卷积与池化的特点。
- 基于卷积网络进行的图像识别。

7.1 初识卷积神经网络

第 6 章介绍了全连接神经网络，全连接神经网络是其他网络的基础，其中包含节点在网络中的基本传递流程、激活函数的用法、隐藏层的作用等，是机器学习的基础知识点。但是用全连接神经网络处理图像问题时，也存在明显的问题。

（1）图像在展开过程中，会丢失空间信息。

（2）参数过多，占用计算资源，计算效率低下。

（3）由于模型本身不具备自我简化的功能，容易出现过拟合现象。

上述问题可以通过卷积神经网络很好解决，如果说全连接神经网络在处理图像问题时只是一个粗糙的工具，仅能给出定性分析，那么卷积神经网络就是一个比较精密的工具，已经可以给予定量说明了。两者的区别可以用如图 7.1 所示的漫画形象地表达出来。

图 7.1 差别巨大的全连接神经网络与卷积神经网络

7.1.1 卷积神经网络的由来

卷积神经网络最初发展于 20 世纪 80 年代，随着深度学习理论的爆发式推广和计算机算力的不断优化，卷积神经网络得到了快速的发展，在计算机视觉、自然语言处理和无人驾驶方面得到了广泛应用。本书从本章开始直到结束出现的计算网络都是对卷积神经网络的应用，卷积神经网络是深度学习的灵魂，那么这么重要的网络系统是如何发展而来的？这里将为大家简单地叙述卷积神经网络的发展史。

1. 鼻祖人物

提到卷积神经网络就不得不说这位日本学者福岛邦彦，如图 7.2 所示，他可以说是卷积神经网络的鼻祖人物了。早在 1979 年，福岛邦彦就通过研究视觉皮层设计出了 Neocognitron 神经网络，并发表了相关论文。该网络包含简单层（Simple-Layer）和复杂层（Complex-Layer），可以实现卷积层和池化层的部分功能。

图 7.2　福岛邦彦与他的神经网络

2. 时间延迟网络语音识别算法

20 世纪 80 年代语音识别的主流算法是隐马尔科夫模型，1987 年 Alexander Waibel（图 7.3）提出了时间延迟网络。该网络的隐含层由 2 个一维卷积组成，且可以在 BP 框架内进行学习。时间延迟网络算是第一个卷积网络，尽管当时还没有“卷积”这一说法。

图 7.3　Alexander Waibel

3. 平移不变人工神经网络

1988 年，科学家 Wei Zhang 提出了平移不变人工神经网络，并将其成功应用于医学检测，该网络由二维数据构成，如图 7.4 所示。

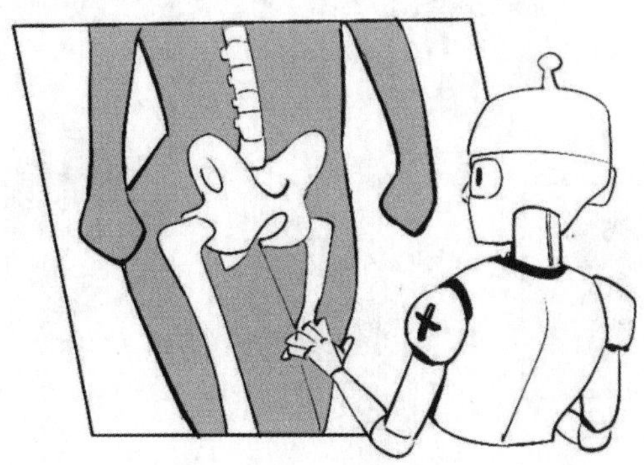

图 7.4　用于医学检测的神经网络

4. 真正的“卷积神经网络”

其实不论是时间延迟网络还是平移不变人工神经网络都应用了“卷积”的概念，但是真正给这一概念赋予名称的是名为 Yann LeCun 的一个小伙子。1989 年，LeCun 构建了用于计算机视觉问题的神经网络并首次应用了“卷积”这一名词，该网络在结构上已经非常接近于现在的神经网络，“卷积神经网络”的称号也因此被流传至今。

7.1.2 基本结构与计算流程

卷积神经网络在图像识别、无人驾驶领域发挥着举足轻重的作用，尤其是在人们的日常生活中，更是体现着卷积神经网络技术带来的巨大影响，如图 7.5 所示。

图 7.5 卷积神经网络的日常应用

卷积神经网络如此神奇，那么它到底是如何做到这一点的？下面将为大家展示该网络的基本工作流程，这里以图像识别为例，假如要判断的目标是一个人。首先看一下计算机识别“人”的流程，如图 7.6 所示。

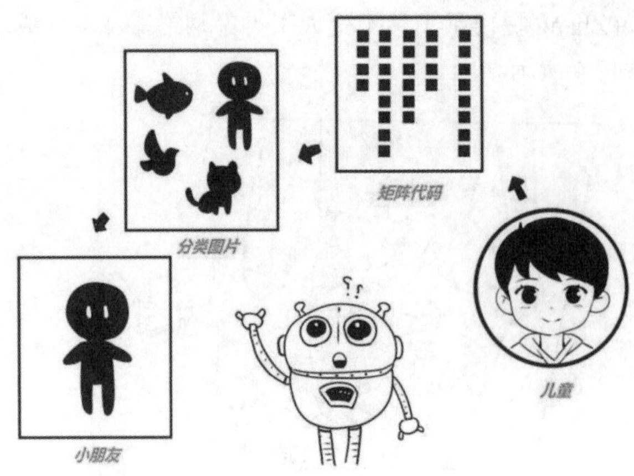

图 7.6 计算机图像识别流程

不仅是人，如果是其他事物，计算机依然能够快速且准确地识别出来。下面将逐步讲解图像识别的原理。

1. 读取图片

这是计算机与人的第一个区别。人类肉眼观察到的图像就是图像本身，尽管这也是由人类大脑的神经系统快速计算得到的结果，但是人类自身通常是感受不到中间这个计算过程的；而计算机在进行图像识别时，则是参照人的神经网络工作过程，输入计算机的是一组矩阵图像，如图 7.7 所示。

STAR
STAR

（a）人类观测的结果　　（b）计算机观测的结果

图 7.7　计算机与人类看世界的区别

显然，人类肉眼看到的事物很直观，即所谓的看山是山，看水是水。而计算机就很有诗意了，看山不是山，看水不是水。为什么会这样呢？这要从图片在计算机中的输入开始解释，如图 7.8 所示。

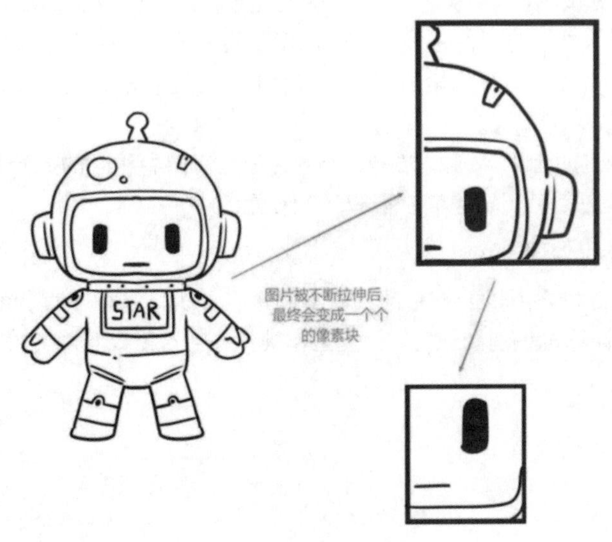
STAR
图片被不断拉伸后，
最终会变成一个个
的像素块

图 7.8　图片放大变模糊

以图 7.8 为例，平时看到的机器人就是一个整体，当把图片无限放大时，看到的就不再是光滑的图像，而是一个个离散的小格子，这些小格子被称作像素点，如图 7.9 所示。

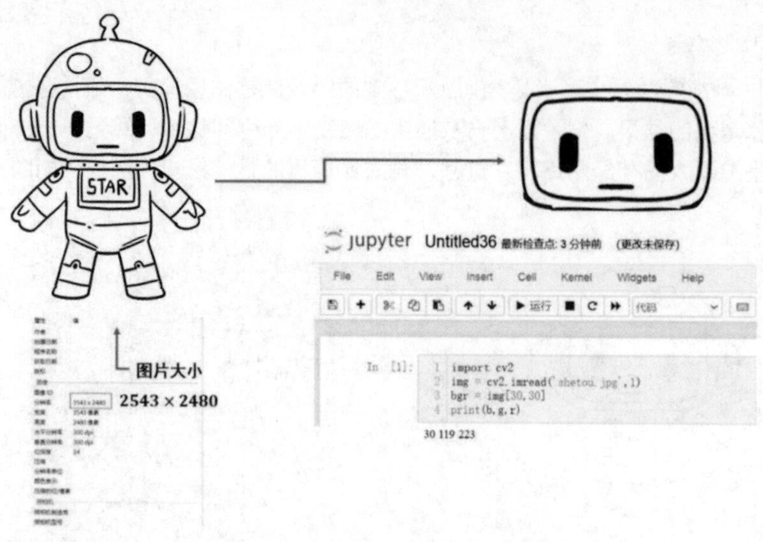

图 7.9　图片是由像素点组成的

下面介绍几个专有名词。

（1）像素点：像素是最小的图像单元，这种最小的图像单元能在屏幕上显示的通常是单个的染色点，这些染色点就是像素点。

（2）RGB：RED GREEN BLUE 就是所谓的三基色，通常可以调整三种颜色的不同配比得到看到的任何颜色。

（3）色彩深度：计算机图形学领域表示在位图或视频帧缓冲区中储存 l 像素的颜色所用的位数，通常色彩深度越高，表示可用的颜色越多。色彩深度是用“ n 位颜色”来说明的。若色彩深度是 n 位，即有 2^n 种颜色选择，而储存每像素所用的位数就是 n 。比较常见的是 8 位的深度，也就是俗称的 256 色。

（4）尺寸：有时候也叫像素，例如 500×375（这是之后做卷积时的原始数据）的意思就是这幅图片宽度方向有 500 个像素点，高度方向有 375 个像素点。

2. 提取特征值（卷积处理）

本章前面提到，计算机之所以能够精准判断事物进行分类，是由于事物的特征被提取了出来，并做了正确的分类。在计算机识别图像时，分类工作被称作“卷积”，“卷积”可以看作一个过滤器，如图 7.10 所示。

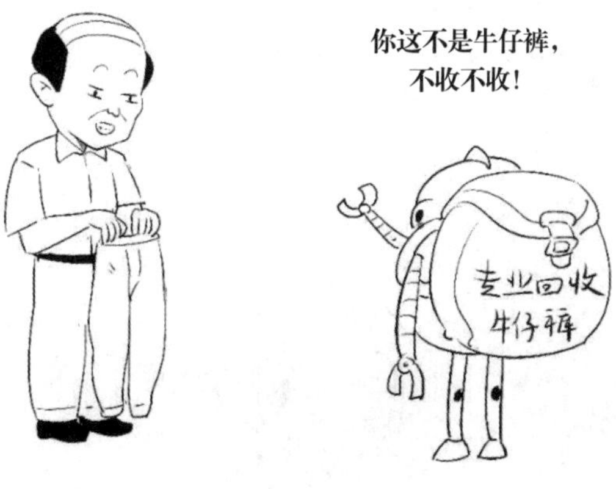

图 7.10　“过滤器”会自动过滤非重要内容

过滤器的计算过程如图 7.11 所示。

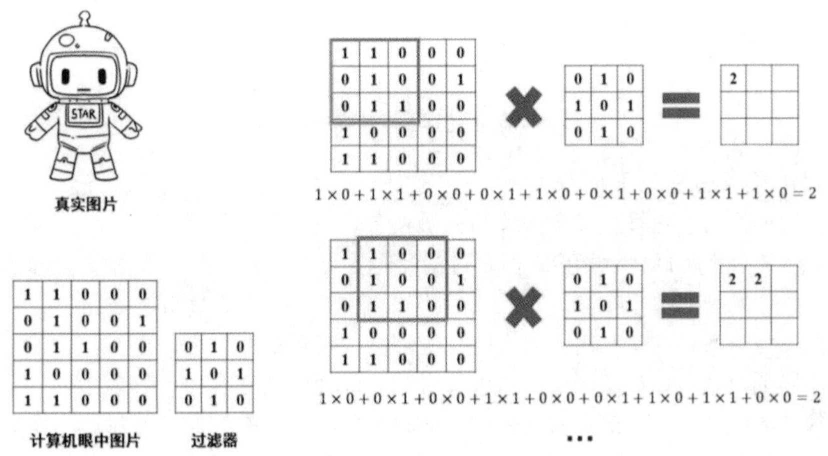

图 7.11　卷积的计算过程

可以看到，图片通过过滤器后其矩阵的规模变小了，那么这代表什么意思呢？为了搞清楚这一点，可以把过滤后的矩阵还原为图片的样子，如图 7.12 所示。

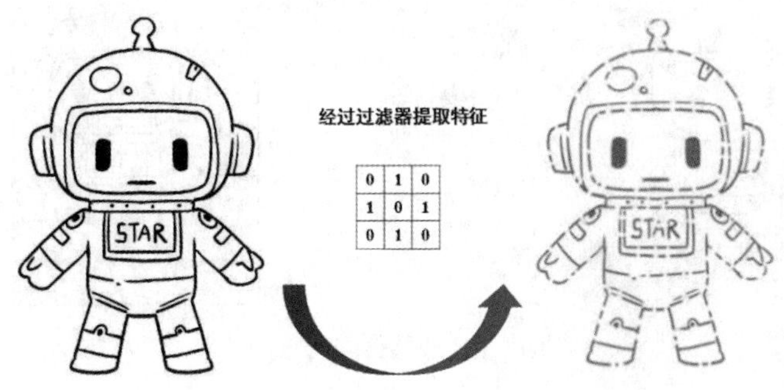

图 7.12　经过过滤器的图片非主要特征被隐藏

很显然，图片经过过滤后，整体变得模糊了，也就是俗称的像素没那么高了。虽然模糊了，但依然可以认出来图片的主体，这是由于图片的主要特征被保留了下来。不同的过滤器取值，会得到不同的处理效果，如图 7.13 所示。

图 7.13　不同的处理效果

关于过滤器，需要注意以下几点。

（1）过滤器的数值是由模型计算得到的。

（2）过滤器的大小可以任意指定，但是过滤器越大，得到的图像细节越少；反之，则图像细节越多。

（3）过滤器每次滑动的步幅需人为设定，道理同设定过滤器大小一样。

（4）过滤器的个数可以任意指定。这里的个数可以理解为深度。

（5）图像边界处理。为了最大限度保留图像边界的特征，有时候需要对原图像进行补边计算，目的是使特征图片保持和原始图片相同大小，如图 7.14 所示。

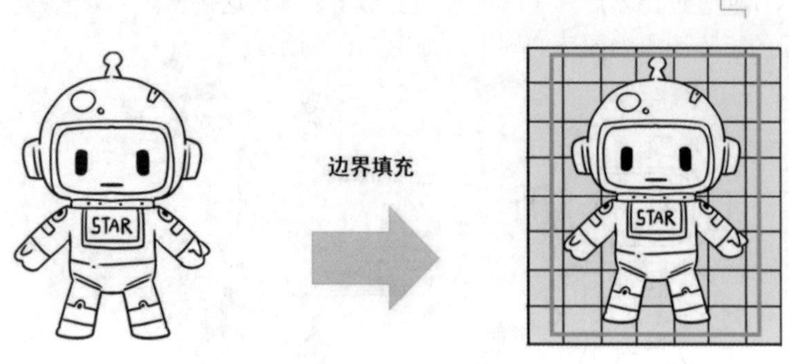

图 7.14　边界补偿效果

补边的方式如图 7.15 所示。

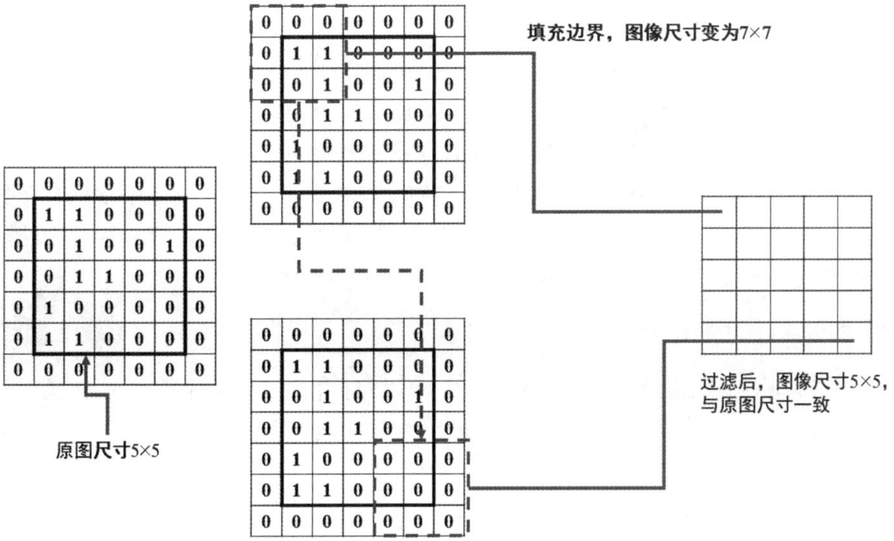

填充边界，图像尺寸变为7×7

过滤后，图像尺寸5×5，与原图尺寸一致

原图尺寸5×5

图 7.15　通过全零填充补偿边界

为了保证补边后，特征图像与原有图像大小一致，假设过滤器大小为 F，滑动步幅为 1，想要实现这一目标，补零的个数应为（此处的公式需要根据实际情况调整）

$$P = \frac{F-1}{2}$$

3. 提取特征值（激活函数）

卷积神经网络通过增加网络的深度可以起到优化计算结果的作用，但是如果只是增加深度，对于网络似乎没有任何意义。

举一个简单的例子说明这一点，假如输入的是一个 3×3 的数组

$$\begin{bmatrix} a_{11}a_{12}a_{13} \\ a_{21}a_{22}a_{23} \\ a_{31}a_{32}a_{33} \end{bmatrix}$$

给这个数组增加一个 3 层的卷积，并且保证输出依然是一个 3×3 的矩阵，那么这个卷积计算可以表示为

$$\begin{bmatrix} a_{11}a_{12}a_{13} \\ a_{21}a_{22}a_{23} \\ a_{31}a_{32}a_{33} \end{bmatrix} \times \begin{bmatrix} b_{11}b_{12}b_{13} \\ b_{21}b_{22}b_{23} \\ b_{31}b_{32}b_{33} \end{bmatrix} \times \begin{bmatrix} c_{11}c_{12}c_{13} \\ c_{21}c_{22}c_{23} \\ c_{31}c_{32}c_{33} \end{bmatrix} \times \begin{bmatrix} d_{11}d_{12}d_{13} \\ d_{21}d_{22}d_{23} \\ d_{31}d_{32}d_{33} \end{bmatrix}$$

根据矩阵乘积的性质，上式可以写为

$$\begin{bmatrix} a_{11}a_{12}a_{13} \\ a_{21}a_{22}a_{23} \\ a_{31}a_{32}a_{33} \end{bmatrix} \times \begin{bmatrix} e_{11}e_{12}e_{13} \\ e_{21}e_{22}e_{23} \\ e_{31}e_{32}e_{33} \end{bmatrix}$$

其中

$$\begin{bmatrix} e_{11}e_{12}e_{13} \\ e_{21}e_{22}e_{23} \\ e_{31}e_{32}e_{33} \end{bmatrix} = \begin{bmatrix} b_{11}b_{12}b_{13} \\ b_{21}b_{22}b_{23} \\ b_{31}b_{32}b_{33} \end{bmatrix} \times \begin{bmatrix} c_{11}c_{12}c_{13} \\ c_{21}c_{22}c_{23} \\ c_{31}c_{32}c_{33} \end{bmatrix} \times \begin{bmatrix} d_{11}d_{12}d_{13} \\ d_{21}d_{22}d_{23} \\ d_{31}d_{32}d_{33} \end{bmatrix}$$

由此可以看出，这种单纯的增加深度的计算没有实际意义，它只是相当于将一个系数进行了多次拆分。为了避免这种情况发生，需要对计算结果进行非线性处理，非线性处理的方法被称为激活函数。激活函数的具体介绍可以参考第 4 章的内容，这里不再赘述。

4. 缩小图像大小（池化操作）

在卷积计算过程中，如果感觉图片尺寸过大，可以对模型进行池化操作。池化操作的目标就是缩小图片尺寸。池化操作的常用手段有“平均池化”“最大池化”“求和池化”等。通过池化操作，可以极大减少参数数量，提高计算效率。

平均池化的计算过程如图 7.16 所示。

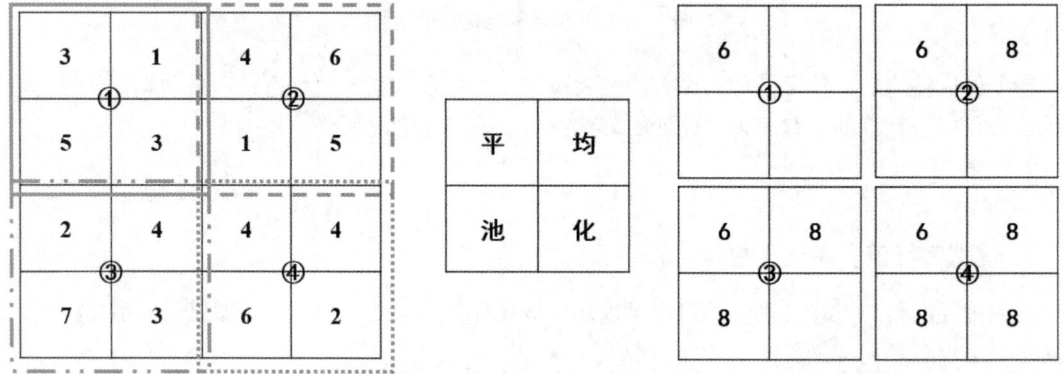

图 7.16　平均池化的计算过程

最大池化的计算过程如图 7.17 所示。

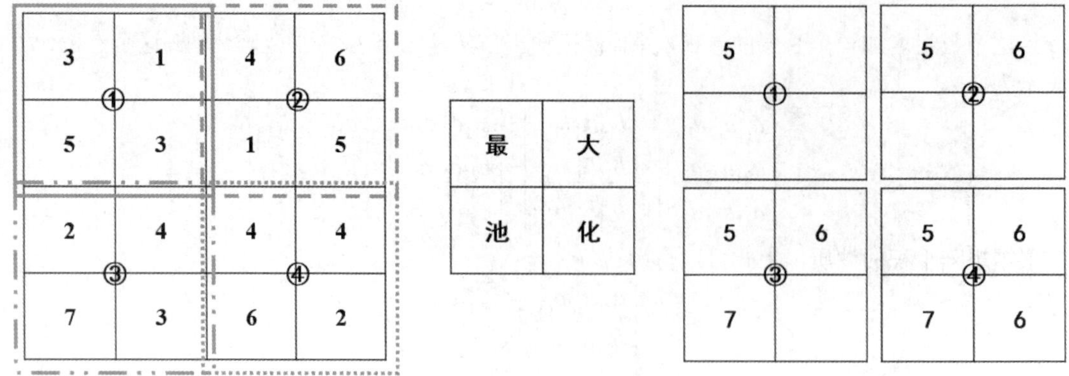

图 7.17　最大池化的计算过程

求和池化的计算过程如图 7.18 所示。

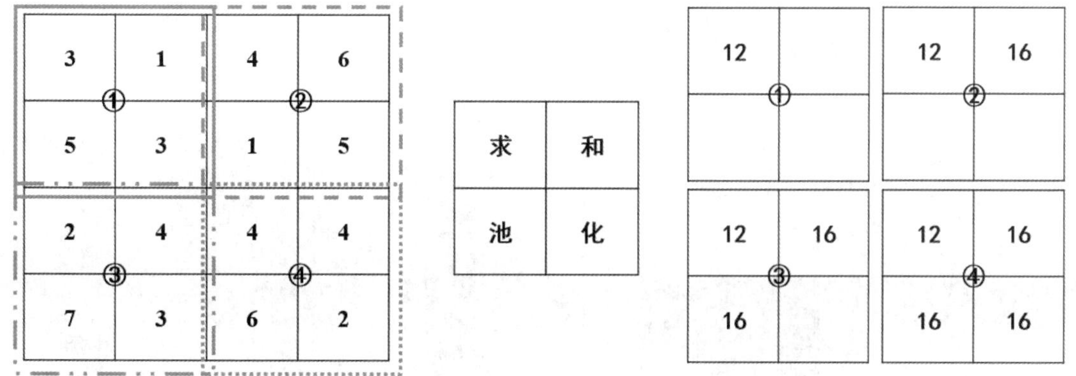

图 7.18　求和池化的计算过程

由图 7.16～图 7.18 可知，经过一轮池化处理，原来 4×4 大小的图片缩小为 2×2 大小的图片。这里需要注意的是，池化过滤器内部是没有参数的，只需要标明池化类型。

5. 图片分类

看到这个标题大家应该清楚现在已经到了网络的最后一部分：图像识别。经过前面一系列的运算，图像从最初的输入数据变为模型指定的数据形式，此时对这些数据进行全连接计算，将计算结果与已知的标签进行比较，最终确定该输入的类型，如图 7.19 所示。

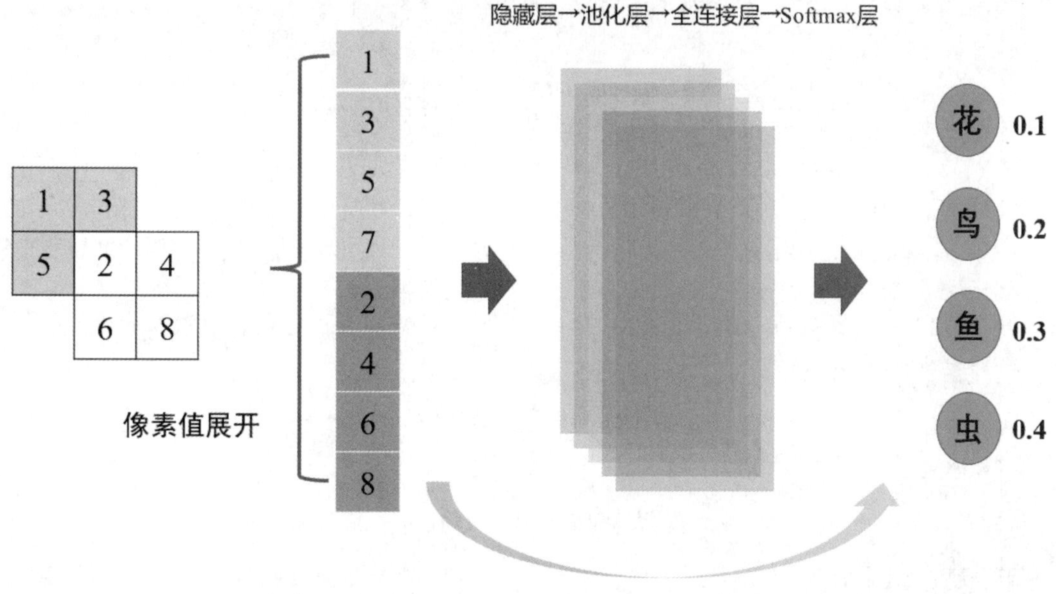

图 7.19　图片分类结果说明

总结以上图像识别流程，如图 7.20 所示。

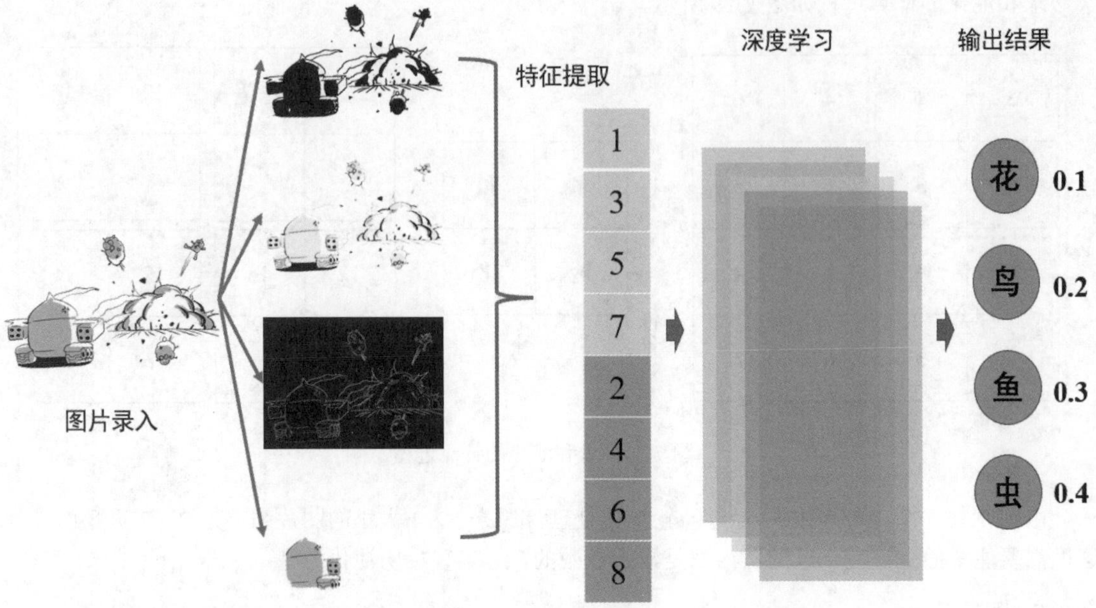

图 7.20　图像识别流程

到这里为止，基于卷积神经网络的图像识别流程就基本介绍完毕了，但是其中有一些重点知识还需要说明，目的是帮助大家从理论上更好地理解卷积计算的原理。本章接下来将讲解卷积、池化、稀疏连接、参数共享等卷积神经网络中常见的名词代表的含义。

7.2　卷　积

卷积是泛函分析中的一种运算形式，与旋积和褶积一样，都是通过相互之间存在耦合关系的两个函数 f 和 g，利用一定的运算关系生成一个全新函数的手段，这里的运算关系主要指翻转和平移，并对两个函数的耦合部分进行积分计算，这个过程被称为卷积。

卷积的定义是，假定存在两个函数 f 和 g，这两个函数的卷积可以表示为以下两种形式。

（1）连续型

$$(f \cdot g)(n)=\int_{-\infty}^{\infty} f(\tau) g(n-\tau) \mathrm{d} \tau$$

（2）离散型

$$(f \cdot g)(n)=\sum_{i=-\infty}^{\infty} f(\tau) g(n-\tau)$$

所谓卷积，其中的“卷”就是对函数 g 进行翻转，“积”则是将函数 g 再次进行平移后与函数 f 在对应位置相乘。整个过程称为“卷积”。

7.2.1 研究某生物的疼痛值

可能有些读者还是无法理解卷积，为了让读者直观理解到什么是卷积，这里给大家举一个例子。

从前有一名流浪汉，人称老王，是一名生物研究爱好者。有一次老王在山上砍柴，发现一种奇怪生物，遂将其带回家中。恰好那时候老王在研究与生命力有关的课题，于是老王就用该生物做起了实验。假设老王有一把特殊的手术刀，用手术刀刺一下该生物，会让该生物产生 24 点的疼痛值，每 1 小时疼痛值会降低 1 点。假设老王 1 小时刺该生物一次，连续刺 10 小时，问该生物的疼痛值是多少？

【题目分析】

根据案例说明，输入信号 $f(t)$ 就是每次刺该生物产生的疼痛值。在本例中，该值是固定的。系统响应 $g(t)$ 则是该生物疼痛值随时间变化的情况。这里疼痛值是随着时间不断衰减的，即当 $t=0$ 时刺该生物产生的疼痛值 $f(0)$ 在 $t=T$ 时刻变为 $f(0)g(T)$，如图 7.21 所示。

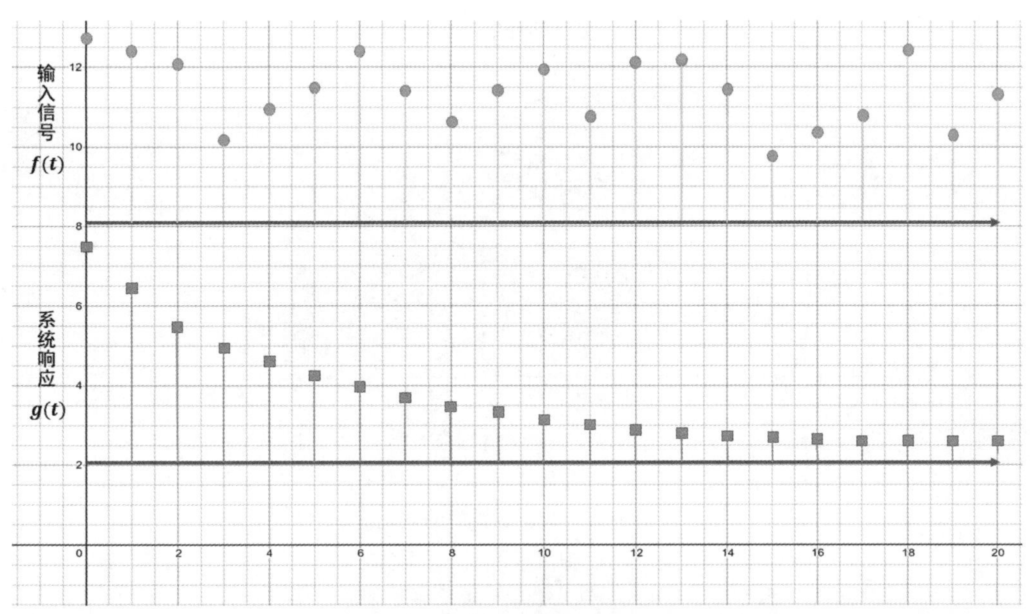

图 7.21　疼痛值随时间的变化

由于老王每隔 1 小时都会用刀刺该生物一次，所以每隔 1 小时都会产生一个 24 点的疼痛值，但是随着时间的流逝，之前的疼痛值也会随着缩减，因此最终的输出应该是所有之前疼痛值的加权和。如图 7.22 所示，在 $t=10$ 时，此处的疼痛值为 $f(0)g(0)$，而此时，老王刺的第一刀产生的疼痛值已经变为 $f(0)g(10)$。

为了让图 7.22 中的图像看起来美观一些，这里把函数 g 对折，对折的结果如图 7.23 所示，显然现在的形式更容易让人接受，这就是为什么要“卷”的原因。

为了进一步优化该过程的显示效果，再将函数 g 向右平移，此时的形状就是现在讨论的卷积表达形式，如图 7.24 所示。

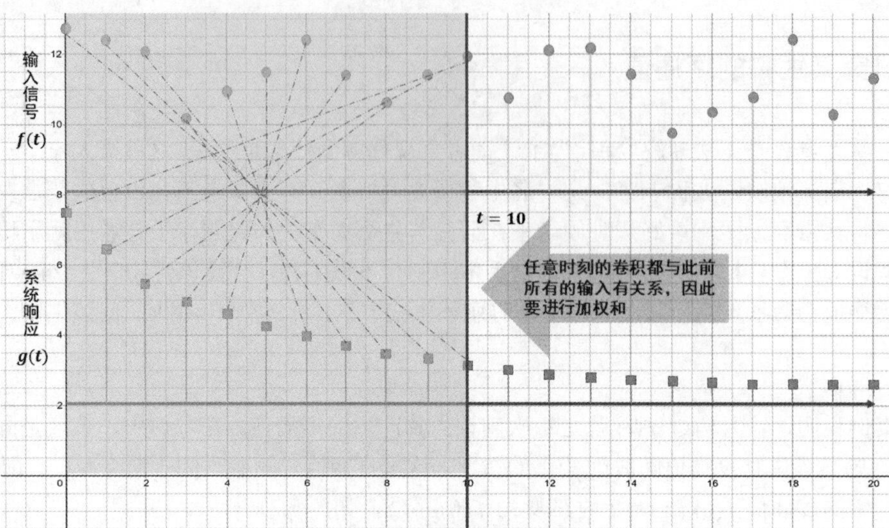

图 7.22　疼痛的累加过程

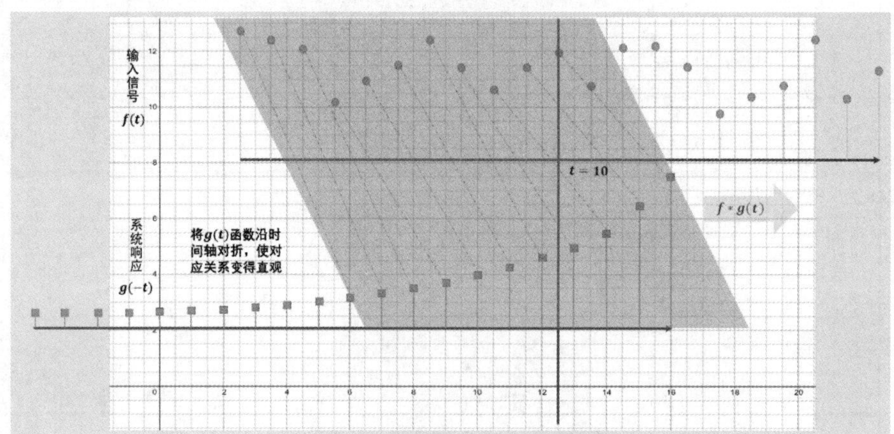

图 7.23　卷积调整后的效果

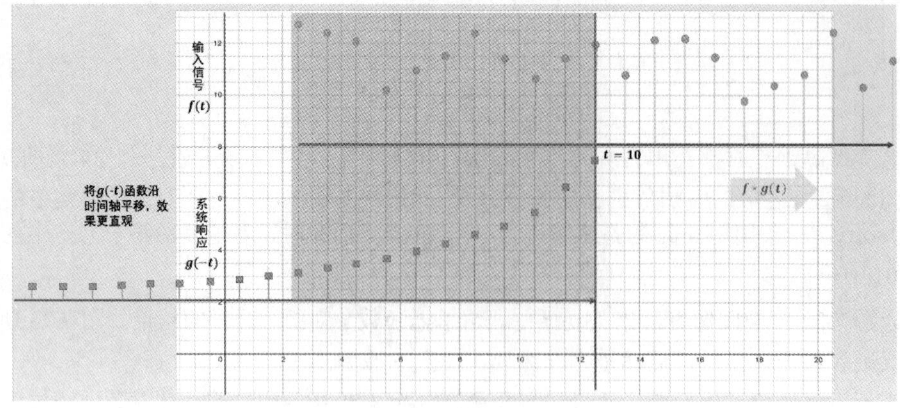

图 7.24　向右平移函数 g 后的效果

7.2.2 “端到端”思想

“端到端”模型是深度学习的重要特征之一。那么什么是“端到端”模型呢？它有什么好处？在回答这个问题之前，先来看一下传统的机器学习分析流程，如图 7.25 所示。

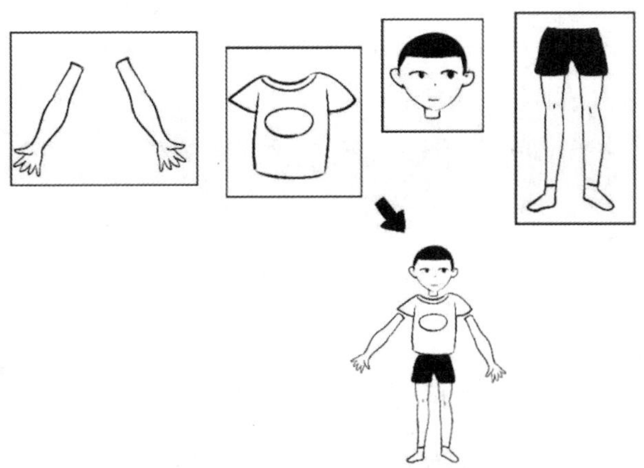

图 7.25 传统的机器学习分析流程

显然，通过传统方式解决复杂系统最大的问题就是各阶段的设计目标不一致，或者说每个阶段仅考虑了局部最优解，这样做的结果就是阶段目标与总体目标存在偏差，因此训练出来的系统无法保证全局最优解；并且每个阶段的设计误差会被叠加，导致最终误差不可控，因此训练出来的模型也就不具备分类的功能。

“端到端”模型很好地解决了传统机器学习各自为战的计算模式，整个模型只有一个输入和一个目标输出，中间过程依靠可以自学习的数学模型完成，该模型基于反向传播网络不断更新自身参数，参数在更新过程中，整个过程前后端相互关联，最终结果具有全局最优的特征。由于参数更新过程是计算机根据目标结果不断调整的，因此该过程变得无法用文字描述，如图 7.26 所示。

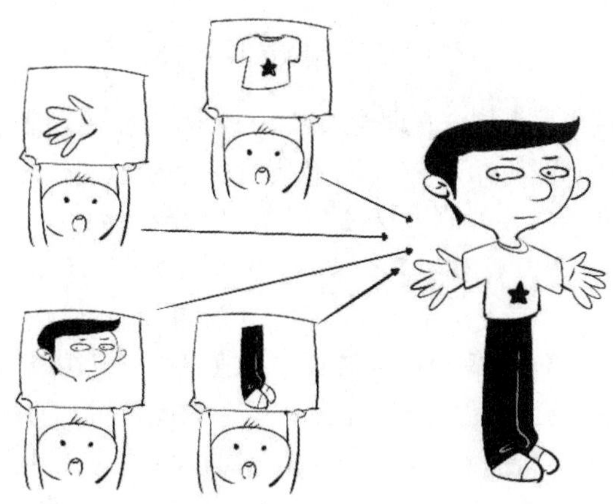

图 7.26 “端到端”效果

7.2.3 稀疏连接

前面的章节中介绍了全连接网络的概念，所谓全连接网络是指针对输入的每一个单元，都需要全部的参数变量参与计算，尽管这样做可以全面地分析输入的数据，但是巨大的计算量显然会对计算效率造成严重的影响，而且这种计算方法也是不可取的。当模型对所有参数都进行分析时，势必会造成模型的过拟合现象，结果会导致次要特征占据主导地位，最终得到的结果会出现巨大的偏差。

那么有没有一种不同于全连接的计算模型，可以在减少参数量的同时又能保证计算精度呢？显然是有的，就是接下来要介绍的卷积计算中的稀疏连接。稀疏连接正如它的名字一样，输入与输出之间的连接是稀疏性的，如图 7.27 所示。

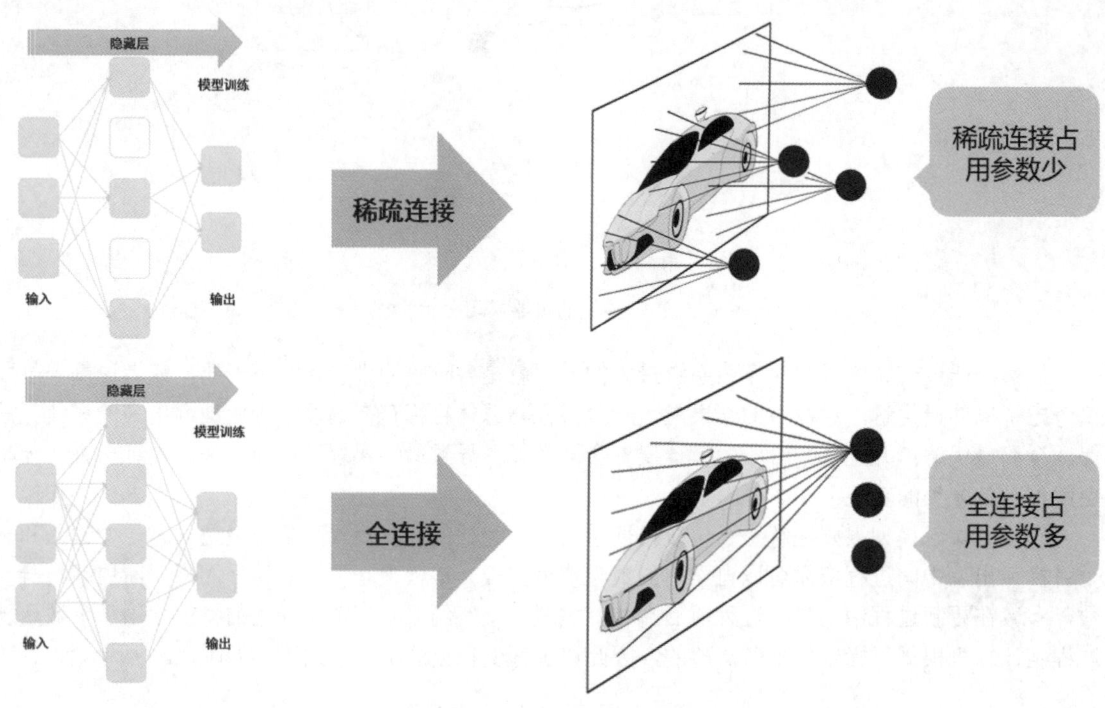

图 7.27 稀疏连接和全连接

以图 7.27 中的稀疏连接模型为例，假设输入用 x_i 表示，输出用 c_i 表示，则每一个输出由 3 个输入计算得到。例如，c_3 是由 x_2、x_3、x_4 卷积计算得到的，这里 x_2、x_3、x_4 也叫作 c_3 的感受野。至于 c_3 为什么是由这 3 个参数而非其他参数卷积得到的，这就涉及卷积核的概念。

稀疏连接可以极大地减少参与计算的参数数量，仍以图 7.27 为例，假设一个图像的尺寸为 1000 像素×1000 像素，颜色为黑白，那么这个图片在图像识别时的输入数据为 100 万。这里假定隐藏层单元为 100 万个，如果是全连接，则需要的权值数量为 10^{12} 个；现在给出一个 10×10 的卷积核，那么在进行稀疏连接时，只需要将隐藏层与卷积核进行计算，此时需要的权值数量为 10^8 个，直接减少了 4 个数量级，可以看出，稀疏连接对于减少参数数量的效果是非常明显的。

稀疏连接可以降低计算复杂度，提高计算效率；降低过拟合发生的概率，提高模型的泛化性能。

7.2.4 什么是参数共享

上面的示例中，尽管稀疏连接已经极大地减少了模型参数的数量，但是1亿的参数计算量仍然是大众难以接受的，那么还有没有方法可以进一步减少参数的数量呢？答案显然是有的，即参数共享。

原来，稀疏连接的做法是利用卷积核对输入进行卷积计算，每一个计算的值就是一个输出。如果需要100万个输出，则需要提供100万个卷积核；如果一个卷积核的大小是10×10，则按照这种做法需要的参数数量为1亿。参数共享的做法则是：针对这100万个输出，用同一个卷积核去卷积计算并输入，最后仅需要100个参数即可得到100万个输出结果。

现在问题来了，用同一个卷积核对图片进行卷积计算，结果可靠吗？答案显然是不可靠的，因为图像是包含多种特征的，用同一个卷积核去卷积计算必然会损失大量的关键特征，从而导致计算结果没有意义。为了解决这种问题，可以多引入卷积核，例如可以引入100个卷积核，用这100个卷积核去识别图像中的100个特征，这样可以极大地提高图像识别的精度，而参与计算的参数个数也仅有1万个，如图7.28所示。

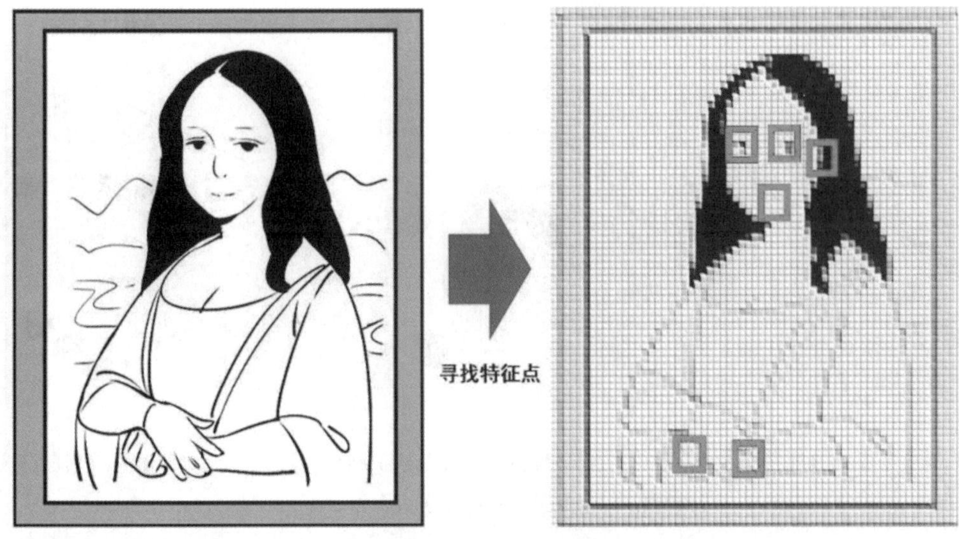

图7.28 增加卷积核

全连接是对每个局部信息都进行综合分析，参数量巨大，稀疏连接则是加入了参数共享的概念，可以极大地降低参数量，而卷积连接则是在稀疏连接的基础上考虑了关键信息影响，在控制参数量的同时保留了图像本来的特点。稀疏连接与卷积连接区别如图7.29所示。

从全连接到稀疏连接再到卷积连接，模型的演化过程如图7.30所示。

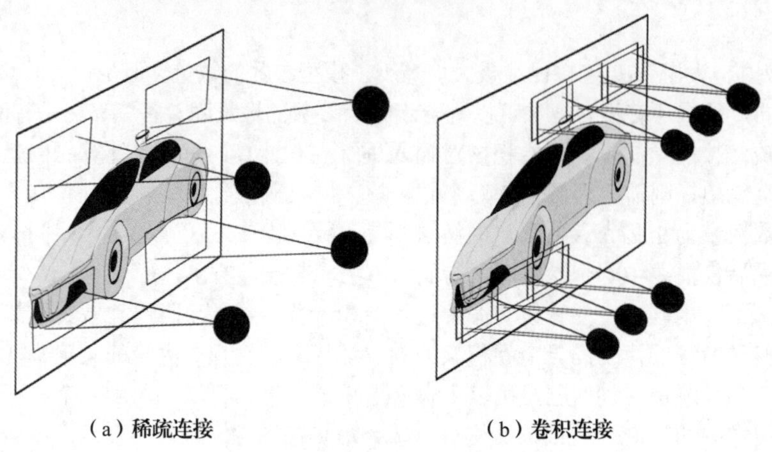

稀疏连接与卷积连接在某些策略上是相似的，但是卷积连接
可以用更少的参数获取更重要的特征信息
（a）稀疏连接
（b）卷积连接

图 7.29　不同连接模式差异巨大

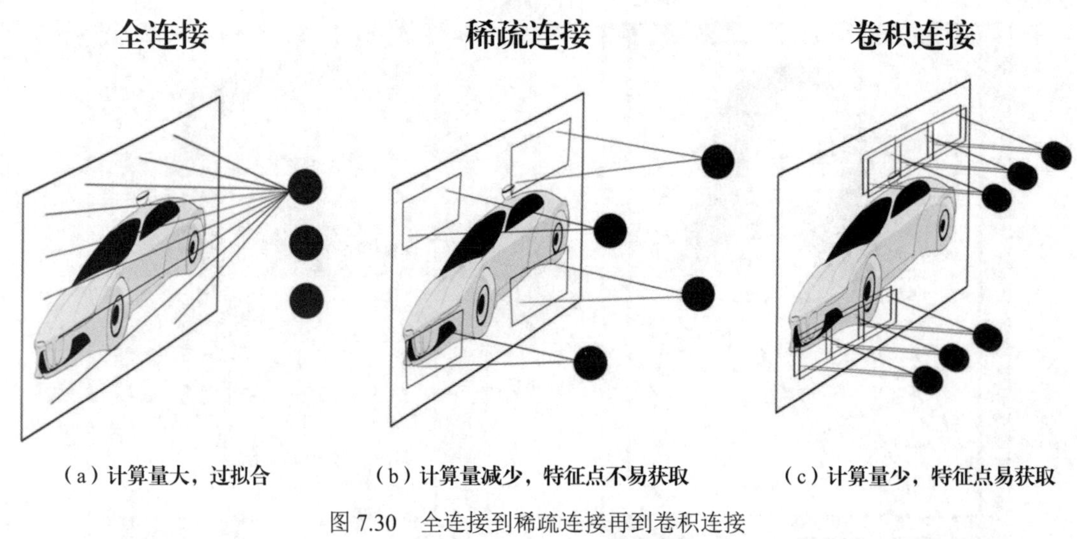

图 7.30　全连接到稀疏连接再到卷积连接

7.2.5　平移等变理论

平移不变性是一个很有用的性质，尤其是当关心某个特征是否出现而不关心它出现的具体位置时。上面提到的参数共享概念是卷积神经网络具备平移不变性的一个重要基础，参数共享的特征是即使图像进行了微小的平移，仍然可以产生相同的特征。例如，对 MNIST 数据集进行分类时，里面的元素进行任意方向的平移，最终都可以得到正确的分类。但是并不是所有的情况都适合进行上述操作，如图 7.31 所示。

有句俗话叫“驴头不对马嘴”，把这句话用于上面的场景，可以发现，目标的特征改变后，对目标的属性也是有影响的，这一点就违背了平移不变性理论，如图 7.32 所示。

图 7.31　一头驴和一匹马

图 7.32　违背了平移不变性理论

7.2.6　卷积层搭建实战

TensorFlow 作为一款深度学习框架，拥有丰富的数据库，其中关于卷积计算的计算模型如下。

```
# conv2d (input, filter, strides, padding, use_cudnn_on_gpu, data_format, name)
```

上述函数模型对应的参数分别包括输入、卷积核、步长、填充、GPU 配置和数据格式。通常神经网络的第一步就是对输入进行卷积计算，假设现在有一个 4×4 的矩阵，I 作为输入，定义一个卷积核 K，大小为 2×2，如图 7.33 所示。

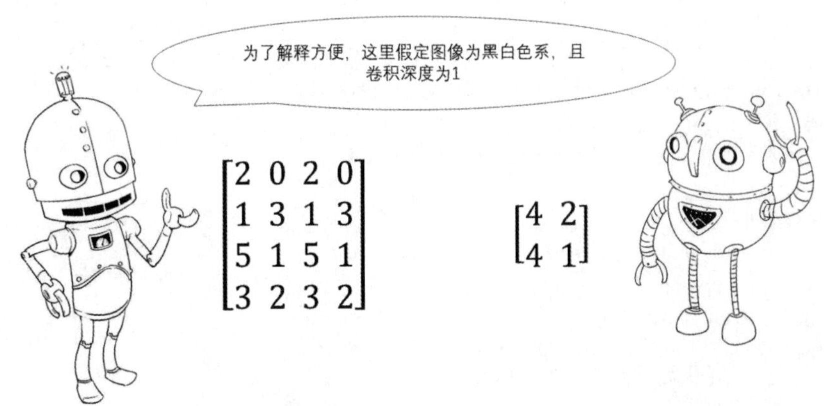

图 7.33　卷积核使用案例

下面以一个卷积层的前向传播为例，对图 7.33 的卷积核使用案例进行代码展示。

```
# 第一步，建立运行环境，导入 TensorFlow 和 numpy 数据库模块
import TensorFlow as tf
import numpy as np

# 第二步，处理输入数据
input = np.array ([[2], [0], [2], [0], [1], [3], [1], [3], [5], [1], [5], [1],
[3], [2], [3], [2]], dtype = "float 32"). reshape (1, 4, 4, 1))

# 利用 numpy 工具将输入数据命名为 input，大小为 4×4，设置数据类型为 float 32，最后通
# 过 reshape 函数将输入数据调整为(1,4,4,1)的格式。此格式代表该输入数据是一个 4 维数据
# 其中第 1 个维度代表的是图片的序列，第 2 个和第 3 个维度代表的是图片的大小，也就是宽
# 度和高度。在本例中，图片大小为 4×4，第 4 个维度代表图片的深度，其中彩色图片是 RGB
# 彩色模式，深度为 3，黑白图片则是深度为 1 的单通道模式

# 第三步，创建相关参数
# 创建权重
filter_weight = tf.get_variable ("weights", [2, 2, 1, 1],
    initializer = tf.constant_initializer ([[4, 2], [4, 1]]))

# 利用 get_variable ()函数建立卷积核的权重变量，这里的权重变量同样是一个 4 维矩阵
# 其中前面 2 个维度代表了卷积核的尺寸，第 3 个维度表示当前层的深度，最后一个维度则
# 是卷积核的深度
# 创建偏置变量，这里仍然利用偏置函数 get_variable()创建偏置项
biases = tf.get_variable("biase", [1], initialier = tf.constant_initializer
(1))
x = tf.placeholder ("float32", [1, none, none, 1])

# 此处的[1]表示偏置项的深度为 1，与卷积的深度一致
# x 是输入项，其中的 none 属于占位符，大小由前一步的输入决定

# 第四步，创建卷积函数
conv = tf.nn.conv2d (x, filter_weight, strides = [1, 1, 1, 1], padding = "SAME")

# 其中 strides = [1, 1, 1, 1]表示该卷积核每次沿长度和宽度方向移动的距离都是 1
# padding = "SAME"表示对输入模型边界进行相同的参数填充，默认为 0
add_bias = tf.nn.bias_add(conv, biases)
# 此处代码表示每个矩阵中的值都要添加一个相同的偏置项

# 初始化参数并计算
init_op = tf.global_variables_initializer ()
with tf.session () as sess:
    init_op.run ()
    input_conv = sess.run(add_bias, feed_dict = {x:input})
# 通过 feed_dict 函数对占位符进行实际赋值

# 第五步，输出结果
```

```
print("result: \n", input_conv)
# 此处输出的结果是数组的形式
```

输出结果如下。

```
result:
[[[2]
  [3]
  [4]
  [3]]
  [[2]
  [3]
  [3]
  [3]]
  [[2]
  [2]
  [2]
  [2]]
  [[2]
  [2]
  [2]
  [2]]]]
```

下面列出 TensorFlow 自带的其他卷积运算函数，方便大家后期使用。

```
# conv1d (value, filters, stride, padding, use_cudnn_on_gpu, data_format, name)
# conv2d_backprop_filter ( input, filter_sizes, out_backprop, strides, padding,
use_cudnn_on_gpu, data_format, name)
# conv2d_backprop_input (input_sizes, filter, out_backprop, strides, padding,
use_cudnn_on_gpu, data_format, name)
# con2d_transpose (value, filter, strides, use_cudnn_on_gpu, data_format, name)
# conv3d ( input, filter, strides, padding, name)
# conv3d_backprop_filter (input, filter, out_backprop, strides, padding, name)
# conv3d_backprop_filter_v2 (input, filter_sizes, out_backprop, strides,
padding, name)
# conv3d_backprop_input (input, filter, out_backprop, strides, padding, name)
# conv3d_backprop_input_v2 (input_sizes, filter, out_backprop, strides,
padding, name)
# conv3d_transpose (value, filter, output_shape, strides, padding, name)
```

7.3 池　　化

在 7.1.2 小节中讲解过池化可以减少参数量，池化的方法有最大值池化、平均值池化以及求和池化等，那么池化除了可以减少参数量，还能带来哪些好处呢？本节总结了以下三点。

（1）增大感受野，如图 7.34 所示。

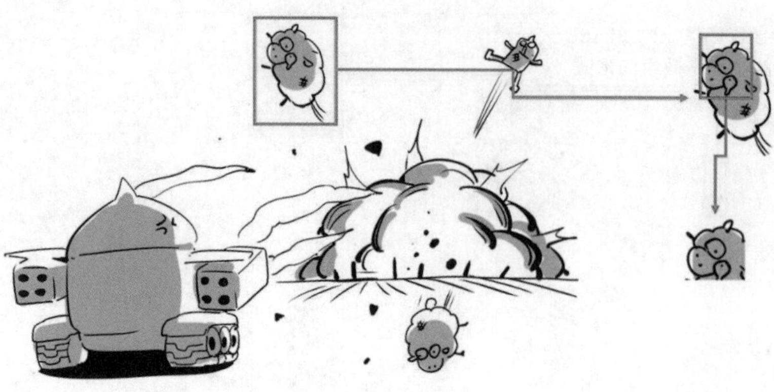

图 7.34　增大感受野

（2）平移不变性，如图 7.35 所示。

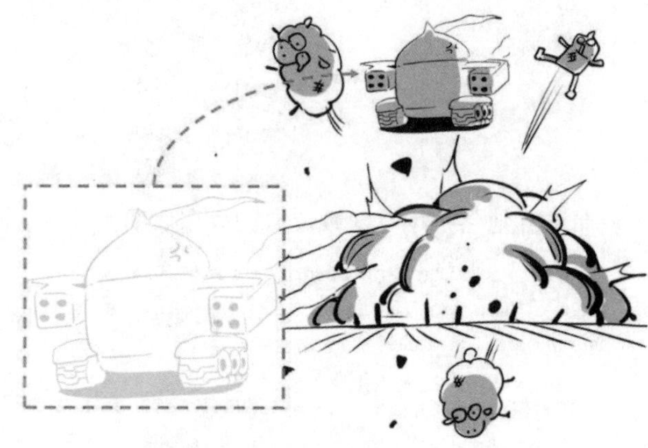

图 7.35　平移不变性

（3）提高优化效率，池化的效果类似于 Dropout，极大地减少了参数的数量，如图 7.36 所示。

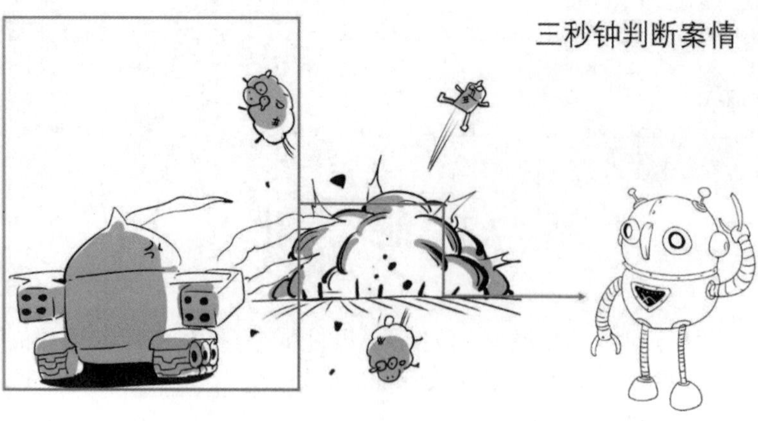

图 7.36　提高优化效率

7.3.1 常用的池化函数

同卷积层计算一样，TensorFlow 也提供了封装好的池化函数，函数代码如下。

```
pool(input,window_shape,pooling_type,padding,dilation_rate,strides,name,data_format)
avg_pool(value,ksize,strides,padding,data_format,name)
max_pool(value,ksize,strides,padding,data_format,name)
# ksize 参数提供了过滤器的尺寸，strides 参数提供了步长信息
# padding 提供是否使用全 0 填充
```

7.3.2 池化层搭建实战

池化层在模型计算中的具体应用代码如下。

```
import TensorFlow as tf
import numpy as np

input = np.array([[[-2],[2],[0],[3]],
             [[1],[2],[-1],[2]],
             [[0],[-1],[1],[0]]],dtype="float32").reshape(1,3,4,1)

filter_weight = tf.get_variable("weights",[2,2,1,1],initializer=
        tf.constant_initializer([[2,0],[-1,1]]))
biase = tf.get_variable('biases',[1],initializer= tf.constant_initializer(1>
x = tf.placeholder('float32',[1,None,None,1])

conv = tf.nn.conv2d(x,filter_weight,strides=[1,1,1,1],padding="SAME")

add_bias = tf.nn.bias_add(conv,biase)
# 上面是前面已经建立好的模型，下面开始引入池化模型代码
pool = tf.nn.max_pool (add_bias, ksize = [1, 2, 2, 1], strides = [1, 2, 2, 1],
padding = "SAME")
With tf.Session () as sess:
    Tf.global_variables_initializer () . run ()
    Input_conv = sess. run (add_bias, feed_dict = {x: input})
    Input_pool = sess. Run (pool, feed_dict = {x: input})
    Print ("result: \n",  input_pool)
```

输出结果如下。

```
result:
[[[[4]
[5]]
[[6]
[4]]]]
```

7.4 卷积神经网络实战 MNIST 手写体数字识别

本节将利用卷积神经网络对经典案例 MNIST 手写体数字进行图像识别的训练，图 7.37 所示是该手写体的示例图样。

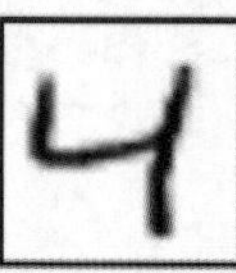

图 7.37　手写体的示例图样

第 6 章介绍了通过全连接神经网络建立图像识别模型和识别手写体数字的案例，这里利用卷积神经网络做同样的事情，并且比较两者之间的差异。

卷积神经网络模型需要的权重和偏置项数目的数量远大于 Softmax 模型，同时为了避免权重出现 0 梯度，应该加入适量噪声，防止权重出现对称情况。这里使用的是 ReLU 神经元，因此比较好的做法是用一个较小的正数来初始化偏置项，以避免出现神经元节点输出恒为 0 的问题。

1. 导入数据

（1）导入相关模块及下载数据集的代码如下。

```
import warnings
warnings.filterwarnings('ignore')          # 忽略运行过程中出现的警告提示
# 导入相关模块
import TensorFlow as tf
from TensorFlow.examples.tutorials.mnist import input_data

# 下载数据集
mnist = input_data.read_data_sets("MNIST_data/", one_hot=True)
print(tf.__version__)
```

输出如下。

```
Extracting MNIST_data/train-images-idx3-ubyte.gz
Extracting MNIST_data/train-labels-idx1-ubyte.gz
Extracting MNIST_data/t10k-images-idx3-ubyte.gz
Extracting MNIST_data/t10k-labels-idx1-ubyte.gz
1.14.0
```

（2）检查数据集的代码如下。

```
# 检查数据集
print(mnist.train.images.shape, mnist.train.labels.shape)          # 打印训练数据集
print("--------------------------------------------------------------------------
------------------")
print(mnist.test.images.shape, mnist.test.labels.shape)          # 打印测试数据集
```

```
print("-----------------------------------------------------------------
-----------------")
print(mnist.validation.images.shape, mnist.validation.labels.shape) # 打印验证数据集
```

输出如下。

```
(55000, 784) (55000, 10)
-----------------------------------------------------------------
(10000, 784) (10000, 10)
-----------------------------------------------------------------
(5000, 784) (5000, 10)
```

权重部分的代码如下。

```
# 初始化权重
# 重新构建一个卷积神经网络，预测同样的数据集并进行比较
# 定义权重和偏置项
def weight_variable(shape):
    initial = tf.truncated_normal(shape, stddev = 0.1)
    return tf.Variable(initial)
def bias_variable(shape):
    initial = tf.constant(0.1, shape = shape)
return tf.Variable(initial)
```

2. 定义卷积层及池化层

本例中，设定卷积步长为1，边距填充为0，池化层采用最大池化，尺寸为2×2，具体代码如下。

```
# 卷积和池化处理
def conv2d(x, W):              #定义卷积层
    return tf.nn.conv2d(x, W, strides = [1, 1, 1, 1], padding = 'SAME')
# 步长设为 1，边距填充设为 0

def max_pool_2×2(x):
    return tf.nn.max_pool(x, ksize = [1, 2, 2, 1], strides = [1, 2, 2, 1],
padding = 'SAME')
```

3. 添加层

定义完毕卷积层及池化层之后，接下来就要将卷积层和池化层逐层添加进模型中，具体代码如下。

```
# 第一层卷积
# 第一层的结构包括一个卷积层和一个最大池化层。
W_conv1 = weight_variable([5, 5, 1, 32])
# 前两个维度代表 patch 大小，1 代表通道数目，32 是输出的通道数目
b_conv1 = bias_variable([32])                    # 对应上面每一个输出的通道
x_image = tf.reshape(x, [-1,28,28,1])
# x 的维度应该和 W 对应，其中第 2、3 维对应图片的宽和高，最后的元素表示颜色通道数
h_conv1 = tf.nn.relu(conv2d(x_image, W_conv1) + b_conv1)
h_pool1 = max_pool_2x2(h_conv1)#添加池化层
```

```
# 第二层卷积层
W_conv2 = weight_variable([5, 5, 32, 64])
b_conv2 = bias_variable([64])
h_conv2 = tf.nn.relu(conv2d(h_pool1, W_conv2) + b_conv2)
h_pool2 = max_pool_2x2(h_conv2)

# 密集连接层
W_fc1 = weight_variable([7 * 7 * 64, 1024])
# 图片尺寸由 28 减少到了 7，原因是经历了两次 2×2 的最大池化
b_fc1 = bias_variable([1024])
h_pool2_flat = tf.reshape(h_pool2, [-1, 7*7*64])
h_fc1 = tf.nn.relu(tf.matmul(h_pool2_flat, W_fc1) + b_fc1)

# 这一层的目的是防止模型过拟合，过拟合的模型会影响泛化能力
keep_prob = tf.placeholder("float")
h_fc1_drop = tf.nn.dropout(h_fc1, keep_prob)

# 输出层
# 卷积神经网络的最后输出层依然采取全连接的形式
W_fc2 = weight_variable([1024, 10])
b_fc2 = bias_variable([10])
y_conv=tf.nn.softmax(tf.matmul(h_fc1_drop, W_fc2) + b_fc2)
```

4. 模型评估

由于模型较之前复杂，数据量较大，因此采取了 ADAM 优化器进行梯度下降。具体代码如下。

```
# 训练和评估模型
sess = tf.InteractiveSession()                    # 这个一定要添加，否则无法计算
cross_entropy = -tf.reduce_sum(y_*tf.log(y_conv))
train_step = tf.train.AdamOptimizer(1e-4).minimize(cross_entropy)
correct_prediction = tf.equal(tf.argmax(y_conv,1), tf.argmax(y_,1))
accuracy = tf.reduce_mean(tf.cast(correct_prediction, "float"))
sess.run(tf.initialize_all_variables())
for i in range(20000):
  batch = mnist.train.next_batch(50)
    if i%100 == 0:
     train_accuracy = accuracy.eval(feed_dict={
     x:batch[0], y_: batch[1], keep_prob: 1.0})
     print('step %d, training accuracy %g'%(i, train_accuracy))
    train_step.run(feed_dict={x: batch[0], y_: batch[1], keep_prob: 0.5})
print("test accuracy %g"%accuracy.eval(feed_dict={
x: mnist.test.images, y_: mnist.test.labels, keep_prob: 1.0}))
```

输出结果如下。

```
step 0, training accuracy 0.1
step 100, training accuracy 0.76
```

```
step 200, training accuracy 0.92
step 300, training accuracy 0.92
step 400, training accuracy 0.9
......
step 19400, training accuracy 1
step 19500, training accuracy 1
step 19600, training accuracy 1
step 19700, training accuracy 1
step 19800, training accuracy 1
step 19900, training accuracy 1

test accuracy 0.9916
```

从最终的测试结果得出，使用了卷积神经网络的模型在手写体图像识别问题上的识别率可以提高到 99.2%。

7.5 会思考的机器

图灵（图 7.38）被誉为“计算机之父”和“人工智能之父”，“图灵测试”是第一个系统描述如何判断计算机有智慧的测试系统。

1939 年，在第二次世界大战期间，图灵应召进入英国通信部破译德军的超级密码机——恩尼格码。破译过程中图灵发现，密码有 1.59 万亿种可能，以当时的人工方式进行破译，可以说比中彩票的概率还要低得多，于是图灵制造了一个复杂的机器，它的功能就是进行快速计算来解决复杂的密码破译工作。该计算机被命名为“炸弹”，它每天可以破解 3000 条密码，后人提起此事说道：“这台机器的发明，至少让第二次世界大战提前了两年结束。”

图 7.38　人工智能之父图灵

“二战”结束以后，图灵对机器有了新的认识。1950 年，图灵在他的论文《计算机器与智能》中发出了一句灵魂拷问：“机器，能思考吗？”

如果一台机器能够与人类对话，而不被辨别出身份，那么这台机器就具备智能——这就是著名的“图灵测试”。从此以后，科学家开始不断思考这个问题，随着机器学习和深度学习理论的不断发展，人们越来越接近“人工智能”时代了。

第 8 章

经典卷积神经网络实战系列

本章将通过几个实战案例让读者深入了解卷积神经网络的构建过程，案例涉及人们生活中几个较为典型的事件，包括：

- 利用卷积神经网络进行房价预测。
- 利用 TextCNN 分析电影评价。
- 识别车牌号码。

8.1 LeNet-5 帮你预测房价走势

房价是一个神奇的东西，它完美地打破了地域的界限，几乎人人都比较关注房价。本节将通过 LeNet-5 模型，简要介绍如何对房价进行预测。

8.1.1 影响房价的相关因素

中国人对于资产的认知和投资模式在房子上有着最直接的体现。有的人会选择贷款买房，保守的人则会选择存钱买房。这里不讨论如何买房，但是可以通过近些年来房价的走势，对影响房价的相关因素进行综合分析。

房价是一个综合因素的体现，买某个城市的房产相当于在这个城市生活，同样地，买某个地区的房产，也是在这个地区生活。那么，有哪些因素会影响到房价呢？这里虚拟一个国内的城市为例进行说明。会影响房价的因素可以归纳如下。

（1）CRIM：城市人均犯罪率。

（2）ZN：住宅用地所占比例。

（3）INDUS：城镇中非商业用地所占比例。

（4）CHAS：查尔斯河虚拟变量。

（5）NOX：环保指数。

（6）RM：每栋住宅的房间数。

（7）AGE：1940 年以前建成的自住性建筑的比例。

（8）DIS：距离 5 个就业中心的加权距离。

（9）RAD：距离高速公路的便利指数。

（10）TAX：每 1 万元人民币的不动产税率。

（11）PTRATIO：城镇中的教师学生比例。

（12）L：城镇中的失业人口比例。

（13）LSTAT：地区中有多少房东属于低收入人群。

通过这 13 个因素来预测房价（自住房屋房价中位数）。

有了上述参数后，就要对这些参数进行分析。首先要建立一个数学模型，模型的输入数据就是这些参数，输出数据则是待求结果。根据预测输出的数据类型是连续的实数值，还是离散的标签，即区分回归任务和分类任务。因为房价是一个连续值，所以房价预测显然是一个回归任务。

弄清楚这些之后，就要开始采集原始数据了。这里的原始数据就是指带有上述相关参数的数据以及对应的房价标签，这些也是建立数学模型的基础。通过让计算机不断地匹配原始数据与相应标签，得到一组合适的数学模型，再利用学习好的数学模型，根据新的数据预测接下来的房价走势。

8.1.2 录入数据

数据的录入方法有很多，总结之后可分为以下 4 种。

（1）预加载数据：此方式适用于数据量较小的情况，直接在程序中定义常量或变量保持数据。

（2）数据供给 feeding：通过给 run()函数输入 feed_dict 参数的方式将数据传输到占位符 placeholder 中，再启动运算。

（3）从文件中读取数据：读取数据代表着 TensorFlow 图的开始，让一个输入路线从文件读取开始。常用的读取格式有 TFRecord 和 CSV 两种，本章采用 CSV 文件。

（4）从网上直接下载数据，本章涉及的数据可直接从网上下载得到。

8.1.3 房价回归模型

前面提到过，房价和影响因素之间是一个回归任务关系，用数学表达式可以表示为

$$y=\sum_{i=1}^{n}x_i w_i+b$$

其中，x_i 代表第 i 个影响参数，w_i 代表该参数的权重（该参数对整体模型影响的大小），b 代表偏置量。通过反复学习数据确定 w_i 和 b，最终得到房价的预测模型。

优化模型的损失函数有很多，这里采用均方差作为损失函数

$$\mathrm{MSE}=\frac{1}{n}\sum_{i=1}^{n}(Y_{\underset{-}{i}}-Y_i)^2$$

其中，$Y_{\underset{-}{i}}$ 是预测结果，Y_i 是标签值。

8.1.4 模型设计思路

房价分析过程遵循一般神经网络的思路，包括数据处理、模型搭建、模型训练和结果分析四个部分，分析流程如图 8.1 所示。

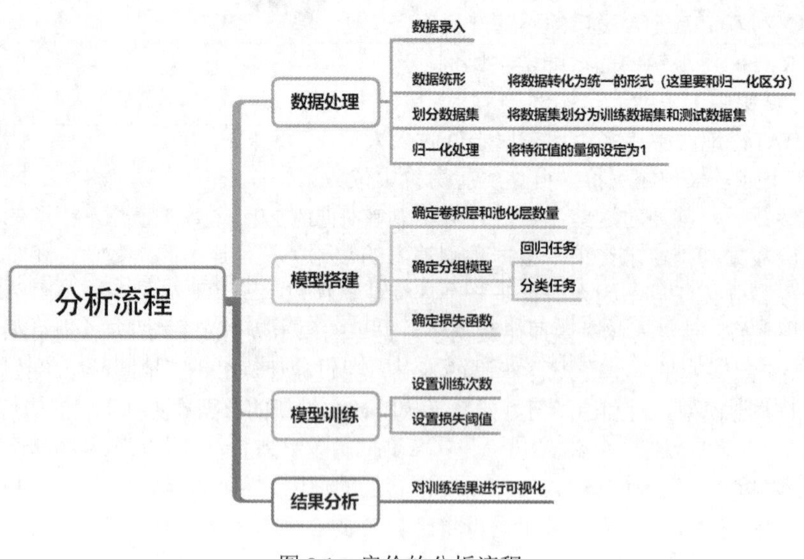

图 8.1　房价的分析流程

8.1.5 数据导入

模型的设计思路总体原则同第 6 章介绍的全连接神经网络一样，首先就是数据的处理问题。本案例中涉及数据的导入，代码如下。

```
import warnings
warnings.filterwarnings('ignore')              # 忽略运行过程中的警告命令

# 加载数据库
import TensorFlow as tf
from TensorFlow import keras
import numpy as np
print(tf.__version__)
# 下载房价信息
boston_housing = keras.datasets.boston_housing
(train_data, train_labels, test_data, test_labels) = boston_housing.load_data()
# ××市房价数据下载，包含了训练数据、训练标签、测试数据、测试标签
```

下载过程如下。

```
Downloading data from
  https://storage.googleapis.com/TensorFlow/tf-keras-datasets/boston_housing.npz
57344/57026 [==============================] - 0s 0us/step
```

此时，训练所需数据全部下载完毕。接下来，检查下载的数据，代码如下。

```
print("Training set: {}".format(train_data.shape))
print("Testing set:  {}".format(test_data.shape))
```

输出结果如下。

```
Training set: (404, 13)
Testing set:  (102, 13)
```

数据总共包含 506 个样本，其中训练样本为 404 个，测试样本为 102 个。这些样本包含 13 个特征属性，通过以下代码显示数据集的属性标签。

```
# 读入训练数据
datafile = './work/housing.data'
data = np.fromfile(datafile, sep=' ')
# 读入之后的数据被转化成 1 维数组，将数据转化为 2 维矩阵或数组
# 这里对原始数据做重塑，变成 N × 14 的形式（13 个数据集属性，1 个标签属性，共 14 个属性）
feature_names = [ 'CRIM', 'ZN', 'INDUS', 'CHAS', 'NOX', 'RM', 'AGE','DIS',
                 'RAD', 'TAX', 'PTRATIO', 'B', 'LSTAT', 'MEDV' ]
feature_num = len(feature_names)
data = data.reshape([data.shape[0] // feature_num, feature_num])
```

8.1.6 数据标准化处理

很多时候，在处理数据时会遇到一个常见的问题：数据的格式不统一。例如字符的长度等，这

样的结果是不利于网络正常计算的，因此这里需要对数据做归一化处理，代码如下。

```
print(train_labels[0:10])
```

显示前十个数据内容，具体如下。

```
[32.  27.5  32.  23.1  50.  20.6  22.6  36.2  21.8  19.5]
```

打开数据集可以发现，房屋的特征参数在数值上差距巨大，且单位标准不一，这会影响模型的计算结果，因此在建立模型之前需要将量纲统一为 1，即数据归一化处理，代码如下。

```
mean = train_data.mean(axis=0)
std = train_data.std(axis=0)
train_data = (train_data - mean) / std
test_data = (test_data - mean) / std

print(train_data[0])
```

关于数据归一化的说明：神经网络的学习过程本质上就是做数据重分布，但是由于神经网络的输入数据种类繁多，单位各种各样，如 m、kg、s 等，如果不做统一处理，计算过程将难以收敛。

有些模型在各个维度进行不均匀伸缩后，最优解与原来不等价，如支持向量机。对于这样的模型，除非本来各维数据的分布范围就比较接近，否则必须进行标准化，以免模型参数被分布范围较大或较小的数据影响。有些模型在各个维度进行不均匀伸缩后，最优解与原来等价，如 logistic regression。对于这样的模型，是否标准化理论上不会改变最优解。但是，由于实际求解中往往使用迭代算法，如果目标函数的形状太“扁”，迭代算法可能收敛得很慢，甚至不收敛。所以对于具有伸缩不变性的模型，最好也进行数据标准化。

对数据进行归一化可以提升模型的收敛速度和精度。

数据归一化的流程如图 8.2 所示。

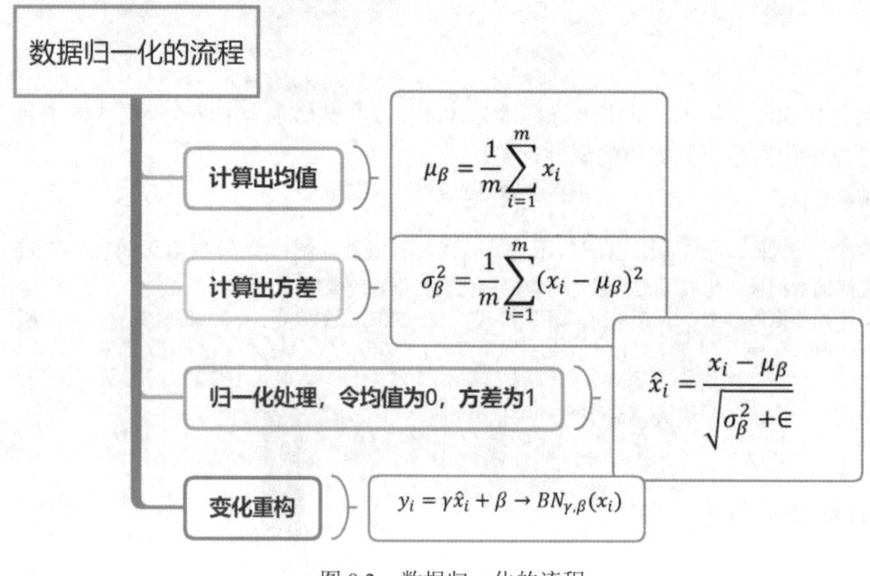

图 8.2　数据归一化的流程

8.1.7 搭建房价走势模型

本例以全连接层为例进行模型的搭建，并利用 ReLU 激活函数进行模型的优化，代码如下。

```
def build_model():
# 建立模型，给模型添加层，本例全部采用全连接层，并结合 ReLU 激活函数
  model = keras.Sequential([
    keras.layers.Dense(64, activation=tf.nn.relu,
                       input_shape=(train_data.shape[1],)),
    keras.layers.Dense(64, activation=tf.nn.relu),
    keras.layers.Dense(1)
  ])

  optimizer = tf.train.RMSPropOptimizer(0.001)    # 采用 RMSProp 算法，学习率为 0.001

# 采用均方误差作为损失函数
  model.compile(loss='mse',
              optimizer=optimizer,
              metrics=['mae'])
  return model

model = build_model()
model.summary()                                    # 输出网络结构
```

输出结果如下。

```
_________________________________________________________________
Layer (type)                 Output Shape              Param #
=================================================================
dense (Dense)                (None, 64)                896
_________________________________________________________________
dense_1 (Dense)              (None, 64)                4160
_________________________________________________________________
dense_2 (Dense)              (None, 1)                 65
=================================================================
Total params: 5,121
Trainable params: 5,121
Non-trainable params: 0
_________________________________________________________________
```

关于均方误差损失函数的说明如下。

1. 方差

在概率论与统计中，方差是衡量随机变量或一组数据离散程度的量。概率论中方差用来度量随机变量和其数学期望（即均值）之间的偏离程度。统计中的方差（样本方差）是各个样本数据和平均数之差的平方和的平均数。在许多实际问题中，研究方差（偏离程度）有着重要意义。

对于一组随机变量或统计数据，其期望值（平均数）用 $E(X)$ 表示，即随机变量或统计数据的均值，然后对各个数据与均值的差求平方和，公式见式（8.1）。

$$\sum[X-E(X)]^2 \tag{8.1}$$

然后对式（8.1）再求期望，就得到了方差的计算公式，见式（8.2）。

$$D(x)=E\left\{\sum[X-E(X)]^2\right\} \tag{8.2}$$

式（8.2）描述了随机变量与均值的偏离程度。

2. 标准差

标准差就是方差的平方根，对式（8.2）开平方就得到标准差，公式为

$$\sigma=\sqrt{D(x)}$$

3. 均方差与均方误差

首先说明，均方差就是标准差，但是和均方误差不同。均方误差的英文是 mean squared error，简写为 MSE。均方误差是各数据偏离真实值差值的平方和的平均数，即误差平方和的平均数。关于均方误差的解释有些拗口，这里举个例子说明。

老王买了一套房子，开发商告诉他这套房子的套内面积是 100m^2，老王不信，拿着自己的卷尺一个屋子一个屋子测量，一共测量了 5 次，得到的面积分别是 99m^2、98m^2、101m^2、101m^2、102m^2。假如开发商给的数据是真实数据，那么老王测量 5 次的均方误差为

$$\text{MSE}=\frac{1}{5}[(99-100)^2+(98-100)^2+2\times(101-100)^2+(102-100)^2]$$

均方误差是各数据偏离真实值的平方和的平均数。

8.1.8 训练模型

把模型训练次数设定为 500 次，每完成一次训练，就打印一个“.”作为标记，训练过程如下。

```
# 每次完成训练都打印一个“.”
class PrintDot(keras.callbacks.Callback):
  def on_epoch_end(self,epoch,logs):
    if epoch % 100 == 0: print('')
    print('.', end='')

EPOCHS = 500

# 存储训练统计信息
history = model.fit(train_data, train_labels, epochs=EPOCHS,
                    validation_split=0.2, verbose=0,
                    callbacks=[PrintDot()])
```

训练过程的数据都保存在了 history 里面，现在通过 matplotlib 将图像表示出来（图 8.3），比较一下训练结果和测试结果的不同，绘图代码如下。

```
import matplotlib.pyplot as plt

def plot_history(history):
```

```
    plt.figure()
    plt.xlabel('Epoch')
    plt.ylabel('Mean Abs Error [1000$]')
    plt.plot(history.epoch, np.array(history.history['mean_absolute_error']),
            label='Train Loss')
    plt.plot(history.epoch, np.array(history.history['val_mean_absolute_error']),
            label = 'Val loss')
    plt.legend()
    plt.ylim([0,5])

plot_history(history)
```

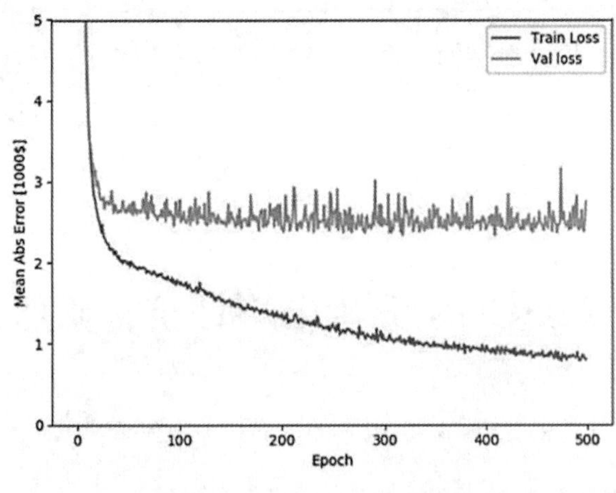

图 8.3　history 中数据的图像

输出代码如下。

```
[loss, mae] = model.evaluate(test_data, test_labels, verbose=0)

print("Testing set Mean Abs Error: ${:7.2f}".format(mae * 1000))
```

输出结果如下。

```
Testing set Mean Abs Error: $2679.54
# 误差为 2600 附近，相较于房价而言，这个误差是偏大的
```

8.1.9　预测房价

经过前面的模型搭建和训练之后，得到了一个较为合适的房价预测模型。接下来将对已有数据进行房价预测，代码如下。

```
test_predictions = model.predict(test_data).flatten()

print(test_predictions)
```

输出结果如下。

```
[ 7.832362  18.450851  22.45164   34.88103   27.348196  22.26736
 26.963049  21.669811  19.895964  22.601202  19.965273  17.110151
 16.567072  44.0524    21.04799   21.103464  26.45786   18.709482
 20.825438  27.020702  11.160862  13.017411  22.807884  16.611425
 21.076998  26.213572  32.766167  32.652153  11.298579  20.164223
 19.82201   14.905633  34.83156   24.764723  19.957857   8.5664625
 16.906912  17.79298   18.071428  26.850712  32.625023  29.406805
 14.310859  44.013615  31.179125  28.41265   28.72704   19.22457
 23.301258  23.555346  37.15091   19.271719  10.640091  14.898285
 36.21053   29.63736   12.255004  50.43345   37.141464  26.562092
 25.075682  15.84047   15.081948  20.062723  25.168509  21.119642
 14.220254  22.637339  12.629622   7.517413  25.981508  30.909727
 26.12176   12.866787  25.869745  18.303373  19.470121  24.58047
 36.444992  10.777396  22.28932   37.976543  16.47492   14.191712
 18.707952  19.026419  21.038057  20.713434  21.794077  32.14987
 22.412184  20.55821   27.877415  44.4067    38.00193   21.748753
 35.57821   45.50506   26.612532  48.747063  34.60436   20.451048 ]
```

想要获得较好的预测数据，需要更大的数据集进行训练。

8.2 利用 TextCNN 分析电影评价，筛选优质电影

老王买了一张电影票打算去看电影，但电影的内容让他很生气。

8.2.1 认识影评数据集

为了杜绝这种乌龙事件的再度发生，老王决定通过大数据分析的手段对上映的电影进行一个预筛选，精准挑选出优质电影。

通常而言，总会有一些人可以提前了解到电影的剧情，然后很热情地写下观影报告，观影报告就是所谓的影评。如果能将每个人的评价划分为电影值得看和电影不值得看，那么无疑对观众是否观影可以提供很好的参考，尽管一千个人会看到一千个“哈姆雷特”，但是当数据量足够大时，基本上就可以代表一大部分人的真实观影体验。

当电影评价被归纳为“消极”和“积极”两种分类时，问题就转变为二分类问题，这是一个非常重要且基础的机器学习问题。这种问题的处理过程如图 8.4 所示。

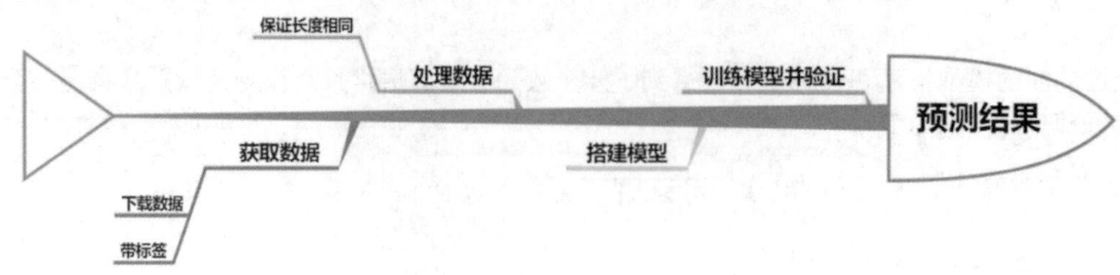

图 8.4　二分类问题的处理过程

8.2.2 了解 TextCNN 模型

利用卷积神经网络对电影评价文本进行分类，其本质就是利用多个不同尺寸的卷积核提取影评中关键信息的过程，并将这些关键信息进行归纳总结，寻找其中的相关性，最终将影评按目标进行分类，基本架构如图 8.5 所示。

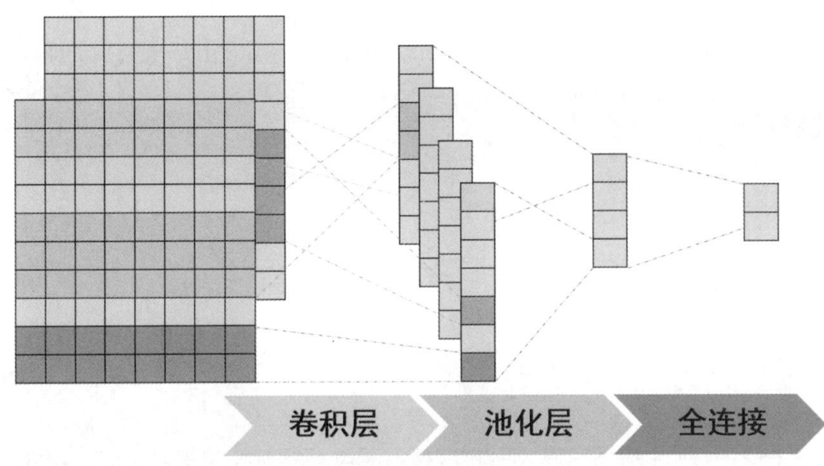

图 8.5 TextCNN 模型的基本架构

利用 TextCNN 模型对影评进行分类的详细过程如图 8.6 所示。

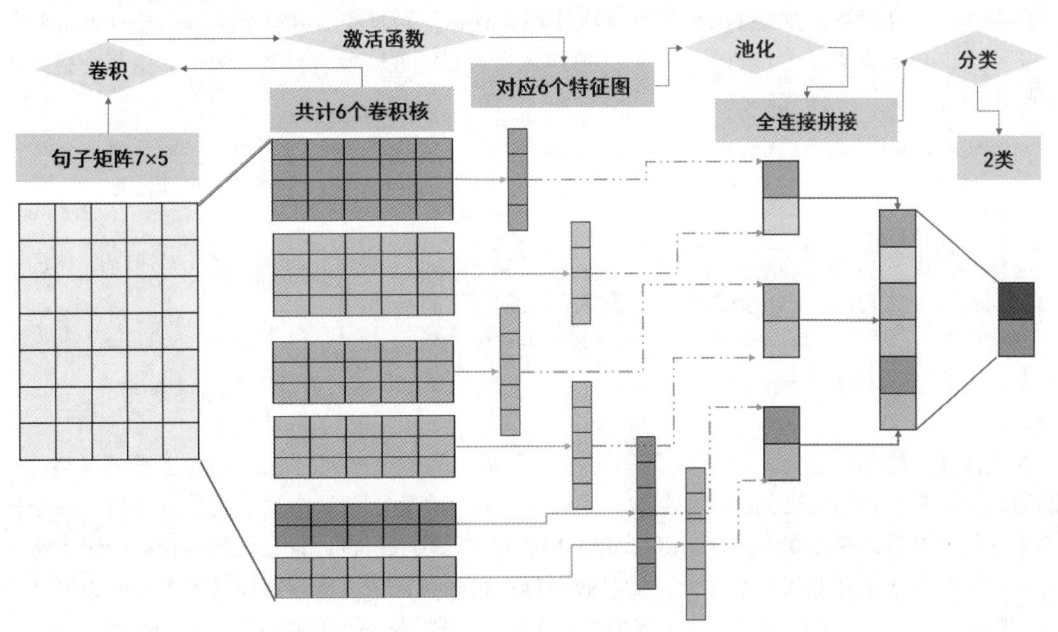

图 8.6 TextCNN 分类原理

TextCNN 分类过程可以分为以下四大步骤。

（1）嵌入：第一层是图 8.6 中最左边的 7×5 的句子矩阵，每行是词向量，维度为 5，这个可以类比为图像中的原始像素点。

（2）卷积：卷积层这里分为三种，分别为 kernel_sizes=(2,3,4) 的一维卷积层，每个 kernel_size 有两个输出 channel。

（3）最大池化：第三层是一个最大池化层，不同长度的句子经过池化层之后都能变成定长的表示形式。

（4）全连接和 Softmax：最后一层为全连接的 Softmax 层，输出每个类别的概率。

8.2.3 获取影评数据

首先还是对环境变量进行配置，代码如下。

```
from __future__ import absolute_import, division, print_function, unicode_literals
# 该行要放在第一行位置
import warnings
# 忽略系统警告提示
warnings.filterwarnings('ignore')
import TensorFlow as tf
from TensorFlow import keras
import numpy as np
print(tf.__version__)
```

以上是对环境的基本配置，其中包括基本变量的引入，该段代码应置于首行，否则会出现报错。配置完基本运行环境后，开始下载数据集，关于电影评论的数据集 IMDB，在 TensorFlow 的打包文件中都包含。该数据集经过预处理，评论（单词序列）已经被转换为整数序列，其中每个整数表示字典中的特定单词。具体代码如下。

```
imdb = keras.datasets.imdb
(train_data, train_labels), (test_data, test_labels) = imdb.load_data(num_words
=10000)
```

上述代码中参数 num_words=10000 表示保留了训练数据中最常出现的 10000 个单词，目的是保证数据规模的可管理性，防止数据量无限变大，低频词汇将被丢弃。

8.2.4 生成文本数据集

在生成文本数据集之前，首先要了解 8.2.3 小节提到的整数序列的含义。8.2.3 小节提到过，下载的数据集都是经过预处理的，也就是说每个样本都是一个表示影评中词汇的整数数组。每个标签都是一个值为 0 或 1 的整数值，其中 0 代表消极评论，1 代表积极评论。这相当于将影评中每个单词对应为一个数字，通过机器学习的方法，找到每个数字在积极评价或消极评价中对应的权重，如图 8.7 所示。影评中每个单词对应一个数字，其中相同的单词对应相同的数字。

电	影	还	不	错	1
1	2	3	4	5	
电	影	很	一	般	0
1	2	7	8	9	
剧	情	很	垃	圾	0
11	12	7	13	14	
反	转	非	常	多	1
15	16	17	18	19	
推	荐	去	看	看	1
20	21	22	23	23	

图 8.7　影评分类示例

以图 8.7 中的前两条评价为例，“电影还不错”对应积极评价，“电影很一般”对应消极评价，则得到公式

$$f_{二分类模型}(w_1 \times 1 + w_2 \times 2 + w_3 \times 3 + w_4 \times 4 + w_5 \times 5) = 1$$

$$f_{二分类模型}(w_1 \times 1 + w_2 \times 2 + w_7 \times 7 + w_8 \times 8 + w_9 \times 9) = 0$$

其中，w_i 表示第 i 个字符在二分类选项中所占的权重，对训练数据集中的所有数据进行训练，得到 w_i 的取值，完成对电影评价模型的基本构建工作。

现在以 IMDB 数据库的第一条评价为例，大家来看这一条影评对应的数组。第一条评论如下。

```
"<START> this film was just brilliant casting location scenery story direction everyone's really suited the part they played and you could just imagine being there robert <UNK> is an amazing actor and now the same being director <UNK> father came from the same scottish island as myself so i loved the fact there was a real connection with this film the witty remarks throughout the film were great it was just brilliant so much that i bought the film as soon as it was released for <UNK> and would recommend it to everyone to watch and the fly fishing was amazing really cried at the end it was so sad and you know what they say if you cry at a film it must have been good and this definitely was also <UNK> to the two little boy's that played the <UNK> of norman and paul they were just brilliant children are often left out of the <UNK> list i think because the stars that play them all grown up are such a big profile for the whole film but these children are amazing and should be praised for what they have done don't you think the whole story was so lovely because it was true and was someone's life after all that was shared with us all"
```

现在把它显示为数组形式，对应的代码如下。

```
print(train_data[0])
```

结果显示如下。

```
[1, 14, 22, 16, 43, 530, 973, 1622, 1385, 65, 458, 4468, 66, 3941, 4, 173, 36, 256,
5, 25, 100, 43, 838, 112, 50, 670, 2, 9, 35, 480, 284, 5, 150, 4, 172, 112, 167, 2,
336, 385, 39, 4, 172, 4536, 1111, 17, 546, 38, 13, 447, 4, 192, 50, 16, 6, 147,
2025, 19, 14, 22, 4, 1920, 4613, 469, 4, 22, 71, 87, 12, 16, 43, 530, 38, 76, 15,
13, 1247, 4, 22, 17, 515, 17, 12, 16, 626, 18, 2, 5, 62, 386, 12, 8, 316, 8, 106,
```

```
5, 4, 2223, 5244, 16, 480, 66, 3785, 33, 4, 130, 12, 16, 38, 619, 5, 25, 124, 51,
36, 135, 48, 25, 1415, 33, 6, 22, 12, 215, 28, 77, 52, 5, 14, 407, 16, 82, 2, 8,
4, 107, 117, 5952, 15, 256, 4, 2, 7, 3766, 5, 723, 36, 71, 43, 530, 476, 26, 400,
317, 46, 7, 4, 2, 1029, 13, 104, 88, 4, 381, 15, 297, 98, 32, 2071, 56, 26, 141,
6, 194, 7486, 18, 4, 226, 22, 21, 134, 476, 26, 480, 5, 144, 30, 5535, 18, 51, 36,
28, 224, 92, 25, 104, 4, 226, 65, 16, 38, 1334, 88, 12, 16, 283, 5, 16, 4472, 113,
103, 32, 15, 16, 5345, 19, 178, 32]
```

这里有一点要注意，转换的数组中每一个数字代表的是影视评价的一个单词，而非一个字母。

前面说过，在进行影评分析时，录入的数据都是预处理过的数据，如果想知道这些信息原来代表的评价的真实意思，该如何操作呢？这里给大家演示一个辅助函数，帮助大家查询一个整数数列到字符串之间通过映射关系所对应的对象信息，具体代码如下。

```
# 一个映射单词到整数索引的词典
word_index = imdb.get_word_index()        # 建立词典索引
# 保留第一个索引
word_index = {k:(v+3) for k,v in word_index.items()}
word_index["<PAD>"] = 0                    # 这里 0 代表<PAD>
word_index["<START>"] = 1                  # 这里 1 代表<START>
word_index["<UNK>"] = 2                    # 这里 2 代表<UNK>
word_index["<UNUSED>"] = 3                 # 这里 3 代表<UNUSED>

reverse_word_index = dict([(value, key) for (key, value) in word_index.items()])
def decode_review(text):
   return ' '.join([reverse_word_index.get(i, '?') for i in text])
```

首先建立一个索引，然后将 key 和 value 依次填入索引内部，标注特殊符号，之后就可以将原评价显示出来。具体代码如下。

```
len(train_data[0]), len(train_data[1])
```

通过上述代码可以显示影评第一行和第二行的相关信息，结果如下（很显然，不同的影评，内容和文字数量很难相同）。

```
(218, 189)
```

这显然是不符合神经网络的输入要求的。因为神经网络的输入必须是张量形式，所以影评需要先转换为张量，然后才可以进行学习，转换的方式有以下两种。

（1）将数组转换为表示单词出现与否的向量（由 0 和 1 组成），类似于 one-hot 编码。例如，序列[3, 5]将转换为一个 10000 维的向量，该向量除了索引为 3 和 5 的位置是 1 以外，其他的位置都为 0。然后，将其作为网络的首层——一个可以处理浮点型向量数据的稠密层。显然，这种方法需要占用大量的内存，需要一个大小为 num_words × num_reviews 的矩阵。

（2）可以通过填充数组的手段来保证输入的数据具有相同的长度，然后创建一个大小为 max_length × num_reviews 的整型张量。可以使用能够处理此形状数据的嵌入层作为网络中的第一层。在本示例中将使用 pad_sequences 函数使长度标准化，代码如下。

```
# 训练数据长度设置为 256
train_data = keras.preprocessing.sequence.pad_sequences(train_data,
```

```
value=word_index["<PAD>"] , padding='post' , maxlen=256)
# 测试数据长度设置为 256
test_data = keras.preprocessing.sequence.pad_sequences(test_data,
value=word_index["<PAD>"] , padding='post' , maxlen=256)
```

经过上面的标准化操作后，再次来查看样本的长度，代码如下。

```
len(train_data[0]), len(train_data[1])
```

输出结果如下。

```
(256, 256)
```

对数据进行填充后，首条评论的张量形式如图 8.8 所示。其中相同的数字代表相同的单词，如 14 代表影评中的 this。

1	14	22	16	43	530	973	1622	1385	65	458	4468	66	3941
4	173	36	256	5	25	100	43	838	112	50	670	2	9
35	480	284	5	150	4	172	112	167	2	336	385	39	4
172	4535	1111	17	546	38	13	447	4	192	50	16	6	147
2025	19	14	22	4	1920	4613	469	4	22	71	87	12	16
43	530	38	76	15	13	1247	4	22	17	515	17	12	16
626	18	2	5	62	386	12	8	316	8	106	5	4	2223
5244	16	480	66	3785	33	4	130	12	16	38	619	5	25
124	51	36	135	48	25	1415	33	6	22	12	215	28	77
52	5	14	407	16	82	2	8	4	107	117	5952	15	256
4	2	7	3766	5	723	36	71	43	530	476	26	400	317
46	7	4	2	1029	13	104	88	4	381	15	297	98	32
2071	56	26	141	6	194	7486	18	4	226	22	21	134	476
4	226	65	16	38	1334	88	12	16	283	5	16	4472	113
103	32	15	16	5345	19	178	32	0	0	0	0	0	0
0	0	0	0	0	0	0	0	0	0	0	0	0	0
0	0	0	0	0	0	0	0	0	0	0	0	0	0
0	0	0	0										

this

图 8.8　每个单词对应一个数字

8.2.5　生成 TextCNN 模型

了解了影评数据的下载及原始数据预处理后，下一步就是对模型进行搭建。神经网络是由隐藏层叠加而成的，在构建神经网络时需要考虑两个基本情况，模型的深度如何？每个层里设置多少隐层单元？以本样本为例，输入的数据包含一个单词索引的数组，要预测的标签为 0 或 1。在本案例中，首先为该问题构建一个模型，这里利用 keras.sequential 进行层的序列化添加，具体代码如下。

```
# 输入形状是用于电影评论的词汇数目（10000 词）
vocab_size = 10000
model = keras.sequential()                          # 搭建层
model.add(keras.layers.Embedding(vocab_size, 16))
```

```
                              # embedding 是一个将单词向量化的函数嵌入（embeddings）
                              # 输出的形状都是(num_examples, embedding_dimension)
model.add(keras.layers.GloabAveragePoolingID())  # 添加全局平均池化层
model.add(keras.layers.Dense(16, activation = 'relu'))
model.add(keras.layers.Dense(1, activation = 'sigmoid'))
model.summary()
   Model: "sequential"
```

输出结果如下。

```
_________________________________________________________________
Layer (type)                 Output Shape              Param #
=================================================================
embedding (Embedding)        (None, None, 16)          160000
_________________________________________________________________
global_average_poolingid (Gl (None, 16)                0
_________________________________________________________________
dense (Dense)                (None, 16)                272
_________________________________________________________________
dense_1 (Dense)              (None, 1)                 17
=================================================================
Total params: 160,289
Trainable params: 160,289
Non-trainable params: 0
```

通过对不同层的组合，实现神经网络的分类功能。

（1）第一层是嵌入层。该层可以看作对输入数据进行一个标准化处理，通过词汇表找到每个词索引的嵌入向量，并对向量进行维度的标准化处理。在本例中，输出维度统一为(batch, sequence, embedding)。其中 embedding 函数的作用就是将单词向量化，其输出的形状都是(num_examples, embedding_dimension)。

（2）第二层是平均池化层。池化层的作用主要是降维，这里通过平均池化操作返回定长的输出向量，这样可以极大简化模型后期的运算规模。从模型的格式可以看出来，该定长的输出向量是由 16 个单元通过全连接方式进行数据传递的。

（3）最后一层与单个输出节点密集连接。使用 Sigmoid 激活函数，该激活函数的特点是可以将输出限定在 0～1，表示概率或置信度。

接下来需要对模型进行编译，定义优化器及损失函数，代码如下。

```
model.compile(optimize = 'adam',
            loss = ' Cross Entropy ',
            metrics = ['accuracy'])
```

8.2.6 模型评估

本书将模型评估分为三个步骤，即验证模型、训练模型、评估模型。

验证模型的代码如下。

```
x_val = train_data[:10000]                # 取训练数据集前 10000 个进行训练和验证
partial_x_train = train_data[10000:]
y_val = train_labels[:10000]              # 同理取前 10000 个标签
partial_y_train = train_labels[10000:]
```

训练模型的代码如下。

```
# 以 512 个样本的 mini-batch 大小迭代 40 个 epoch 来训练模型
# 这是指对 x_train 和 y_train 张量中所有样本的 40 次迭代
# 在训练过程中，监测来自验证集的 10000 个样本上的损失值（loss）和准确率（accuracy）
history = model.fit(partial_x_train,
                    partial_y_train,
                    epochs=40,
                    batch_size=512,
                    validation_data=(x_val, y_val),
                    verbose=1)
```

训练模型的过程如下。

```
Train on 15000 samples, validate on 10000 samples
Epoch 1/40
15000/15000 [==============================] - 1s 88us/sample - loss: 0.6924 -
accuracy: 0.6045 - val_loss: 0.6910 - val_accuracy: 0.6819
Epoch 2/40
15000/15000 [==============================] - 0s 22us/sample - loss: 0.6885 -
accuracy: 0.6392 - val_loss: 0.6856 - val_accuracy: 0.7129
Epoch 3/40
15000/15000 [==============================] - 0s 22us/sample - loss: 0.6798 -
accuracy: 0.7371 - val_loss: 0.6747 - val_accuracy: 0.7141
……
Epoch 38/40
15000/15000 [==============================] - 0s 24us/sample - loss: 0.1036 -
accuracy:  0.9715 - val_loss: 0.3067 - val_accuracy: 0.8807
Epoch 39/40
15000/15000 [==============================] - 0s 24us/sample - loss: 0.0996 -
accuracy: 0.9724 - val_loss: 0.3068 - val_accuracy: 0.8830
Epoch 40/40
15000/15000 [==============================] - 0s 24us/sample - loss: 0.0956 -
accuracy: 0.9749 - val_loss: 0.3109 - val_accuracy: 0.8823
```

模型的性能将返回两个值：损失值（loss）（一个表示误差的数字，值越低越好）与准确率（accuracy）。

评估模型的代码如下。

```
results = model.evaluate(test_data,  test_labels, verbose=2)
print(results)
```

评估结果如下。

```
25000/1 - 2s - loss: 0.3454 - accuracy: 0.8732
[0.32927662477493286, 0.8732]
```

这种十分朴素的方法得到了约 87%的准确率（accuracy）。若采用更好的方法，模型的准确率可以接近 95%。

老王掌握了判断电影优劣的方法后，兴冲冲地再次去看电影，果然很开心。

8.3 YOLO V3 模型图像识别

图像识别是深度学习的热门应用方向之一，其应用场景有很多，本节以目标检测为例，对 YOLO V3 模型进行简单介绍。

图 8.9 是一个典型的利用 YOLO 进行目标检测的案例。计算机视觉是当前人工智能领域主要的研发方向之一。提到计算机视觉，大家都会想到图像分类，典型的有手写体数字分类、服装分类等。实际上，对图像分类进行细分，又会出现目标检测、图像分割、目标定位等任务。其中目标检测服务于无人驾驶场景，在当前无人驾驶技术日趋成熟的情况下，它具有较高的研究价值。目标检测可以看成是图像分类与目标定位的综合学科，其任务是在给定的图片中能够准确识别目标并给出目标的位置，由于图片中目标的数量是不固定的并且要确定目标的精确位置，因此目标检测的分类任务更加复杂。

图 8.9 目标检测应用场景说明

随着计算机硬件的提升和算法的不断优化，目标检测方面的研究取得了突破性进展。当前主流的目标检测算法分为两类。一类是基于候选区域的 R-CNN 系列算法（R-CNN、Fast R-CNN、Faster R-CNN），它们有两个步骤，第一步是使用启发式方法或卷积神经网络生成候选区域，第二步是在此基础上进行分类或回归。另一类就是本节要重点介绍的 YOLO 算法，相对于 R-CNN 算法需要两步，YOLO 算法只需要一步，其仅需要一个卷积神经网络就可以直接预测不同目标的类别与位置。很显然它的计算速度要更快，但代价是计算的精度比第一类算法低。YOLO 算法的全称是 You Only Look Once: Unified, Real-Time Object Detection，其解释如下。

（1）You Only Look Once：仅需一次卷积神经网络计算。

（2）Unified：统一框架，端到端预测。

（3）Real-Time：实时计算，速度快。

该算法的名字完美诠释了其优点。图 8.10 所示是不同目标检测算法的发展状况。

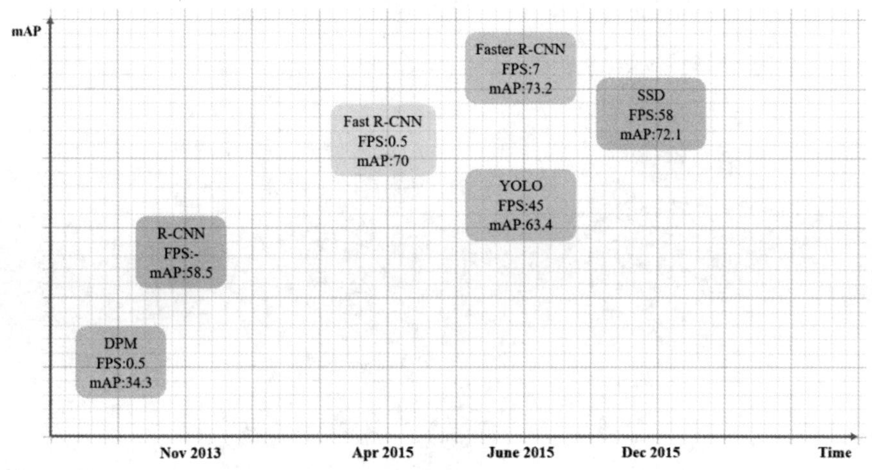

图 8.10　不同目标检测算法的发展情况

8.3.1　模型结构探秘

学习 YOLO 之前首先要对模型结构有基础了解，YOLO 本身使用的是全卷积层连接，结构形式如图 8.11 所示。

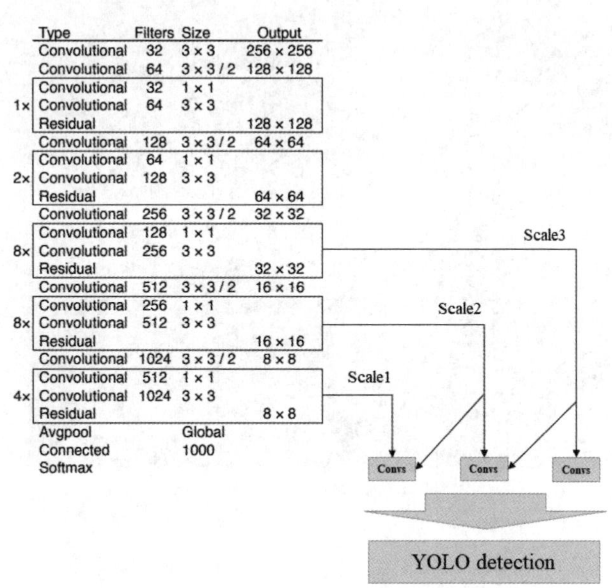

图 8.11　YOLO 的结构

这个结构什么意思呢？下面结合 YOLO 的输出进行详细讲解。

初始输入的数据张量是 416×416×3，最终的输出结果是 52×52×18，这之间的计算过程如图 8.12 和图 8.13 所示。

```
layer     filters    size              input                output
   0 conv     32  3 x 3 / 1   416 x 416 x   3   ->   416 x 416 x  32 0.299 BF
   1 conv     64  3 x 3 / 2   416 x 416 x  32   ->   208 x 208 x  64 1.595 BF
   2 conv     32  1 x 1 / 1   208 x 208 x  64   ->   208 x 208 x  32 0.177 BF
   3 conv     64  3 x 3 / 1   208 x 208 x  32   ->   208 x 208 x  64 1.595 BF
   4 Shortcut Layer: 1
   5 conv    128  3 x 3 / 2   208 x 208 x  64   ->   104 x 104 x 128 1.595 BF
   6 conv     64  1 x 1 / 1   104 x 104 x 128   ->   104 x 104 x  64 0.177 BF
   7 conv    128  3 x 3 / 1   104 x 104 x  64   ->   104 x 104 x 128 1.595 BF
   8 Shortcut Layer: 5
   9 conv     64  1 x 1 / 1   104 x 104 x 128   ->   104 x 104 x  64 0.177 BF
  10 conv    128  3 x 3 / 1   104 x 104 x  64   ->   104 x 104 x 128 1.595 BF
  11 Shortcut Layer: 8
  12 conv    256  3 x 3 / 2   104 x 104 x 128   ->    52 x  52 x 256 1.595 BF
  13 conv    128  1 x 1 / 1    52 x  52 x 256   ->    52 x  52 x 128 0.177 BF
  14 conv    256  3 x 3 / 1    52 x  52 x 128   ->    52 x  52 x 256 1.595 BF
  15 Shortcut Layer: 12
  16 conv    128  1 x 1 / 1    52 x  52 x 256   ->    52 x  52 x 128 0.177 BF
  17 conv    256  3 x 3 / 1    52 x  52 x 128   ->    52 x  52 x 256 1.595 BF
  18 Shortcut Layer: 15
  19 conv    128  1 x 1 / 1    52 x  52 x 256   ->    52 x  52 x 128 0.177 BF
  20 conv    256  3 x 3 / 1    52 x  52 x 128   ->    52 x  52 x 256 1.595 BF
  21 Shortcut Layer: 18
```

图 8.12　计算过程 1

```
  87 conv    256  1 x 1 / 1    26 x  26 x 768   ->    26 x  26 x 256 0.266 BF
  88 conv    512  3 x 3 / 1    26 x  26 x 256   ->    26 x  26 x 512 1.595 BF
  89 conv    256  1 x 1 / 1    26 x  26 x 512   ->    26 x  26 x 256 0.177 BF
  90 conv    512  3 x 3 / 1    26 x  26 x 256   ->    26 x  26 x 512 1.595 BF
  91 conv    256  1 x 1 / 1    26 x  26 x 512   ->    26 x  26 x 256 0.177 BF
  92 conv    512  3 x 3 / 1    26 x  26 x 256   ->    26 x  26 x 512 1.595 BF
  93 conv     18  1 x 1 / 1    26 x  26 x 512   ->    26 x  26 x  18 0.012 BF
  94 yolo
  95 route  91
  96 conv    128  1 x 1 / 1    26 x  26 x 256   ->    26 x  26 x 128 0.044 BF
  97 upsample            2x    26 x  26 x 128   ->    52 x  52 x 128
  98 route  97 36
  99 conv    128  1 x 1 / 1    52 x  52 x 384   ->    52 x  52 x 128 0.266 BF
 100 conv    256  3 x 3 / 1    52 x  52 x 128   ->    52 x  52 x 256 1.595 BF
 101 conv    128  1 x 1 / 1    52 x  52 x 256   ->    52 x  52 x 128 0.177 BF
 102 conv    256  3 x 3 / 1    52 x  52 x 128   ->    52 x  52 x 256 1.595 BF
 103 conv    128  1 x 1 / 1    52 x  52 x 256   ->    52 x  52 x 128 0.177 BF
 104 conv    256  3 x 3 / 1    52 x  52 x 128   ->    52 x  52 x 256 1.595 BF
 105 conv     18  1 x 1 / 1    52 x  52 x 256   ->    52 x  52 x  18 0.025 BF
 106 yolo
```

图 8.13　计算过程 2

关于上述输出的说明如图 8.14 所示。

下面从实战入手，分析 YOLO V3 的网络结构，如图 8.15 所示。

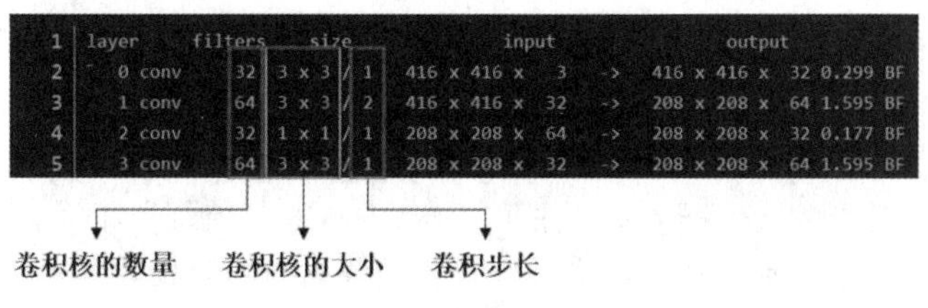

图 8.14 数据结构说明

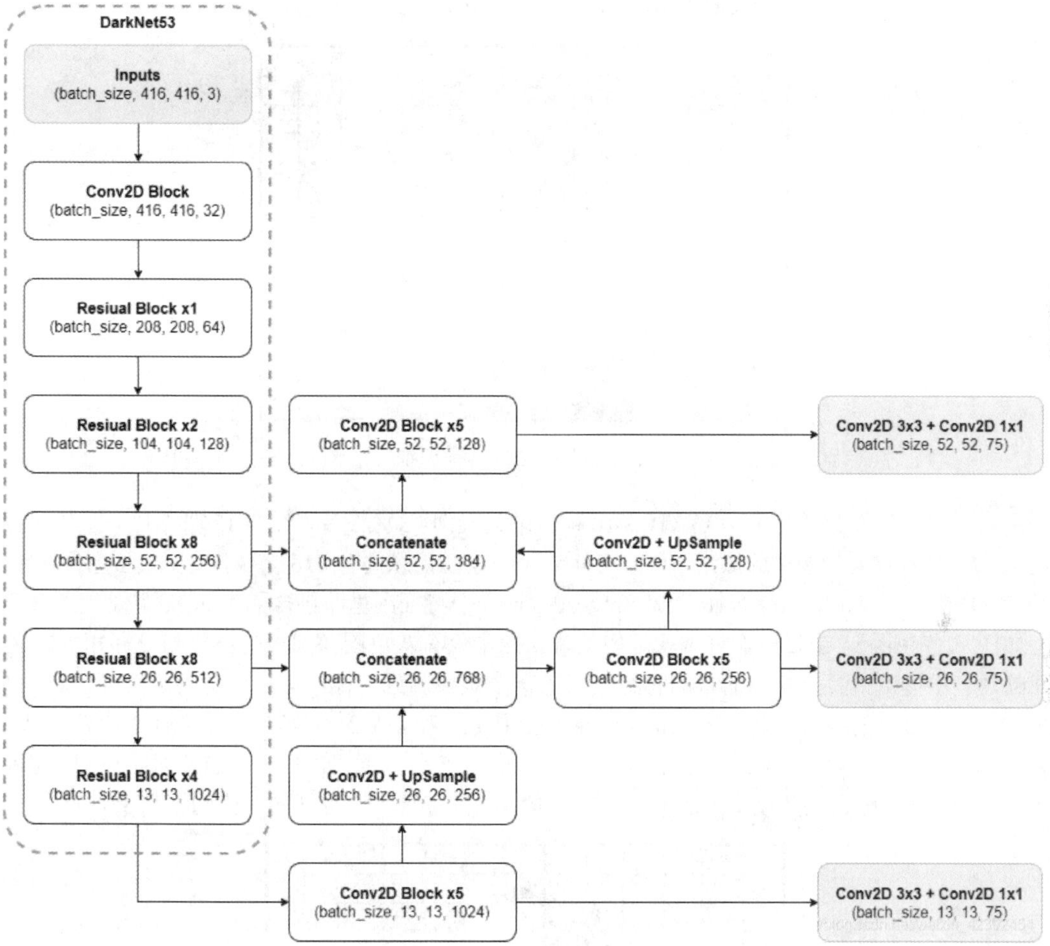

DarkNet53
Inputs (batch_size, 416, 416, 3)
Conv2D Block (batch_size, 416, 416, 32)
Resiual Block x1 (batch_size, 208, 208, 64)
Resiual Block x2 (batch_size, 104, 104, 128)
Conv2D Block x5 (batch_size, 52, 52, 128)
Conv2D 3x3 + Conv2D 1x1 (batch_size, 52, 52, 75)
Resiual Block x8 (batch_size, 52, 52, 256)
Concatenate (batch_size, 52, 52, 384)
Conv2D + UpSample (batch_size, 52, 52, 128)
Resiual Block x8 (batch_size, 26, 26, 512)
Concatenate (batch_size, 26, 26, 768)
Conv2D Block x5 (batch_size, 26, 26, 256)
Conv2D 3x3 + Conv2D 1x1 (batch_size, 26, 26, 75)
Resiual Block x4 (batch_size, 13, 13, 1024)
Conv2D + UpSample (batch_size, 26, 26, 256)
Conv2D Block x5 (batch_size, 13, 13, 1024)
Conv2D 3x3 + Conv2D 1x1 (batch_size, 13, 13, 75)

图 8.15 YOLO V3 的网络结构

同卷积神经网络一样，YOLO V3 网络的第一步也是针对输入数据进行特征提取。这里要说明的是，YOLO V3 采用的框架网络是 DarkNet53，该框架没有池化层，特征图的缩小是通过调整卷积核的步长来实现的。

DarkNet53 的卷积部分使用了特有的 Conv2D Block 结构，每次卷积时通过 L_2 正则化对参数进行调整，之后通过 BatchNormalization 标准化运算和 LeakyReLU 激活函数对输出结果进行优化。

采用 FPN（Feature Pyramid Network，特征金字塔网络）的思想，模型输出三种尺度的特征层：

13×13、26×26、52×52。其中 13×13 适用于检测大目标，52×52 适用于检测小目标。YOLO V2 将所有特征层融合后只输出一个预测结果，YOLO V3 的三个特征层都会输出结果。

这里以 13×13 的特征层为例说明多尺度预测，首先该特征层通过 1×1 的卷积核进行计算，经过上采样修正空间维度的尺寸，保证输出结果可以与 26×26 的特征层相互叠加；之后再采用 3×3 的卷积核对每次的融合结果分别进行 5 次卷积计算，消除采样的混叠效应，即保证边界的清晰度。最后经过一个 3×3 和 1×1 的卷积完成三个尺度的预测特征图构建。

这里以实际案例说明特征图的概念，如图 8.16 所示。

图 8.16　袋鼠的特征识别

图 8.16 的特征图数量是 13×13（图 8.16 被分解为横向 13 张图片，纵向 13 张图片），其中图像尺寸是 416×416（这是指图像的像素，横向有 416 个像素点，纵向有 416 个像素点）。这里用图像尺寸除以特征图数量：(416÷13)×(416÷13)=32×32，即一个特征图里面包含了 32×32 个像素点信息。

如图 8.17 所示，当目标检测对象是袋鼠时，图中仅有灰色图像部分是与检测目标相关的区域。上面的内容中提到，目标检测的目的有两个，第一个是检测到目标，第二个是确定目标位置。对于图 8.17 而言，目标的位置由整个图框最中心的格点代表。对于 YOLO V3 而言，物体中心落在哪里，哪里的格点就负责存储该目标的相关信息。所以在录入数据时，假如真实图框的坐标为([0,0],[100,100])，那么就要根据 YOLO V3 的要求将此信息转化在特征图对应的格点上。

图 8.17　中心点识别

在 YOLO V3 中还有一个概念是先验框，这是一个提前设定好大小与尺寸的检测框。用检测器去学习任意形状或大小的物体相对比较困难，但当检测器只用来预测先验框的偏移值时，难度则会大大降低。例如，当预测值全部为 0 时，可以看作输出等价于先验框，此时的预测结果更接近实物。假如没有先验框，那么所有的训练都要从零开始，针对不同的边界形状进行学习，这无疑会增加学习的成本。

下面解析预测结果。

1. 输出维度

从 YOLO V3 输出的 3 个特征图可以看到，输出结果都是(batch_size, xxx, xxx, 75)。这里第 2 和第 3 维度是指预测特征层的宽和高，最后的 75 可以表示为 3×(20+4+1)。3×(20+4+1)中的 3 代表了前面提到的先验框（此处表示每个特征层上的一个单元格内有 3 个先验框），括号内的 20 代表目标检测的种类，4 表示预测的 4 个数据（x、y、w、h），1 表示待测目标在先验框内的置信度。

YOLO V3 还有个作用就是进行目标识别和分类。

以 VOC 为例，这里的输出种类有 20 个，与图像分类中的 one-hot（独热编码）类似。在预测阶段，用 Sigmoid 激活。与传统卷积神经网络不同的是，它还需要乘上物体的置信度才能作为最后的输出。从所有结果中取出最大值和最大值的索引，最终得出预测的分数和具体的物体分类。

前面提到 YOLO V3 网络有一个特殊的地方就是它事先规定了先验框，当先验框与实际目标一致时，一般会认为先验框就是待求目标，这里就涉及先验框回归问题。先验框回归简单说就是通过对先验框平移和尺寸缩放进行调整，从而让先验框接近真实框。这里将平移和变换看作一种线性变换的近似，如图 8.18 所示。

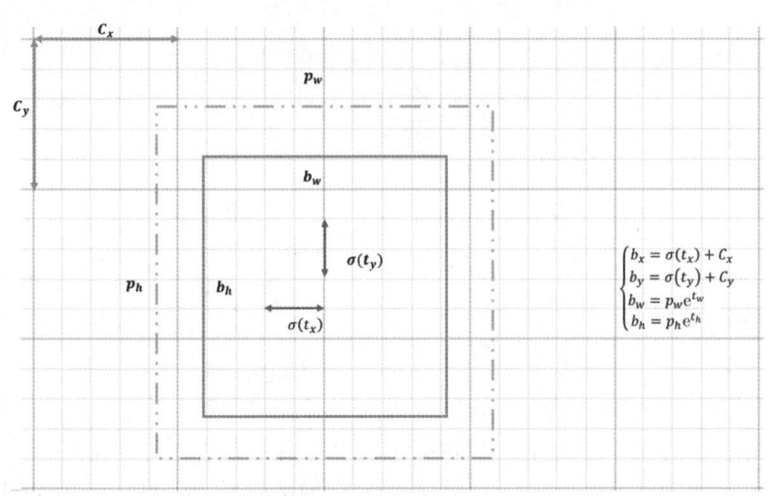

图 8.18　平移变换

在图 8.18 所示的 YOLO 模型中，神经网络的每个边框包含 4 个系数（t_x、t_y、t_w、t_h），这 4 个系数对应前文表达式 3×(20+4+1) 中的 4。除此之外，p_w、p_h 分别代表先验框的宽和高，通过这 2 个系数，计算出实际的先验框的宽和高（b_w、b_h）；c_x、c_y 是先验框相对于目标全局的偏移量；$\sigma(t_x)$、$\sigma(t_y)$ 代表激活函数 Sigmoid，目的是将 t_x、t_y 压缩至(0,1)，保证训练数据的稳定性。

为什么要用偏移量的概念，这里简单解释如下。

边界框的属性是由组成的单元格决定的。如果使用绝对坐标，在对目标置信度阈值计算或者对中心网格添加偏移都将变得极不方便，因此 YOLO V3 会使用预测的偏移量代替绝对坐标。

2. 损失函数

无论是回归问题，还是分类问题，都绕不开损失函数，这是模型优化的重要参照指标。YOLO V3 的损失函数分为三部分，如图 8.19 所示。

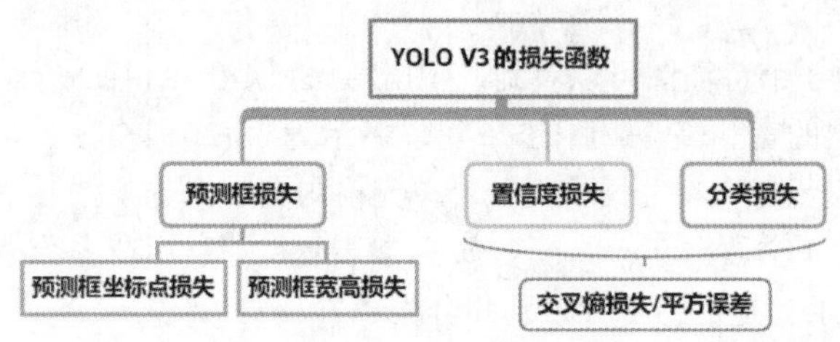

图 8.19　YOLO V3 的损失函数

预测框坐标点损失的计算公式为

$$\lambda_{\text{coord}}\sum_{i=0}^{s^2}\sum_{j=0}^{B}\xi_{ij}^{\text{obj}}[(x_i-\hat{x}_i)^2+(y_i-\hat{y}_i)^2]$$

预测框宽高损失的计算公式为

$$\lambda_{\text{coord}}\sum_{i=0}^{s^2}\sum_{j=0}^{B}\xi_{ij}^{\text{obj}}[(\sqrt{w_i}-\sqrt{\hat{w}_i})^2+(\sqrt{h}_i-\sqrt{\hat{h}_i})^2]$$

分类损失的计算公式为

$$\sum_{i=0}^{s^2}\xi_i^{\text{obj}}\sum_{j=0}^{B}[(p_i(c)-\hat{p}_i(c))^2]$$

置信度损失的计算公式为

$$\sum_{i=0}^{s^2}\sum_{j=0}^{B}\xi_i^{\text{obj}}[(C_i-\hat{C}_i)^2]+\lambda_{\text{noobj}}\sum_{i=0}^{s^2}\sum_{j=0}^{B}\xi_{ij}^{\text{noobj}}[(C_i-\hat{C}_i)^2]$$

8.3.2　darknet 模型

目标检测是计算机视觉领域中的热门研究方向，被广泛应用于人脸识别、智能驾驶、智能监控等多个领域。目标检测的任务是从图像中判断目标物体的存在与否并对其进行定位。由于人工智能技术的迅速发展，基于深度神经网络的目标检测方法在检测效率及准确率方面都要优于传统的目标检测方法。

darknet 模型是当前目标检测领域应用较为成熟的模型之一，该模型具备以下特点。

（1）易于安装。在 makefile 里面选择自己需要的附加项（CUDA、cuDNN、opencv 等）直接安装即可，几分钟即可完成安装。

（2）没有任何依赖项。整个框架都用 C 语言进行编写，可以不依赖任何库，连 opencv 的作者都编写了可以对其进行替代的函数。

（3）结构明晰，源代码查看、修改方便。其框架的基础文件都在 src 文件夹中，而定义的检测、分类函数则在 example 文件夹中，可根据需要直接对源代码进行查看和修改。

（4）友好的 Python 接口。虽然 darknet 使用 C 语言进行编写，但是也提供了 Python 接口。通过 Python 函数，能够使用 Python 直接对训练好的.weight 格式的模型进行调用。

（5）易于移植。该框架部署到机器本地十分简单，且可以根据机器情况，使用 CPU 和 GPU，特别是检测识别任务的本地端部署，使用 darknet 会异常方便。

8.3.3 图像下采样与上采样

什么是下采样？对于图像识别而言，下采样就是对图像进行缩小。卷积和池化都可以看作下采样的一种手段。下采样的目的有两个，一个是扩大感受野，即在有限显示区域内显示内容；另一个是对图像降维处理，生成缩略图。而上采样的主要目的是放大原图像，使其可以在更高分辨率的显示设备上展示。无论是上采样还是下采样，都不会增加原图的信息，两者都会不可避免地降低原图质量。

1. 下采样原理

假设一幅图的尺寸为 $M\times N$，现在对其进行下采样，采样率是 s 倍，则得到的新的图像的分辨率为$(M/s)\times(N/s)$，新的像素点相当于原始图像的 s 个像素点，效果如图 8.20 所示。

图 8.20 下采样示意图

上采样和下采样刚好相反，如果上采样是通过抽取的方式将原图像的像素缩小，那么下采样就是通过插入新元素的方式扩大原图像，方法就是插值算法。

2. 传统插值算法

（1）最近邻插值算法。它是早期常用的插值算法，计算速度虽快，但效果较差。最近邻插值算法的原理如图 8.21 所示，只需要寻找原图对应的点即可，这样做会破坏原图像的渐变关系，使得局部图像严重失真。

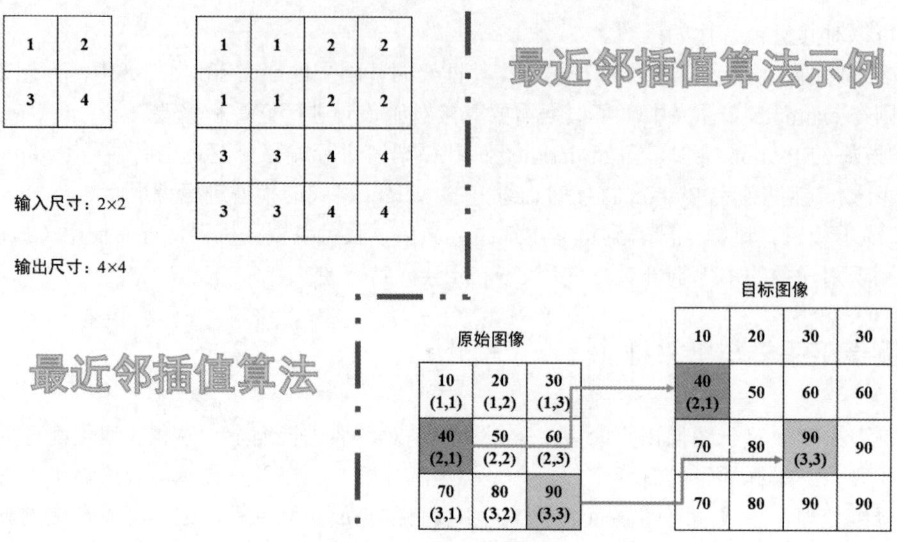

图 8.21　最近邻插值算法

（2）线性插值算法，它又分为单线性插值算法、双线性插值算法和三线性插值算法。其中，单线性插值算法是在一条直线的两点之间插值；双线性插值算法则是在四点形成的正方形之间任意插值；三线性插值算法则是在八点之间的立方体内部任意插值，如图 8.22 所示。

（3）基于边缘的图像插值算法。为了克服上述插值算法的不足，学者们提出了许多能够对边缘起到保护作用的插值方法，包括基于原始低分辨率图像边缘的方法和基于插值后高分辨率图像边缘的方法。前者首先对低分辨率图像的边缘进行检测，然后根据检测结果对像素进行分类，对于元素较少区域采用传统方法插值，对于边缘区域像素设计特殊插值方法，保证边缘细节不被破坏；后者则是首先采用传统方法进行插值，然后检测高分辨率图像边缘，再对边缘及附近图像进行特殊处理，保证边缘像素的稳定性。

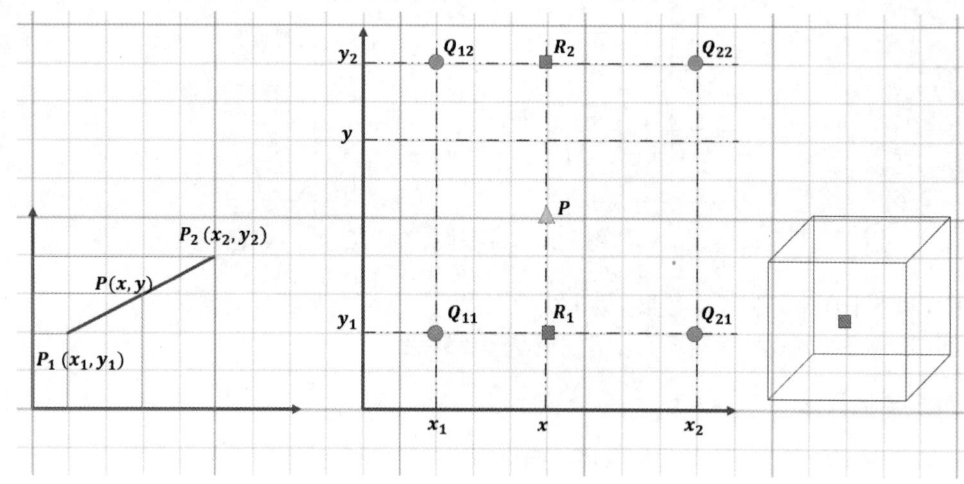

图 8.22　线性插值算法

（4）基于区域的图像插值算法。该方法首先将原始低分辨率的图像分割为不同的区域，然后对区域进行插值点投影，根据插值点所属区域邻近的像素特点，有针对性地设计插值公式，最终确定插值点的值。

8.3.4 多尺度融合技术实现目标检测

视觉任务中处理目标多尺度的方法主要分为两大类，如图 8.23 所示。

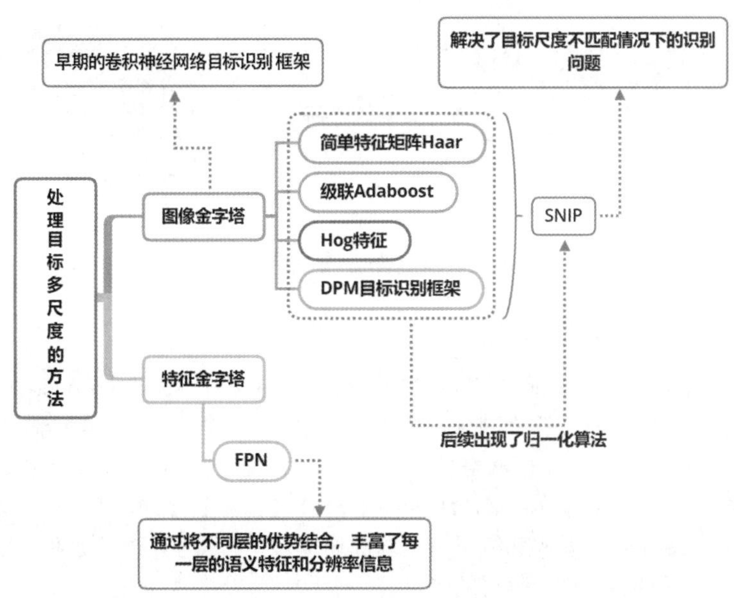

图 8.23　处理目标多尺度的方法

在目标监测任务中，常常出现的情况是不同实例之间的尺度跨度非常大。在多尺度任务中，大尺度的目标由于面积大，特征丰富，因此检测难度较低；当目标尺度较小时，情况恰好相反，想要找到足够的可利用特征难度较高。在实际工程任务中，当目标的绝对尺度小于 32×32 或者物体宽、高小于原图 1/10 时，可以认为是小尺度物体。

当前的检测算法进行小尺度物体检测时并不好用，具体体现在以下 4 个方面，如图 8.24 所示。

多尺度的检测能力实际上体现了尺度的不变性，卷积神经网络能够检测多种尺度的物体，很大程度上依赖于其本身具有超强的拟合能力。

目前常用的提升多尺度检测的方法如下。

（1）通过降低下采样率与空洞卷积提升针对小尺度目标的检测性能。

（2）设计更好的先验框提升检测的质量。

（3）通过多尺度训练法构建近似图像金字塔，增加样本多样性。

（4）通过特征融合构建特征金字塔，让浅层与深层特征的优势互补。

接下来，本小节将介绍 4 种典型的多尺度解决方案，包括 U-shape 型多尺度处理结构、SNIP（Scale Normalization for Image Pyamids，金字塔图像的尺度归一化）、TridentNet 及 FPN。

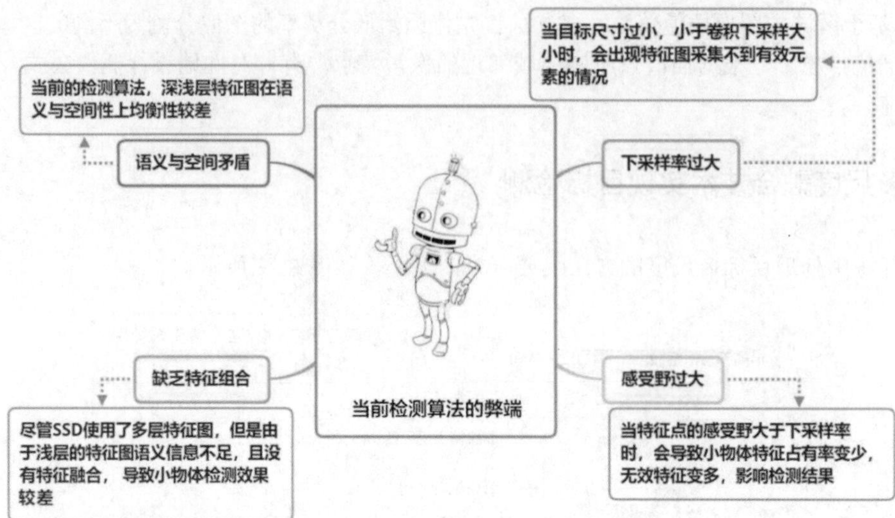

图 8.24　当前检测算法的弊端

1. U-shape 型多尺度处理结构

从图 8.25 中可以发现，U-shape 型多尺度处理结构采用左右对称的 encoder-decoder（编码—解码）结构，将高层特征与低层特征逐步融合，效果相当于混合多个感受野，丰富输出的信息。在 2018 年 COCO 比赛上，Face++团队在主干网络最后加入 gpooling 操作，获得理论上最大的感受野，结构类似于 Ushape，结果证明确实有效。该方法尽管比 SSD 的计算效果好，但是也有其固有的问题。

（1）计算量大。为了保证解码和编码有相同的通道数，该模型不得不加大计算量。

（2）上采样结构无法完全恢复丢失的信息。

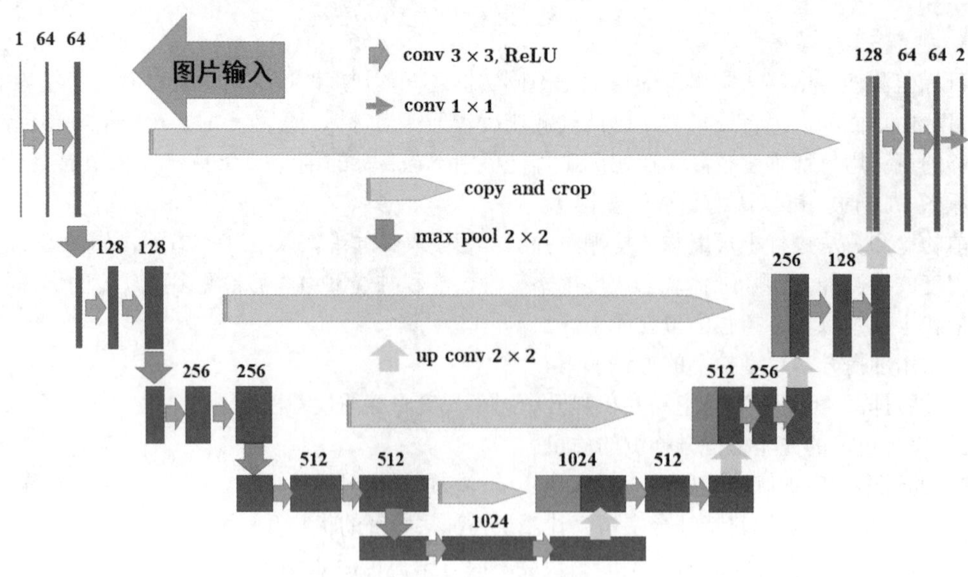

图 8.25　U-shape 型多尺度处理结构

2. SNIP

SNIP 的设计初心是为了解决预训练的特征与小尺寸目标匹配性差的问题，避免训练模型迁移过程中出现 domain-shift（域偏移）。该处理方法的处理效果如图 8.26 所示。

图 8.26　SNIP 的处理效果

SNIP 的网络结构如图 8.27 所示。

观察图 8.27 所示的模型结构，可以发现以下特点。

（1）不同尺度的图像检测任务各自拥有 RPN 模块，并且各自预测指定范围内的物体。最后将不同分支的建议进行汇总。

（2）通过对图像金字塔的应用，模型中的 RPN 会有针对性地进行目标预测，对于大尺度特征图，预测其中被放大的小目标；对于小尺度特征图，预测其中被缩小的大目标。这样做保证了物体尺寸分布的均匀性，避免出现极大或极小的物体。

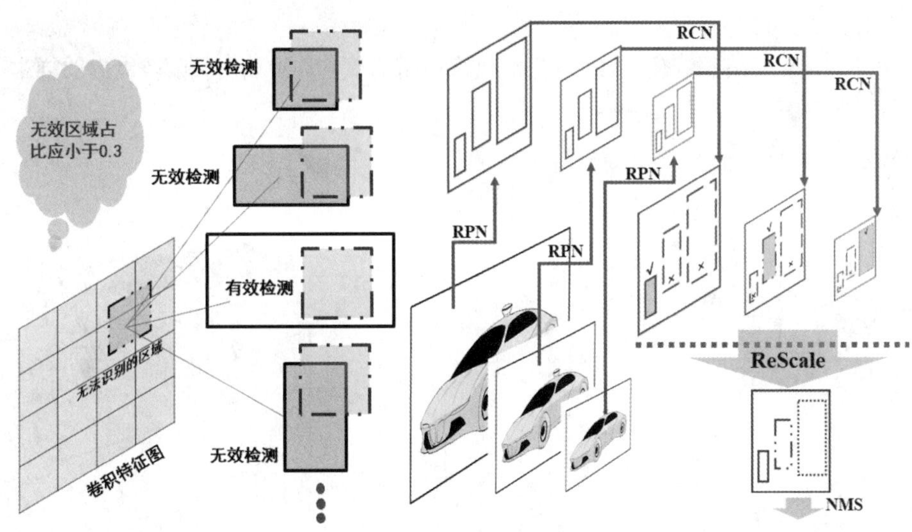

图 8.27　SNIP 的网络结构

（3）RPN 是图像识别中多目标检测的一种手段，RPN 提供了一个特征图像，当真实物体不在这个特征图像范围内时，认为当前对图像的判定是无效的。在图像检测时，会生成很多锚点，类似一个选框结构，当该结构与上述的无效特征重合度超过 30%时，同样认为该锚点无效。

（4）在训练阶段，只对有效的预测进行反向传播。在测试阶段，对有效的预测区域先缩放到原图尺度，利用 Soft NMS 将不同分辨率的预测结果合并。

（5）实现时 SNIP 采用了可变形卷积的卷积方式，并且为了降低对于 GPU 的占用，将原图随机裁剪为 1000 像素×1000 像素的图像。

综上所述，SNIP 改进了多尺度训练模型，让模型更专注于目标本身的检测，极大地减少了多尺度检测的干扰因素。SNIP 网络在模型搭建时，构建了 3 个尺度的图像金字塔，针对不同尺度的图像独立配置了 RPN 算法，其原理是使用随机采样的多分辨率图像使检测器具有尺度不变特性，尽管模型对于极大目标或绩效目标的表现并不是很好，但是由于模型在计算过程中对原有图像进行了增强，使得目标在训练时产生不同的尺寸，因此增加了尺寸匹配的成功率。SNIP 的做法是只对尺寸在指定范围内的目标回传损失，即训练过程实际上只针对某些特定目标进行，这样就能减少域偏移带来的影响。

3. TridentNet

影响一个检测器骨干网络的因素主要有 3 点：网络深度、下采样率和感受野。了解神经网络的人都清楚，网络越深，表达能力越强（前提是，网络深度不是线性增加的，否则属于无效深度）。关于下采样率，在上文说过，下采样率不利于对小尺寸目标的特征提取，因此要尽量减少下采样率。感受野的特点是，感受野大的卷积核适应大尺度目标，感受野小的卷积核适应小尺寸目标。

为了改进上面提到的 3 点对目标检测造成的负面影响，TridentNet 在原始的主干网络上做了以下 3 点变化。

（1）在不同网络分支上构造可变感受野，达到全面覆盖不同尺度物体的目的。

（2）共享权重，这也是神经网络惯用的手法，这样做既能够充分利用样本信息，又能避免因为参数过多而出现过拟合现象。

（3）对每个计算网络都沿袭 SNIP 思想，训练和测试都只负责一定尺度范围内的样本，避免了过大与过小的样本对网络参数的影响。

上述改进方案如图 8.28 所示。

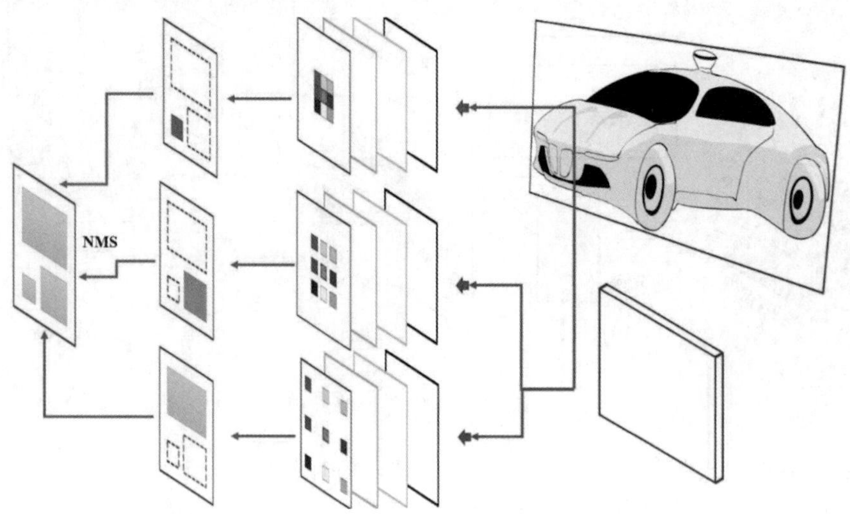

图 8.28　TridentNet 网络的改进优化

4. FPN

FPN 的网络结构如图 8.29 所示。

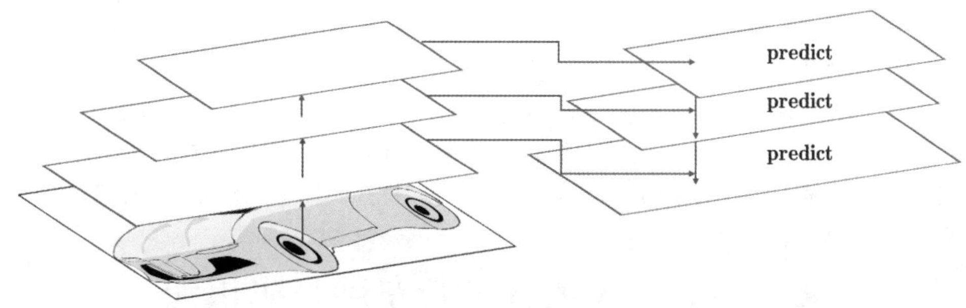

图 8.29　FPN 的网络结构

从图 8.29 中可以发现，FPN 最大的特点就是针对不同的特征层，独立进行特征检测。方法就是对深层信息进行上采样，然后与浅层信息进行逐元素地相加，最后构造出尺寸不同的特征金字塔。这种模型构建方式的检测性能优越，如今已经成为了检测算法的标准之一，不管是 one-stage（RetinaNet、DSSD）、two-stage（Faster R-CNN、Mask R-CNN）还是 four-stage（Cascade R-CNN）都可用。

有专家对 FPN 进行了优化，将高层特征与低层特征进行了自上而下的侧边连接，保证所有尺度表的特征都具有丰富的语义信息，如图 8.30 所示。

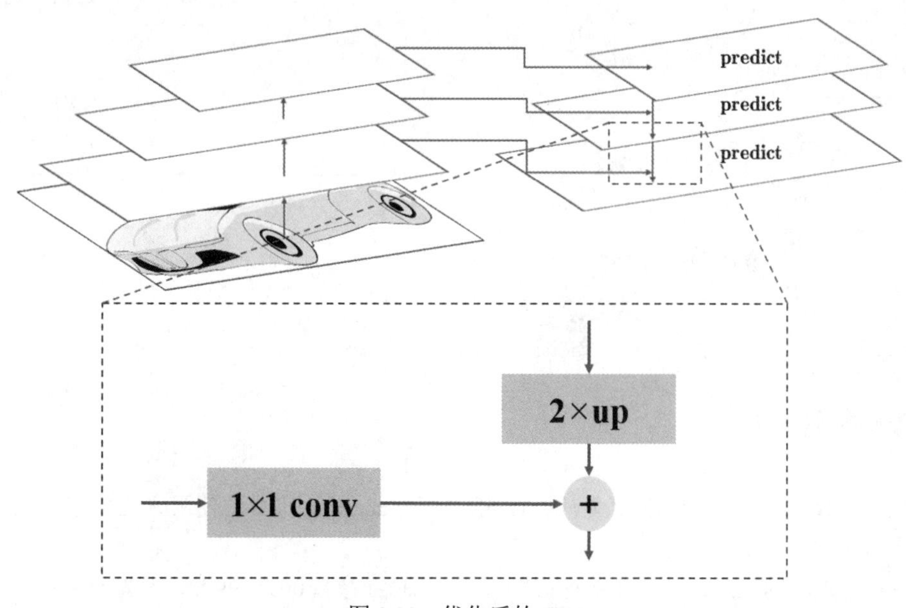

图 8.30　优化后的 FPN

图 8.30 所示左侧是一个卷积神经网络的自下而上的前向传播过程，这里采用 ResNet 结构提取语义信息。在网络传播过程中，特征图的大小并非时时改变，当特征图的大小固定时，会被作为阶

段性结果进行输出，这些输出结果最终形成一个特征金字塔结构。

图 8.30 右侧与左侧相反，网络流动过程变为自上而下，在对原有卷积层降低通道数之后，进行上采样操作，最终使得特征图具有和下一层特征图相同的大小。

横向连接（Lateral Connection）：如图 8.30 所示，利用 1×1 的卷积核改变原网络的通道数，然后将其与经过上采样的特征图相融合，就能得到一个新的特征图。新的特征图融合了不同层的特征，信息更加丰富。这种横向连接操作的好处是，在融合之后的网格结构中添加了新的卷积计算，可以有效地消除上采样过程中的混叠效应，并且由于新生成的特征图结果和之前自下而上的卷积结果是一一对应的，因此也通过金字塔结构中的层级共享实现了减少计算单元、防止过拟合的目的。

8.4 利用 YOLO 进行车牌号码识别

YOLO 将物体检测作为回归问题求解。基于一个单独的端到端网络，完成从原始图像的输入到物体位置和类别的输出。YOLO 网络架构如图 8.31 所示。

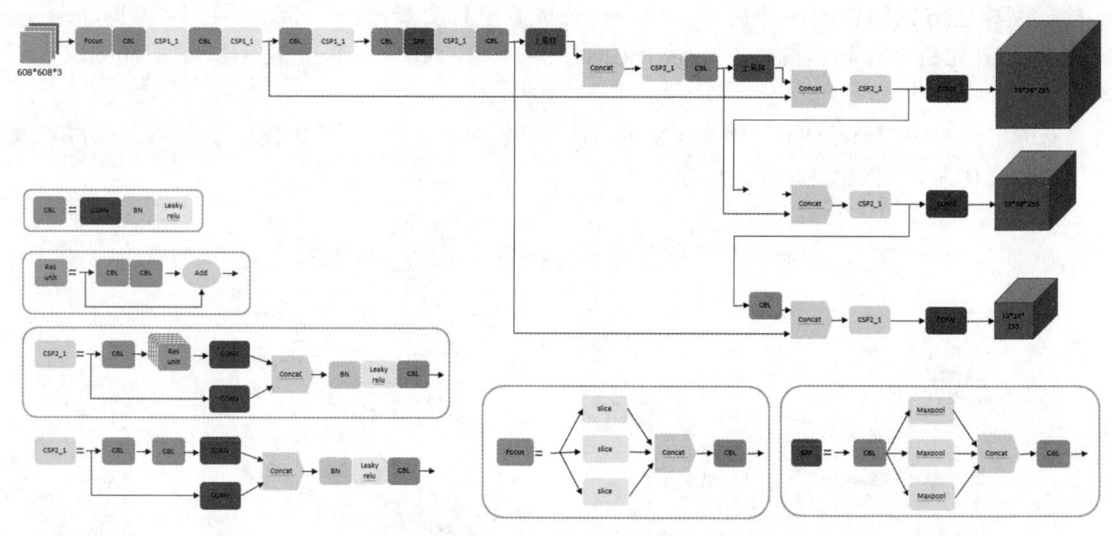

图 8.31 YOLO 网络架构

8.4.1 数据标注

这里的标注数据是通过 labelimg 工具进行的，关于 labelimg 工具的使用方法可翻阅 6.10 节，这里仅对数据标注做简单说明。

在下载好待训练的图片后，要先给这些图片进行编号，如 0001～9999，预先对数据进行处理可以减少后期出错的可能性。编号完成之后就是对数据进行标注的过程，标注的原则就是让每个数据都有一个对应的名字，如图 8.32 所示。

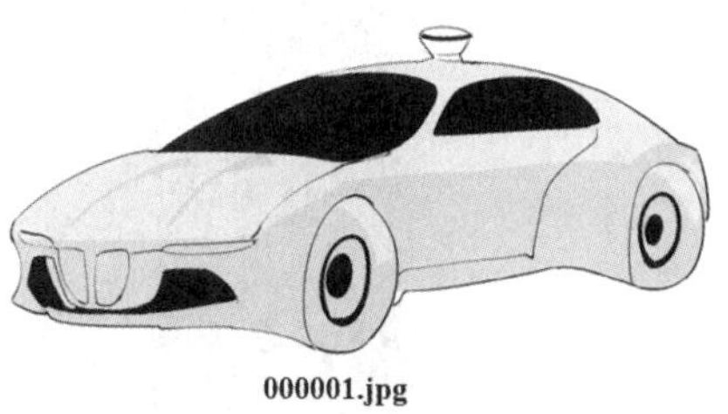

000001.jpg

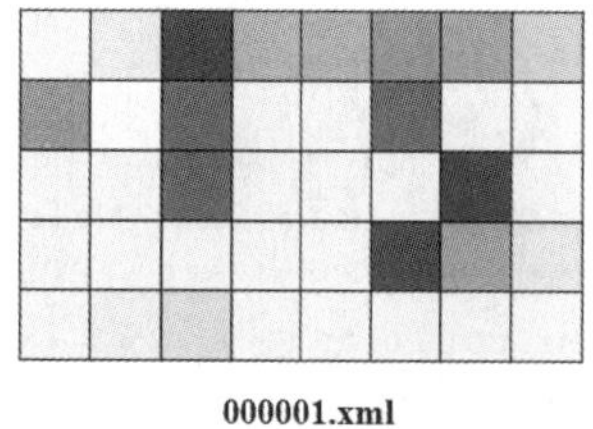

000001.xml

图 8.32　数据标注

xml 格式的文件内容如下。

```
<annotation>
    <folder>JPEGImages</folder>
    <filename>000001.jpg</filename>
    <path>D:\work_detail\detection\yolo_v3\voc2007\JPEGImages\000001.jpg</path>
    <source>
        <database>Unknown</database>
    </source>
    <size>
        <width>1080</width>
        <height>1440</height>
        <depth>3</depth>
    </size>
<segmented>0</segmented>
<object>
    <name>dog</name>
    <pose>Unspecified</pose>
    <truncated>0</truncated>
    <difficult>0</difficult>
    <bndbos>
        <xmin>72</xmin>
        <ymin>435</ymin>
        <xmax>754</xmax>
        <ymax>669</ymax>
    </bndbox>
</object>
```

8.4.2　制作数据集

新建目录并且命名为 TEST，在 TEST 下新建 Annotations、ImageSets 和 JPEGImages 3 个文件夹，在 ImageSets 下新建 Main 文件夹。文件目录如图 8.33 所示。

将数据集图片复制到 JPEGImages 目录下。将标签集 label 文件复制到 Annotations 目录下。在 TEST 下新建 train.py 文件，将下面代码复制进去运行（将生成 4 个文件：train.txt、val.txt、test.txt 和 trainval.txt）。

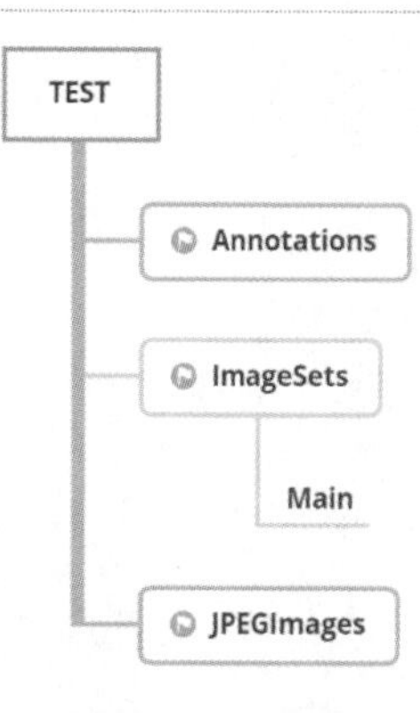

图 8.33　文件目录

```
import os
import random
```

```
trainval_percent = 0.1
train_percent = 0.9
xmlfilepath = 'Annotations'
txtsavepath = 'ImageSets\Main'
total_xml = os.listdir(xmlfilepath)
num = len(total_xml)
list = range(num)
tv = int(num * trainval_percent)
tr = int(tv * train_percent)
trainval = random.sample(list, tv)
train = random.sample(trainval, tr)
ftrainval = open('ImageSets/Main/trainval.txt', 'w')
ftest = open('ImageSets/Main/test.txt', 'w')
ftrain = open('ImageSets/Main/train.txt', 'w')
fval = open('ImageSets/Main/val.txt', 'w')
for i in list:
    name = total_xml[i][:-4] + '\n'
    if i in trainval:
        ftrainval.write(name)
        if i in train:
            ftest.write(name)
        else:
            fval.write(name)
    else:
        ftrain.write(name)
ftrainval.close()
ftrain.close()
fval.close()
ftest.close()
```

生成后的目录结构如图 8.34 所示。

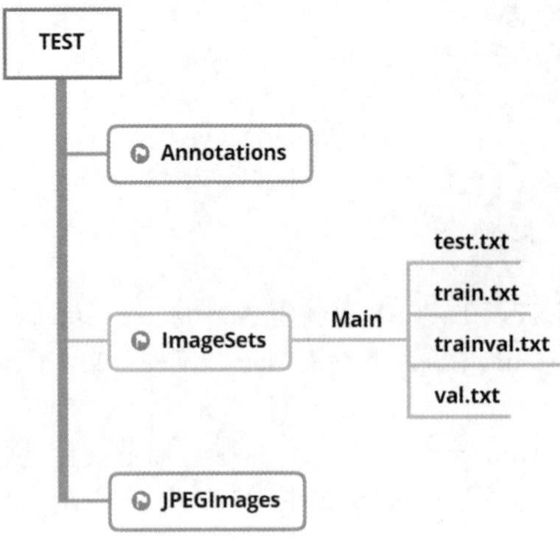

图 8.34　生成后的目录结构

8.4.3 下载源码并编译

源码地址如下。

```
git clone https://github.com/pjreddie/darknet
```

YOLO V3 使用一个开源的神经网络框架 Darknet53，使用 C 语言和 CUDA 架构，有 CPU 和 GPU 两种模式。默认使用的是 CPU 模式，若想切换到 GPU 模式，则在 vim 中修改 Makefile 文件即可，打开命令如下。

```
cd darknet
vim Makefile  #如果使用 CPU 模式。则不用修改 Makefile 文件
```

在 Makefile 文件中将前面三行置为 1，其他不用动，修改后的文件如图 8.35 所示。

```
GPU=1
CUDNN=1
OPENCV=1
OPENMP=0
DEBUG=0

ARCH=-gencode arch=compute_30, code=sm_30\
      -gencode arch=compute_35, code=sm_35\
      -gencode arch=compute_50, code=[sm_50,compute_50]\
      -gencode arch=compute_52, code=[sm_52,compute_52]
#     -gencode arch=compute_20, code=[sm_20,compute_21]\

# This is what I use, uncomment if you know your arch and want
# ARCh=-gencode arch=compute_52, code=compute_52

VPATH=./src/:.examples
```

图 8.35　文件设置

编译成功后，可以先下载预训练模型测试效果，代码如下。

```
wget https://pjreddie.com/media/files/yolov3.weights
./darknet detect cfg/yolov3.cfg yolov3.weights data/dog.jpg
```

可以看到 YOLO 的 detection 图。到这里，YOLO V3 已经走通了，是时候加入自己的数据了。

8.4.4 loss 函数定义

YOLO 使用均方和误差作为 loss 函数来优化模型参数，即网络输出的 $S \times S \times (B \times 5 + C)$ 维向量与真实图像的对应 $S \times S \times (B \times 5 + C)$ 维向量的均方和误差，公式为

$$\text{loss}=\sum_{i=0}^{s^2}\text{coordError}+\text{iouError}+\text{classError}$$

其中，coordError、iouError 和 classError 分别代表预测数据与标定数据之间的坐标误差、IOU 误差和分类误差。

YOLO 对上式损失值的计算进行了如下修正。

（1）由于坐标误差与 IOU 误差对于网络损失的权重值不同，因此利用 YOLO 网络在计算损失时，使用 $\lambda_{\text{coord}}=5$ 修正 $_{\text{coordError}}$。

（2）对于待测目标，检测区域是否包含物体对于网络的计算误差会产生较大差异。假设此时采取相同权值策略，则空区域内的网络置信度近似为 0，此时非空区域内的网络置信度在分类算法当中占据了主导权，对于梯度的计算会产生误导。为解决这个问题，YOLO 使用 $\lambda_{\text{noobj}}=5$ 修正 $_{\text{iouError}}$。

（3）对于不同大小的待测目标，如果设定相同的误差值，则大物体的检测敏感度要低于小物体，YOLO 算法通常对相关信息参数（w 和 h）进行求平方根来优化该问题，这种方法可以尽量逼近待测目标自身大小不同带来的计算误差。

综上所述，YOLO 在训练过程中 loss 的计算公式为

$$\begin{aligned}\text{loss}=&\lambda_{\text{coord}}\sum_{i=0}^{s^2}\sum_{j=0}^{B}\prod_{ij}^{\text{obj}}[(x_i-\hat{x}_i)^2+(y_i-\hat{y}_i)^2]+\lambda_{\text{coord}}\sum_{i=0}^{s^2}\sum_{j=0}^{B}\prod_{ij}^{\text{obj}}[(\sqrt{w_i}-\sqrt{\hat{w}_i})^2+(\sqrt{h}_i-\sqrt{\hat{h}_i})^2]\\&+\lambda_{\text{coord}}\sum_{i=0}^{s^2}\sum_{j=0}^{B}\prod_{ij}^{\text{obj}}(C_i-\hat{C}_i)^2+\sum_{i=0}^{s^2}\prod_{i}^{\text{obj}}\sum_{c\in\text{classes}}(p_i(c)-\hat{p}_i(c))^2\end{aligned}$$

其中，x,y,w,C,p 为网络的预测结果，$\hat{x},\hat{y},\hat{w},\hat{C},\hat{p}$ 为标签值，$\prod_{i}^{\text{obj}}$ 表示物体落入格子 i 中，$\prod_{ij}^{\text{obj}}$ 和 $\prod_{ij}^{\text{noobj}}$ 分别表示物体落入与未落入格子 i 的第 j 个边界框内。

YOLO 的检测方法仅在物体进行了数据标注且能被识别的情况下有效，对于无法识别的物体，YOLO 算法表现较差。YOLO 算法通过多个下采样操作进行降维处理，检测效果受特征提取结果影响较大。换句话说就是，特征提取的效果对 YOLO 算法的性能有着直接影响。

8.4.5 识别动图训练

YOLO 模型训练分为两步。

（1）使用 ImageNet 网络进行预训练，生成标准化网络结构。

（2）利用该标准化网络结构对 YOLO 模型进行初始化操作，然后用标注数据进行模型训练。这里需要注意的是，输入图像的分辨率需要根据实际情况进行优化调整。

8.4.6 训练效果

图 8.36 给出了 YOLO 与其他检测方法，在检测速度和准确性方面的比较结果（使用 VOC 2007 数据集）。

Real-Time Detectors	Train	mAP	FPS
100Hz DPM[30]	2007	16.0	100
30Hz DPM[30]	2007	26.1	30
Fast YOLO	2007+2012	52.7	**155**
YOLO	2007+2012	**63.4**	45
Less Than Real-Time			
Fastest DPM[37]	2007	30.4	15
R-CNN Minus R[20]	2007	53.5	6
Fast R-CNN[14]	2007+2012	70.0	0.5
Faster R-CNN VGG-16[27]	2007+2012	73.2	7
Faster R-CNN ZF[27]	2007+2012	62.1	18
YOLO VGG-16	2007+2012	66.4	21

图 8.36　不同检测方法的比较结果

笔者对 YOLO 算法与 Fast R-CNN 算法的主要性能进行了比较，如图 8.37 所示。YOLO 算法可以更好地识别目标背景，误判率仅为 Fast R-CNN 算法的 1/3。但是 YOLO 算法的定位准确率较差，误差率达到了 Fast R-CNN 算法的 2 倍。

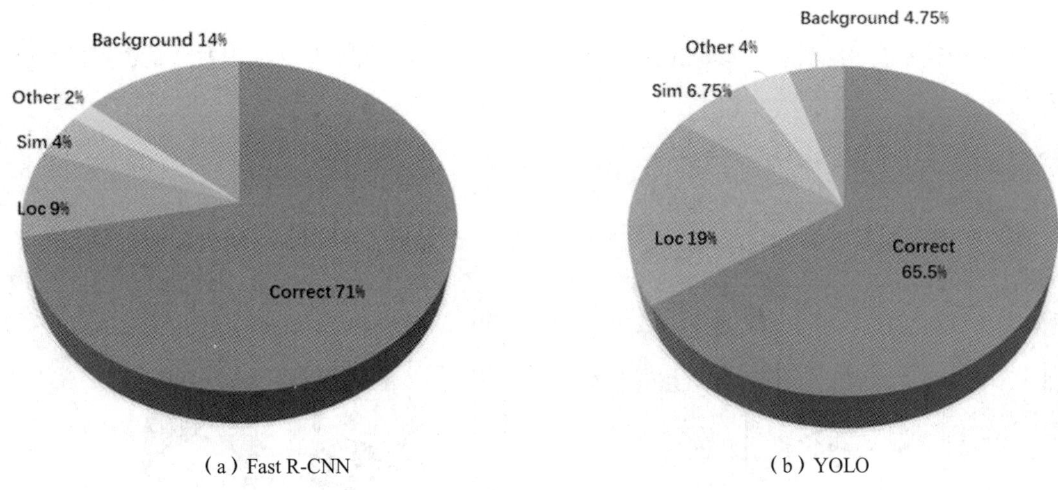

（a）Fast R-CNN　　（b）YOLO

图 8.37　不同算法识别误差比例

综上所述，YOLO 具有以下优点。

（1）识别速度快。YOLO 将物体检测作为回归问题进行求解，由于网络模型更加简洁，因此在保证精度的前提下有着更快的检测速度。

（2）检测精度高。YOLO 采用全局优化策略训练和推理，可以快速找到全局最优解；而类似于 R-CNN/Fast R-CNN 的检测方法是采用区域框架搜索的方式，在检测过程中，只是比较了候选框内的局部图像信息。因此，后者对于包含背景图像的误判率要明显高于前者。

（3）通用性强。YOLO 可以对各类目标场景进行检测判断，它对人工制造目标的检测率远高于 DPM 和 R-CNN 系列检测方法。

尽管 YOLO 具有以上优势，但不可否认的是，该算法在位置的识别上依然不尽如人意。

8.5 理发师悖论

曾经有一位理发师写了一则理发广告，该广告一出现就引起了一场数学争论。这个广告是这样说的：我将打折给全城所有不给自己刮脸的人刮脸，并且为了保证服务质量，我也只给这些人刮脸。为了表现诚意，该理发师还在店门口挂了一个大牌子，上面写着："欢迎全城所有不给自己刮脸的顾客光临"，如图 8.38 所示。

该广告立刻吸引了大批顾客前来店铺消费，这些人当然不仅仅是来店里刮脸的，顺便还把头发理了，于是理发店的生意变得异常火爆。直到有一天，理发师照镜子的时候发现，自己的胡子很长了，于是理发师很自然地拿起了剃须刀，那么问题来了，这个理发师能给自己刮脸吗（图 8.39）？

如果理发师不给自己刮脸，那么该理发师就属于不给自己刮脸的人，按照规定，他就可以给自己刮脸；如果理发师给自己刮脸了，那么他又违反了自己定下的只给那些不给自己刮脸的人刮脸的规定。

理发师悖论来自罗素悖论，该悖论差点让几何论毁于一旦，那么你认为理发师是否可以给自己刮脸呢？

图 8.38　为不给自己刮脸的顾客服务

图 8.39　理发师是否能给自己刮脸

第 9 章

循环神经网络

卷积神经网络最大的弊端之一就是不具备“记忆”功能，最直观的感受就是，当用软件进行翻译时，翻译结果中每个单词说得都对，但是拼凑在一起就是让人无法理解。这是由于卷积神经网络在解决问题时对过去发生的事情无法有效处理，为了解决这一问题，人们又创造了循环神经网络（Recurrent Neural Network，RNN）。

本章将对循环神经网络的特点进行简单介绍，包括：

- 循环神经网络的工作流程。
- 循环神经网络的 Dropout。
- 循环神经网络与长短时记忆网络。
- 实战循环神经网络。

9.1 循环神经网络的发展历史

循环神经网络的输入是一组序列数据，以序列本身的推进方向进行递归计算，节点之间采用链式连接。

循环神经网络的研究始于 20 世纪 80 年代，是深度学习最受欢迎的算法之一，其代表模型是双向循环网络（Bidirectional RNN，BRNN）和长短时记忆网络（Long Short-Term Memory Networks，LSTM）。

循环神经网络最大的特点是网络具备记忆功能，如图 9.1 所示。这也是循环神经网络被广泛应用在语言建模、语音识别、机器翻译等领域的原因。

图 9.1　网络具备记忆功能

循环神经网络的发展历史可以分为 20 世纪 80 年代的发展和近代的发展，发展过程分别如图 9.2 和图 9.3 所示。

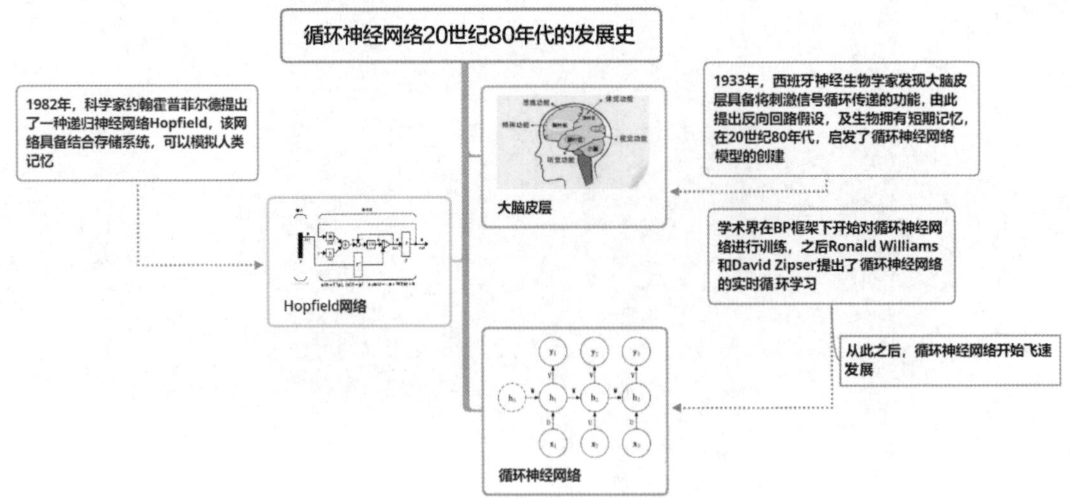

图 9.2　循环神经网络 20 世纪 80 年代的发展史

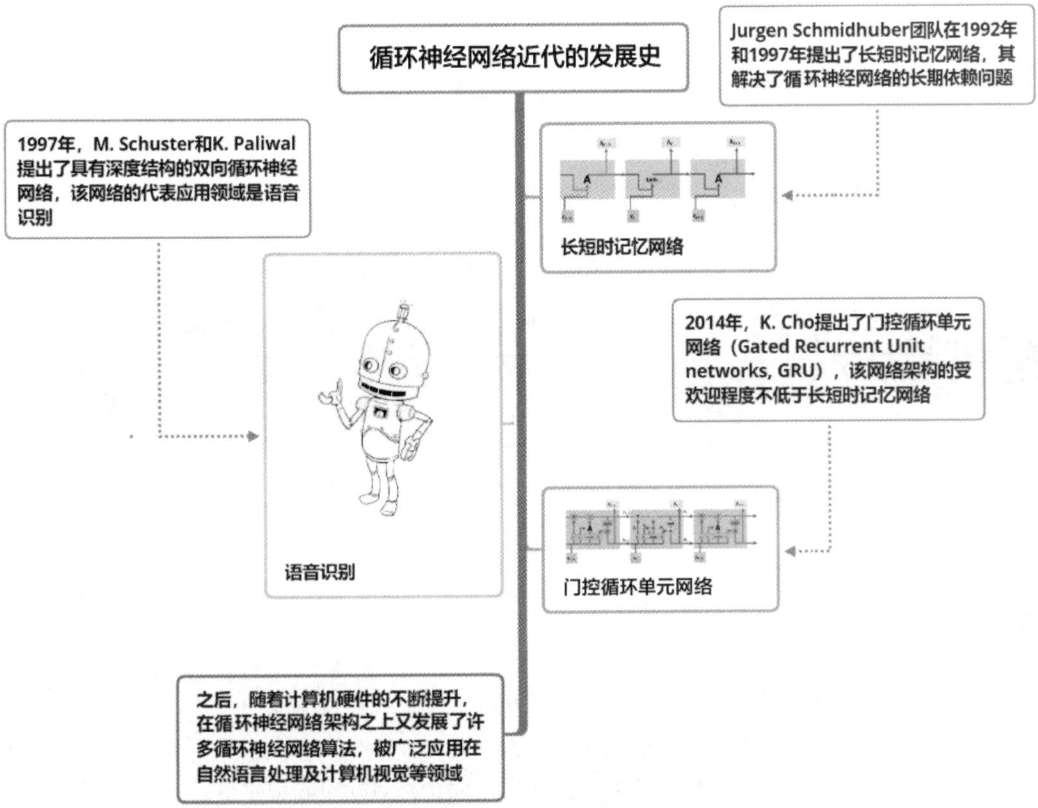

循环神经网络近代的发展史

Jurgen Schmidhuber团队在1992年和1997年提出了长短时记忆网络，其解决了循环神经网络的长期依赖问题

长短时记忆网络

1997年，M. Schuster和K. Paliwal提出了具有深度结构的双向循环神经网络，该网络的代表应用领域是语音识别

语音识别

2014年，K. Cho提出了门控循环单元网络（Gated Recurrent Unit networks, GRU），该网络架构的受欢迎程度不低于长短时记忆网络

门控循环单元网络

之后，随着计算机硬件的不断提升，在循环神经网络架构之上又发展了许多循环神经网络算法，被广泛应用在自然语言处理及计算机视觉等领域

图 9.3　循环神经网络近代的发展史

为了形象说明循环神经网络的重要性及特殊性，首先学习一下普通神经网络的结构，如图 9.4 所示。网络的优化都是通过反向传播完成的，普通神经网络的反向传播过程如图 9.5 所示。

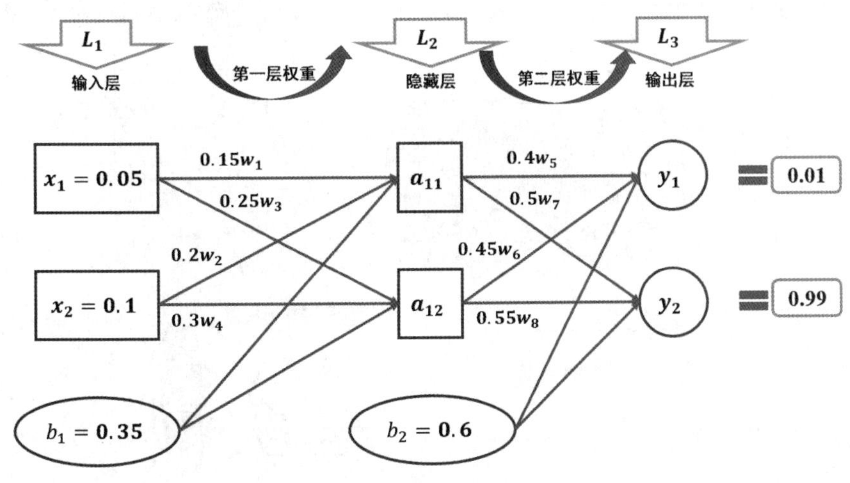

图 9.4　普通神经网络的结构

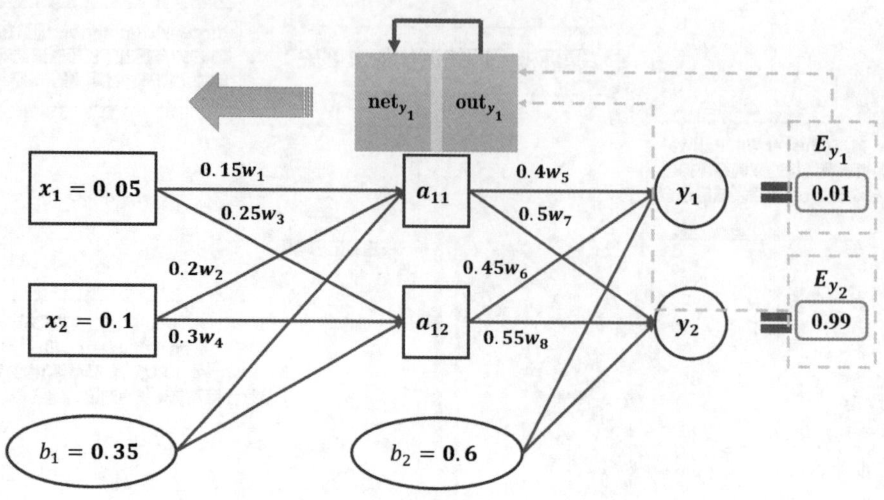

图 9.5　普通神经网络的反向传播过程

观察卷积神经网络的结构可以发现，神经网络通常包括输入层、隐藏层、输出层。正向传播的过程如下。

（1）输入数据。

（2）设置权重连接层。

（3）通过激活函数控制隐藏层的输出（对于多层结构，这里的输出相当于下一层的输入）。

（4）比较输出层结果与真实标签的差值，通过反向传播算法更新权重值。

在这个过程中，激活函数是事先设定好的，权重值是学习过程中不断迭代的，也就是要学习的目标。所谓神经学习就是学习这些权重值。观察整个流程还可以发现很重要的一点，输入的数据调整顺序后并不会影响结果（调换 x_1 和 x_2 的顺序对结果没有影响）。然而，现实情况是，调换输入的参数顺序对结果不产生影响的特点很多时候是不可行的，如机器翻译问题、语义识别问题等，这些都是要结合上下文决定预测结果的。因此要时刻关注之前及之后的输入信息，如图 9.6 所示。

图 9.6　语言顺序的重要性

使用循环神经网络可以很好解决对前面信息的兼容问题，防止出现断章取义现象。循环神经网络的结构如图 9.7 所示。

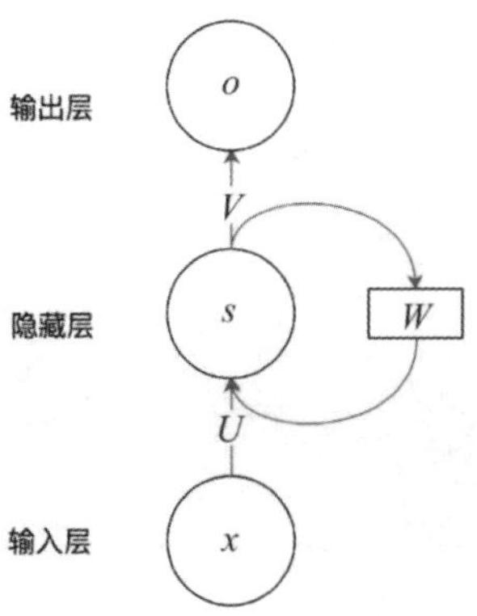

图 9.7 循环神经网络的结构

初次接触循环神经网络的读者，可能不太理解其结构，尤其是其中的循环节点。很多读者无法理解这些循环节点代表的是输入还是输出，隐藏层连接自身的含义及隐藏层自身连接的原理等。

为了帮助读者理解循环神经网络的各元素含义，下面将图 9.7 中的结构进行拆分，拆分结果如图 9.8 所示。

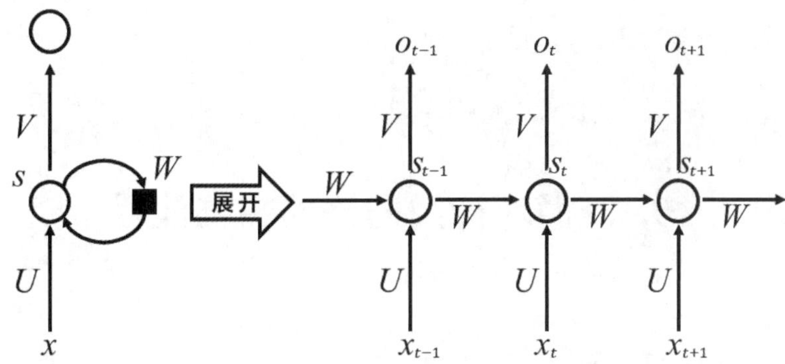

图 9.8 循环神经网络结构的分解

对比展开前后的循环神经网络结构可以发现，x 表示每一层的输入数值，s 表示隐藏层，x 和 s 之间的 U 表示输入层与隐藏层之间的权重矩阵，最上端的 o 表示输出层的数值，同理隐藏层与输出层之间的 V 表示这一部分的权重矩阵。

观察图 9.8 可以发现，整个循环网络通过 W 连接，W 是整个循环神经网络中最重要的部分，它是循环神经网络能够循环的根本。众所周知，循环神经网络之所以能够表达前后文的意思，是因为隐藏层的值 s 不仅仅取决于当前的输入 x，还取决于上一次隐藏层的值 s，因此这里的 W 就是上一个隐藏层作为输入/输出到这一层的权重。

循环神经网络的核心思想就是，在时刻 t，网络接收到的信息除了来自该时刻的输入 x_t 之外，还有来自上一时刻（即 t-1 时刻）隐藏层的输入 s_{t-1}。循环神经网络的计算方法可以表示为

$$o_t = g(Vs_t)$$

$$s_t = f(Ux_t + Ws_{t-1})$$

为了便于读者深入理解，下面展示更详细的向量级连接图，如图 9.9 所示。

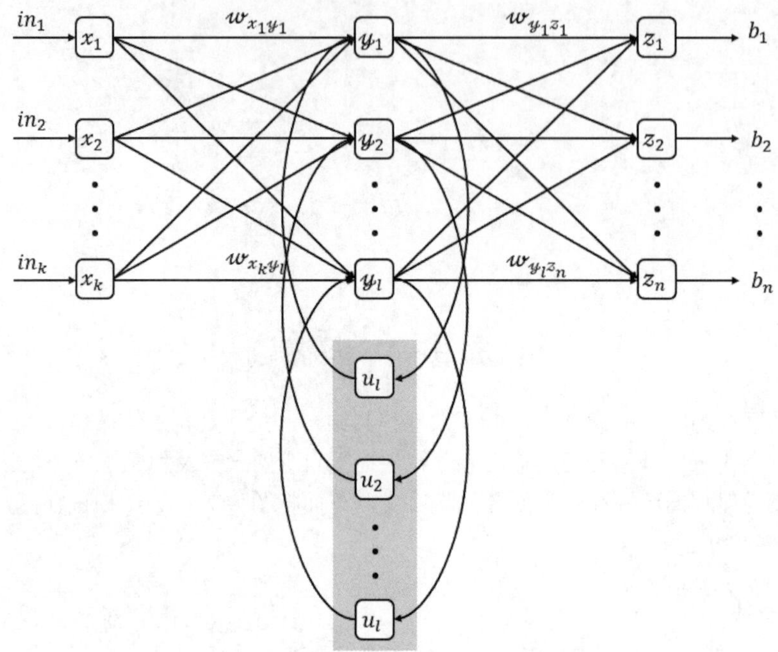

图 9.9　循环神经网络的向量级连接图

9.2　循环神经网络的传播流程

1. 前向传播

经过 9.1 节的学习，读者知道了循环神经网络的基本结构，本节将对前向传播算法做一个讨论。

假定有一个序列索引，在时刻 t 时隐藏层状态为 s_t，则该状态的组成为

$$s_t = \sigma(z^t)$$

$$z = Ux_t + Ws_{t-1} + b$$

其中，σ 是激活函数（为了防止过度线性化及梯度爆炸），b 是偏置量。

该时刻隐藏层的输出为

$$o_t = Vs_t + c$$

而该时刻的结果可以表示为

$$\hat{y}_t = \sigma(o_t)$$

这里的激活函数通常选择 Softmax。

结构的每一层都要计算损失函数，用来量化训练结果与实际值之间的差距。

2. 反向传播

类似于卷积神经网络的反向传播，循环神经网络的反向传播同样是基于对梯度下降的逆向迭代实现。从结果出发，不断更新循环神经网络的模型参数（U、W、V、b、c），由于循环神经网络是基于时间的反向传播，因此循环神经网络的反向传播又叫 BPTT（Back-Propagation Through Time，时间序列的反向传播），BPTT 的最大特点就是，循环神经网络所有节点在相同时刻都是共享的，因此反向传播时更新的都是相同的参数，这样极大地减少了计算量。

对于反向传播，第一步就是计算损失函数，同样是从最终的结果开始计算，公式为

$$L=\sum_{t-1}^{T}L_{(t)}$$

计算 V 和 c 的梯度，公式为

$$\frac{\partial L}{\partial c}=\sum_{t-1}^{T}\frac{\partial L_t}{\partial c}=\sum_{t-1}^{T}(\hat{y}_t-y_t)$$

$$\frac{\partial L}{\partial V}=\sum_{t-1}^{T}\frac{\partial L_t}{\partial V}=\sum_{t-1}^{T}(\hat{y}_t-y_t)(h_t)^2$$

W、U 和 b 由于都参与了循环网络，因此在对它们进行反向传播计算时，需要额外考虑时刻 t 及后一时刻 $t+1$ 的隐藏状态，对这两部分共同计算损失函数，其中 t 时刻隐藏状态的梯度为

$$\delta_t=\frac{\partial L}{\partial h_t}$$

之后可以和卷积神经网络一样，从后一时刻往前一时刻递推，公式为

$$\begin{aligned}\delta_t&=(\frac{\partial o_t}{\partial h_t})^T\frac{\partial L}{\partial o_t}+(\frac{\partial h_{t+1}}{\partial h_t})^T\frac{\partial L}{\partial h_{t+1}}\\&=V^T(\hat{y}_t-y_t)+W^T\mathrm{diag}(1-h_{t+1}^2)\delta_{t+1}\end{aligned}$$

对于 δ_T，则有下式成立

$$\delta_T=(\frac{\partial o_T}{\partial h_T})^T\frac{\partial L}{\partial o_T}=V^T(\hat{y}_T-y_T)$$

最后计算 U、W、b 的梯度表达式为

$$\frac{\partial L}{\partial W}=\sum_{t-1}^{T}\mathrm{diag}(1-h_t^2)\delta_t(h_{t-1})^2$$

$$\frac{\partial L}{\partial U}=\sum_{t-1}^{T}\mathrm{diag}(1-h_t^2)\delta_t(x_t)^T$$

$$\frac{\partial L}{\partial b}=\sum_{t-1}^{T}\mathrm{diag}(1-h_t^2)\delta_t$$

9.3 计算机自动填词

现在，要用循环神经网络来进行一个很强大的操作，就是输入一个词，让神经网络根据语境自

动填写最优的词语进行搭配，其实这种功能现在的输入法已经在做了，尽管有时候还需要完善，如图 9.10 所示。

图 9.10　循环神经网络的自动填词

计算机是如何做到自动填词的？接下来将用一个简单的示例说明循环神经网络的工作过程，比如要打印一句话“空中有朵雨做的云”，循环神经网络的网络结构如图 9.11 所示。

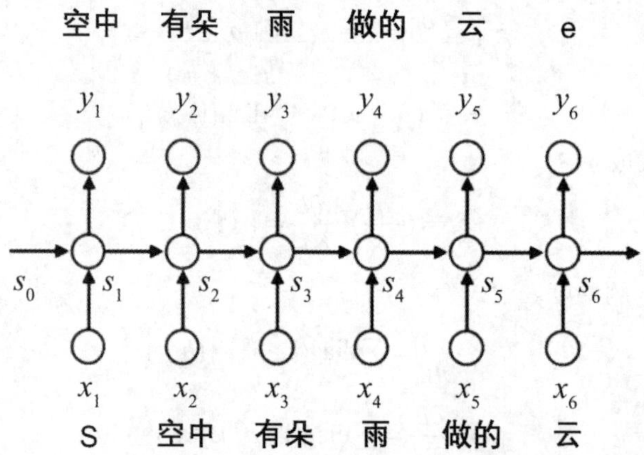

图 9.11　“空中有朵雨做的云”结构

第一步就是要把词转化为向量的形式。

（1）建立一个词典，让每个词在词典里有唯一的编号。

（2）任意一个词都可以用一个 n 维的独热向量表示，如图 9.12 所示。

当每一个词都用向量表示之后，接下来的步骤就是对神经网络做分类，方法就是预测字典中每个词出现的概率，概率最大的自然就是接下来要出现的词，如图 9.13 所示。这里涉及多分类问题，因此选择 Softmax 分类函数，公式为

$$\sigma(y_i)=\frac{\mathrm{e}^{y_i}}{\sum_k \mathrm{e}^{y_k}}$$

编号	词
……	……
2021	空中
3569	雨
11122	做的
19087	有朵
28776	云
……	……

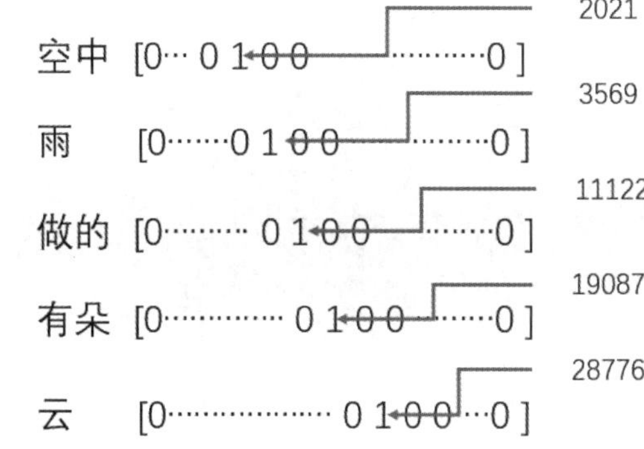

图 9.12 词典形式

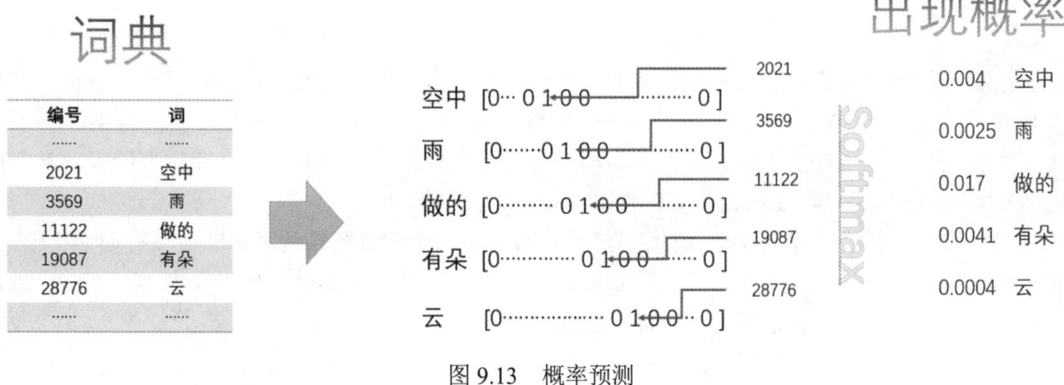

图 9.13 概率预测

以上就是基于循环神经网络模型实现语义预测的流程和原理。

9.4 不同模式的循环神经网络

通过本章 9.1～9.3 节的介绍，大家对于循环神经网络应该有了一个基本了解，实际上循环神经网络的结构模式有很多种，以输入/输出的对应关系为例，结构上可以分为一对一（one-to-one）、一对多（one-to-many）、多对一（many-to-one）和多对多（many-to-many），如图 9.14 所示。

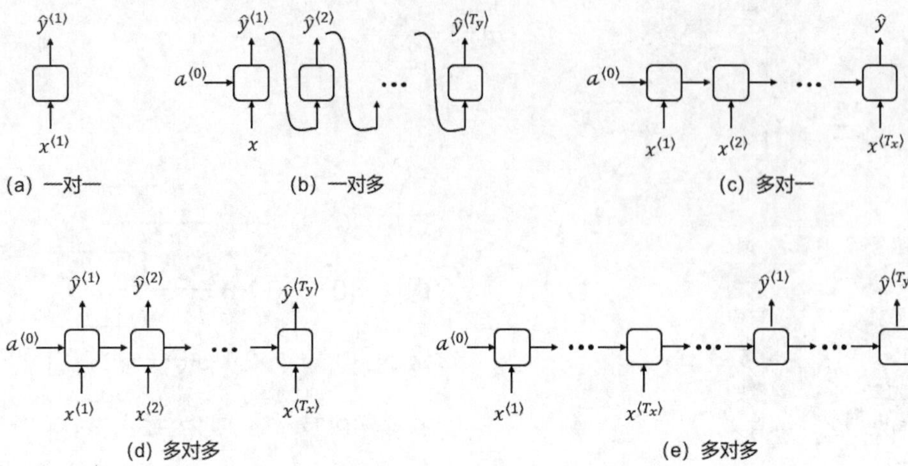

图 9.14 循环神经网络结构总结

9.5 长短时记忆网络

上面提到的梯度消失或者梯度爆炸问题会导致一个最直接的结果就是，随着训练的进行，前期的参数对后续的决策影响会越来越小直至没有影响，相当于网络忘记了最初的数据。这对于需要根据上下文去预测下一步会发生什么的网络结构来说几乎是致命的。因此出现了改进型的循环神经网络结构、长短时记忆网络（LSTM）和门控循环单元网络（GRU）。

如 9.3 节提到的“空中有朵雨做的云”，当在对最后一个词进行预测时，即便没有前后文信息，也可以精准预测出“云”这个字，它几乎是固定的词语。但是很多时候，如果缺失了上下文信息，很难精准进行预测，甚至无法预测。例如下面的例子。

老王：“老张，今年你儿子要参加高考了？”

老张：“是的，他想学艺术。”

老王：“你儿子学习挺好的，为啥要学艺术，这个将来不好就业。”

老张：“我打算让他一直读完博士，将来留校当老师。”

老王：“你儿子优秀啊，比你强多了。”

老张：“……”

老李：“老王、老张，你们唠啥呢？”

老张：“瞎聊。老李，你闺女今年也高考了？”

老李：“对，咱仨小孩不是一届的吗？老张，你儿子打算学什么？”

老王：“他儿子今年准备学艺术。”

以上面的对话场景为例，假如要预测最后老王说的话，预测他最后一句话的最后一个词，这时候就必须借助前后文的信息。因为单从这一句话分析，后面要填的词可能是一所大学，可能是一门专业，甚至可能是一项技能，为了弄清楚这里到底要填什么信息，网络必须要向前一直找到老张说的第一句话“他想学艺术”，这样才能知道最后老王要说的最后一个词是艺术。当前后文的间距不断拉大时，循环神经网络也无法胜任延续前文信息的工作，此时就需要长短时记忆网络来完成这一工作，如图 9.15 所示。

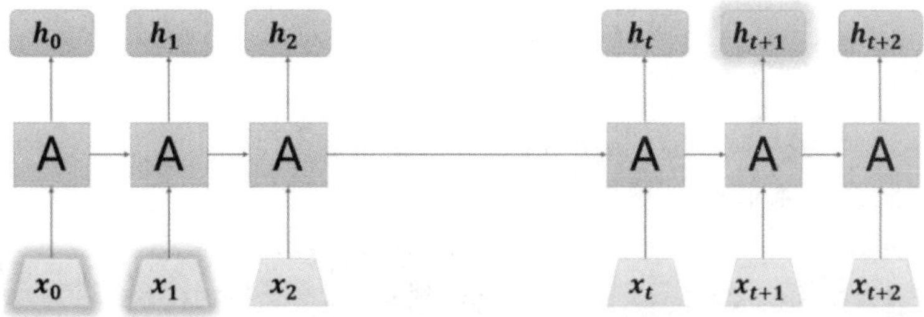

图 9.15　循环神经网络的缺陷

那么，和循环神经网络结构相比，长短时记忆网络的优势表现在什么地方？为了弄清楚这个问题，可以比较一下这两个网络结构，看哪里有不同。下面先看一下循环神经网络的结构形式，如图 9.16 所示。

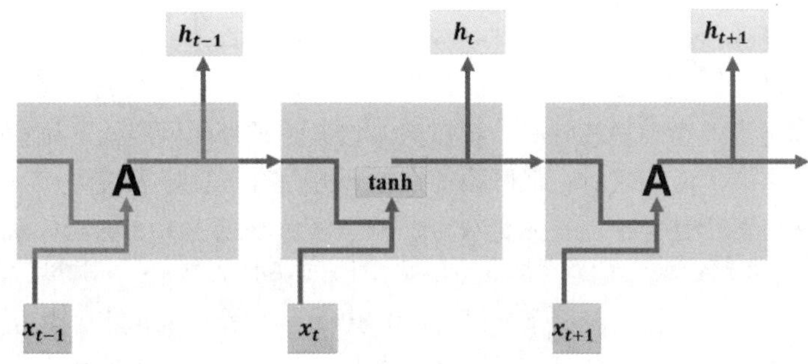

图 9.16　循环神经网络的结构形式

从图 9.16 中可以发现，模块本身结构简单，通过重复使用进行上下层之间的连接与数据的传递，比如利用 tanh 激活函数进行参数调整，通过上面的公式推导知道，随着网络的加深，梯度会发生爆炸或消失，导致的结果就是较远的信息会被网络遗忘。

下面来看一下长短时记忆网络的结构，如图 9.17 所示。

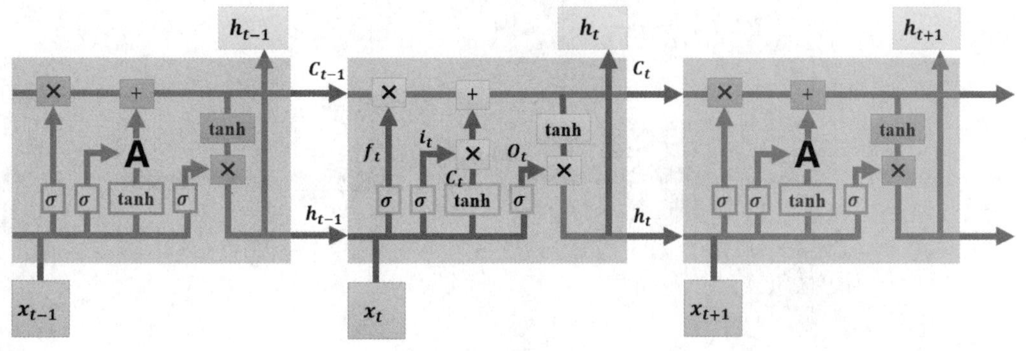

图 9.17　长短时记忆网络的结构形式

从图 9.17 中可以看到，长短时记忆网络的结构与循环神经网络相似却不同。除了 h 随着时间流动之外，细胞状态 C 也在随时间流动，而细胞状态的流动有点类似于生产线上的传送带流动，是直接在整个链上运行的，信息很容易在上面保持不变。

1. 长短时记忆网络的名词解释

（1）细胞状态：细胞状态类似于传送带。直接在整个链上运行，只有一些少量的线性交互。信息在上面流传，保持不变。

（2）控制细胞状态的方法：①通过“门”让信息选择性通过，来去除或增加信息到细胞状态；②包含一个 sigmoid 神经网络层和一个 pointwise 乘法操作。

sigmoid 层输出 0～1 概率值，描述每个部分有多少量可以通过。0 表示“不允许任何量通过”，1 表示“允许任意量通过”，如图 9.18 所示。

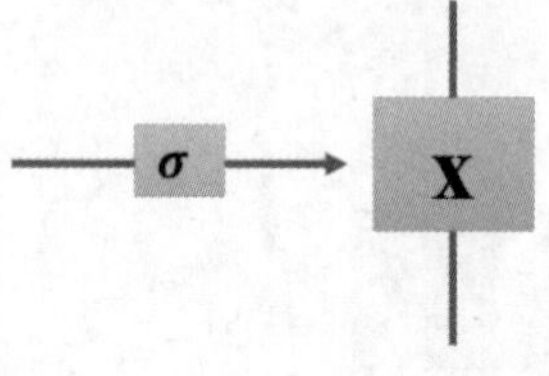

图 9.18　细胞状态控制方法

2. 长短时记忆网络的计算过程

相信各位读者在读本部分内容时，大脑里面对于前面读过的内容多少会有一些印象。在一些特殊的地方，记忆会被唤醒，帮助理解。这就是人类大脑的思考特点，它总会或多或少保留一些以往的信息，在需要用的时候提取出来，不用的时候暂时隐藏，而这种提取或隐藏的动作并不需要刻意去做。这种思考过程对于人类来说和呼吸一样自然，但是对于神经网络而言则会显得不可思议，这就是传统神经网络的弊端，而长短时记忆网络却在这一方面有着良好表现。

在长短时记忆网络运行过程中，首先是决定在整个信息传送带上要保留什么信息、丢弃什么信息，这个过程通过一个被称作遗忘门的单元完成。这个门会读取 h_{t-1} 和 x_t，给每个细胞一个状态 C_{t-1}，输出一个在 0～1 的数值，其中 1 表示完全保留，0 表示完全舍弃，如图 9.19 所示。回到之前的案例，基于整个对话过程预测老王说的话。在上下文背景中，知道老王说的话一定是指专业，因为上文里明确地提到了专业。

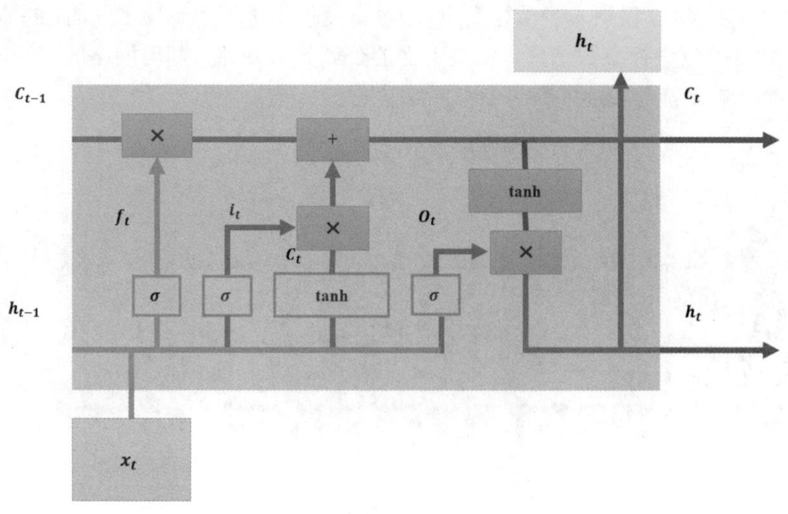

图 9.19　长短时记忆网络的“门”结构

此步骤涉及的公式为

$$f_t = \sigma(W_f[h_{t-1}, x_t] + b_f)$$

这里激活函数的作用就是决定这个“门”遗忘的信息量（激活函数的输出值在 0～1，因此此处可以决定这个“门”能够记住的信息在总信息中的占比），“门”可以接收新的参数是因为新的输入对结果会产生影响。

接下来将要对放入细胞内的信息进行筛选。这里包含两个部分：首先是 sigmoid 层，通常 sigmoid 激活函数用于分类，这里则是在输入门更新参数值；其次是 tanh 层，该层用来创建一个新的候选值向量，C_t 会被加入该层中。

在上述的案例中，希望增加新的、更加合适的主语到细胞状态中，来替代旧的、需要忘记的主语，如图 9.20 所示。

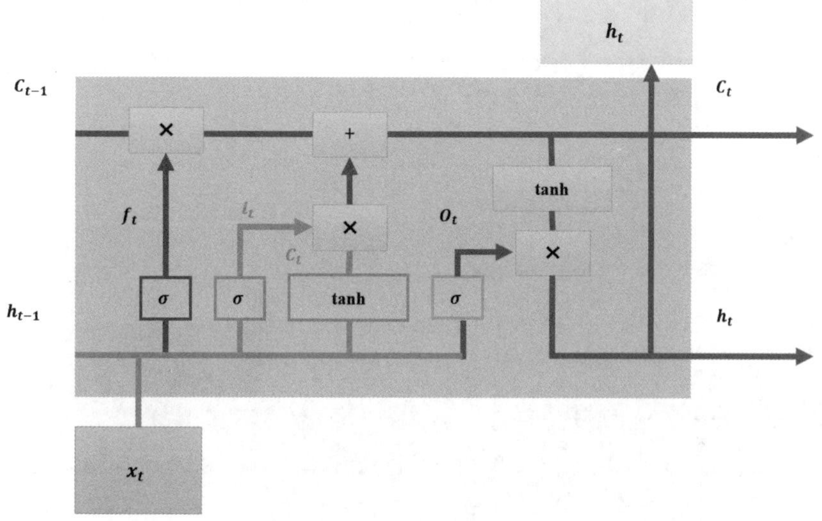

图 9.20　tanh 层

此步骤涉及的公式为

$$i_t = \sigma(W_i[h_{t-1}, x_t] + b_i)$$

$$\hat{C}_t = \tanh(W_C[h_{t-1}, x_t] + b_C)$$

这一步的目的是更新细胞状态，将 C_{t-1} 更新为 C_t。把旧状态与 f_t 相乘，对确定要淘汰的信息进行处理，然后增加新的候选值 i_t 和 $\hat{C}_t$，这些值会随着每个状态的更新程度进行变化。

对上面的基础输入“门”有了理解，输出“门”理解起来就简单多了。sigmoid 函数选择更新内容，tanh 函数创建更新候选，如图 9.21 所示。

此步骤涉及的公式为

$$C_t = f_t C_{t-1} + i_t \hat{C}_t$$

最终，需要确定输出什么值，这个输出将会基于细胞状态，但是也是一个过滤后的版本。首先，运行一个 sigmoid 层来确定细胞状态的哪个部分将输出。接着，把细胞状态通过 tanh 进行处理（tanh

激活函数的特点是输出一个-1～1 的值），并将它和 sigmoid“门”的输出相乘，最终将精准地输出确定输出的那部分，如图 9.22 所示。

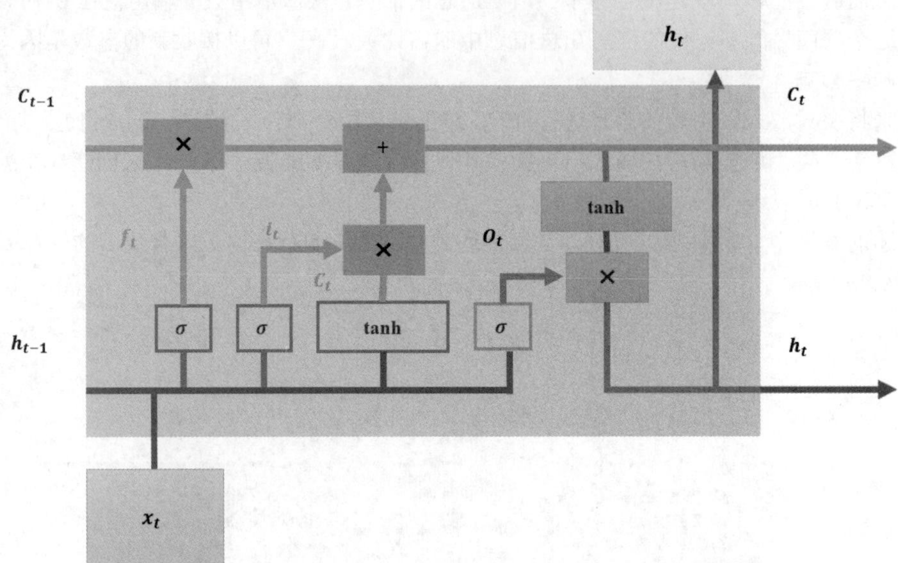

图 9.21　新状态与旧状态

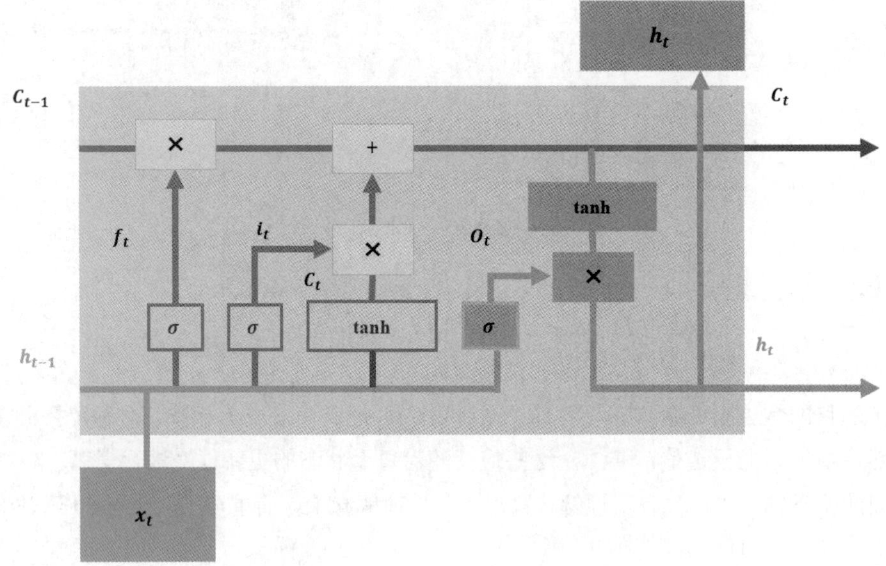

图 9.22　通过 tanh“门”的输出

此步骤涉及的公式为

$$O_t = \sigma(W_O[h_{t-1}, x_t] + b_O)$$
$$h_t = O_t \cdot \tanh(C_t)$$

这 3 个“门”虽然功能不同，但执行任务时的操作是相同的，即都使用 sigmoid 函数作为选择工具，tanh 函数作为变换工具，这两个函数结合起来实现 3 个“门”的功能。长短时记忆网络 3 个“门”的总结如下。

（1）细胞状态是核心，起到了承载“记忆”的作用。

（2）前两个“门”是对细胞状态在传送带上的状态更改，遗忘一部分内容，增加一部分内容。并且这两个“门”得到了细胞状态的输出。

（3）最终的输出是建立在细胞状态这一轮输出的基础上的。

3. 长短时记忆网络进阶（门控循环单元网络）

门控循环单元网络是一种长短时记忆网络的改进算法，它于 2014 年被提出。门控循环单元网络将遗忘“门”、输入“门”和输出“门”合并成为一个更新“门”和一个重置“门”，同时对门内的数据状态也进行了同步更新合并，使模型结构相比于长短时记忆网络更为简单。

变体一，让门层同样接收细胞状态的输入，如图 9.23 所示。

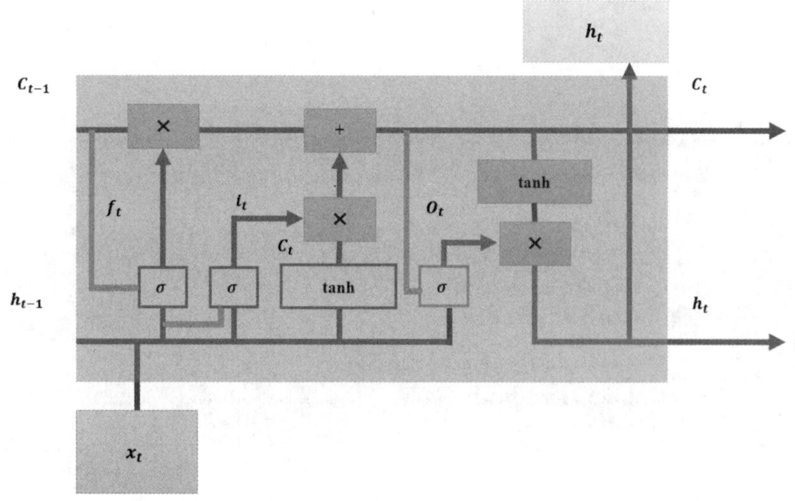

图 9.23　变体一结构

变体一涉及的公式为

$$f_t=\sigma(W_f[C_{t-1},h_{t-1},x_t]+b_f)$$

$$i_t=\sigma(W_i[C_{t-1},h_{t-1},x_t]+b_i)$$

$$O_t=\sigma(W_O[C_t,h_{t-1},x_t]+b_O)$$

变体二，同步进行遗忘和更新处理。之前的手段是对于需要忘记和添加的信息分开确定，现在则是一同确定，如图 9.24 所示。

变体二涉及的公式为

$$C_t=f_tC_{t-1}+(1-f_t)\hat{C}_t$$

变体三，将遗忘“门”和输入“门”合成一个更新“门”，同时对“门”内的数据状态也进行了同步更新合并，如图 9.25 所示。

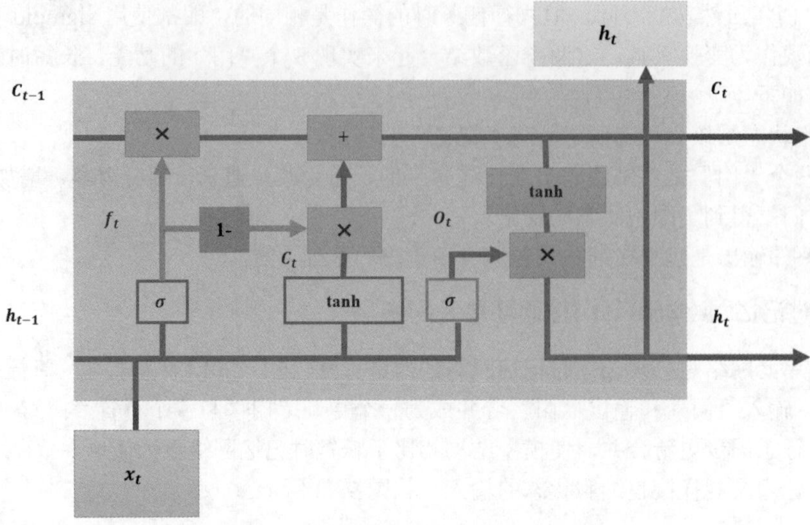

图 9.24　变体二结构

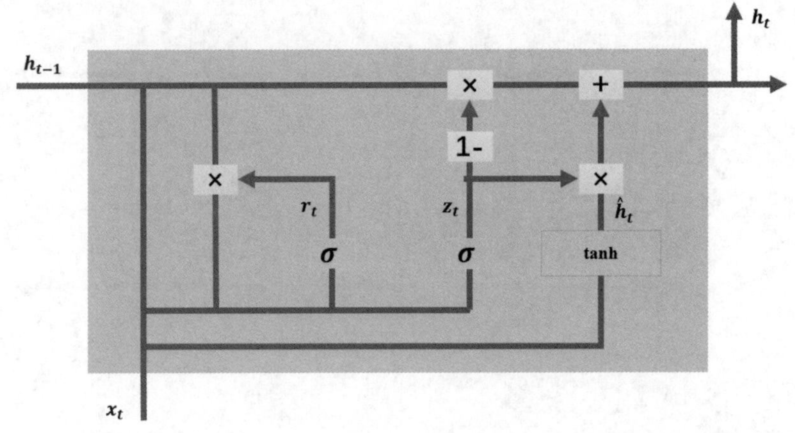

图 9.25　变体三结构

变体三涉及的公式为

$$z_t = \sigma(W_z[h_{t-1}, x_t])$$
$$r_t = \sigma(W_r[h_{t-1}, x_t])$$
$$\hat{h}_t = \tanh(W[r_t h_{t-1}, x_t])$$
$$h_t = (1 - z_t)h_{t-1} + z_t \hat{h}_t$$

9.6　循环神经网络的进化

经过学者不断地研究，在循环神经网络的基础上又延伸出了不同的类型，本节将对这些神经网络进行简单介绍。

9.6.1 双向循环神经网络

在长短时记忆网络（LSTM）提出之后不久，学者们又考虑到一个问题，那就是如果能像访问过去的上下文信息一样，访问未来的上下文，这样对于许多序列标注任务是非常有益的。例如，在对一句话进行翻译时，如果能知道这句话之前的文本信息，同时又知道这句话之后的文本信息，那么在此基础上，翻译出来的语句将会更加贴近作者的原意。

然而，传统的循环神经网络（RNN）在时序上处理序列，无法考虑上下文之间的联系。最简单的解决办法就是在输入和目标之间添加延迟，在延迟时间内，添加未来的文本信息，让未来的文本信息和过去的文本信息共同参与预测当下的输出结果。理论上，延迟的时间可以非常久，用来捕获所有未来的可用信息。但事实上，如果延迟时间过久，预测结果将会变差。这是因为网络将大量的计算用于记忆过去和未来的信息量，用于预测的模型变得孱弱，导致计算能力大幅下降。

基于上述现象，学者们提出了双向循环神经网络（BRNN），该网络的特点是将循环神经网络分成两个网络，分别训练序列向前和向后的计算模型，而且这两个网络共享同一个输出层。这种结构可以保证每一个输出节点都能利用完整的上下文信息。

图 9.26 所示是一个双向循环神经网络的标准结构。权值在每一步被重复利用，每个权值分别对应输入到向前和向后隐含层（w_1、w_3）、隐含层到隐含层自己（w_2、w_5）、向前和向后隐含层到输出层（w_4、w_6）。其中向前和向后隐含层之间没有信息流，这保证了展开图是非循环的。

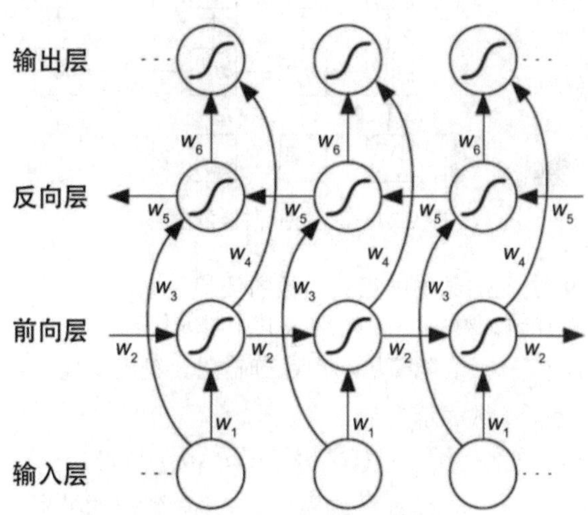

图 9.26　双向循环神经网络的标准结构

整个双向循环神经网络的计算过程如下。

1. 向前推算（Forward pass）

当把双向循环神经网络拆分之后分析时会发现，向前推算和单向的循环神经网络一样，唯一的区别就是输入序列与隐含层是相反的，输出层会在前后两个方向的隐含层处理完数据后更新，具体代码如下。

```
for t = 1 to T                # 向前传递前向隐藏层，在每一个时序中存储激活系统
fot t = T to 1                # 向前传递反向隐藏层，在每一个时序中存储激活系统
                              # 向前传递输出层，从前后两个隐藏层使用存储的激活系统
```

2. 向后推算（Backward pass）

同样地，当双向循环神经网络向后推算时，情况类似于反向传播网络的计算过程，所有输出层都会被优先计算，然后返回给两个不同方向的隐含层。

9.6.2 深度循环神经网络

循环神经网络可以看作可深可浅的网络，如果把循环网络按时间展开，长时间间隔的状态之间的路径很长，循环网络可以看作一个非常深的网络，如图 9.27 所示。

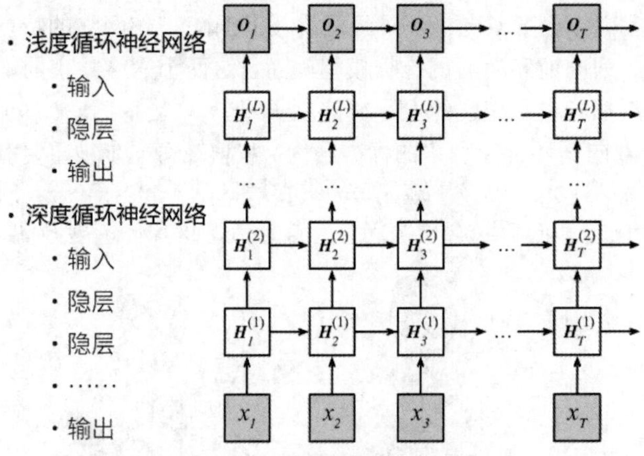

图 9.27 深度循环神经网络

这里简单讨论一下图 9.27 网络结构中相关函数的依赖关系，这样有助于理解网络的流通过程。

假定在时间 t 时刻，存在输入数据 $x_t \in \mathbf{R}^{n\times q}$（其中，$n$ 代表样本数，q 代表每个样本中的输入数），H_t^l 代表隐藏状态（其中，l 代表隐藏层，t 代表时序），输出变量 $o_t \in \mathbf{R}^{n\times q}$。令 $H_t^o = x_t$，则第 l 个隐藏层的隐藏状态使用激活函数表示为

$$H_t^l = \varphi_l(H_t^{l-1}W_{xh}^l + H_{t-1}^l W_{hh}^l + b_h^l)$$

其中，权重 $W_{xh}^l \in \mathbf{R}^{h\times h}$，$W_{hh}^l \in \mathbf{R}^{h\times h}$，偏置 b_h^l 均属于第 l 个隐藏层的模型参数。

第 l 个隐藏层决定了该层的输出结果为

$$o_t = H_t^l W_{hq} + b_q$$

其中，权重 $W_{hq} \in \mathbf{R}^{h\times q}$ 和偏置 $b_q \in \mathbf{R}^{l\times q}$ 都是输出层的模型参数。

深度循环神经网络的代码如下。

```
Import TensorFlow as tf
From TensorFlow import nn
From d21 import TensorFlow as d21
```

```
Batch_size, num_steps = 20, 30
Train_iter, vocab = d21.load_data_time_machine(batch_size, num_steps)

# 设置隐藏层数
Vocab_size, num_hiddens, num_layers = len(vocab), 256, 2
Num_inputs = vocab_size
Device = d21.try_gpu()
Lstm_layer = nn.LSTM(num_inputs, num_hiddens, num_layers)
Model = d21.RNNModel(lstm_layer, len(vocab))
Model = model.to(device)

Num_epochs, lr = 500, 2
d21.train_ch8(model, train_iter, vocab, lr, num_epochs, device)
```

运行结果如图 9.28 所示。

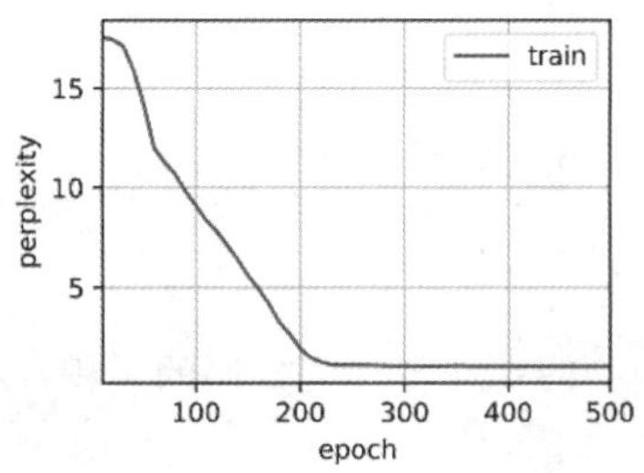

图 9.28　深度循环神经网络训练

9.6.3　循环神经网络的 Dropout

循环神经网络的特征是基于序列递推的神经网络，该网络具有记忆功能，因此对于语言生成、文本评价、处理视频以及其他具有前后相关特征的任务处理都有很好表现。模型的输入是以序列符号的形式呈现，每个神经单元对应一个符号，且与时间相关，这种结构形式可以最大限度地保留网络信息，但是其劣势同样明显，即该网络容易产生过拟合，同时该模型中缺少正则化参数项，难以适应小规模数据的处理任务。为了解决上述问题，学者们通常会让训练提前停止，以防止模型过度训练，丧失泛化性能。

这里常用使用的解决方案是 Dropout 策略，也是一种正则化的方式，在训练过程中随机丢弃网络单元从而减少计算规模。值得注意的是，在循环神经网络中使用 Dropout 是有一定限制的。Dropout 的目的是在减少神经单元的同时保证神经网络的计算强度，因此 Dropout 通常只应用于相邻层的循环体之间，同一层循环结构不建议采用 Dropout。

循环神经网络使用 Dropout 的示意图如图 9.29 所示。以（$t-3$）时刻的输入（$t+1$）时刻的输出为例，循环神经网络共分为两层，其中在同一时刻的不同层之间用到了 Dropout，例如输入 $x^{(t-3)}$ 到输出 $o^{(t-3)}$ 的过程，在不同时刻的同一层之间没有使用 Dropout；例如（t-3）时刻的长短时记忆网络（LSTM）循环体结构到（t-2）时刻长短时记忆网络循环体结构的对应位置。此后时刻的 Dropout 使用情况参照前述时刻。

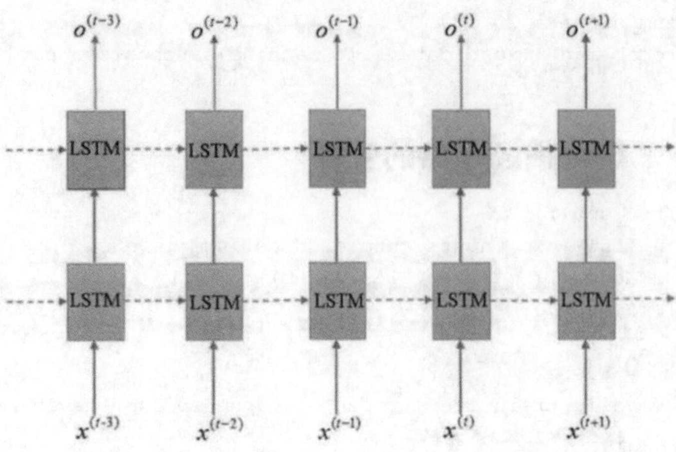

图 9.29　深度循环神经网络的 Dropout

9.7　循环神经网络与长短时记忆网络的实现

循环神经网络与长短时记忆网络的实现步骤同普通的卷积神经网络的实现步骤是一样的，都要从对数据集的处理开始。具体步骤如下。

（1）处理数据集，具体代码如下。

```
# 导入数据库
import TensorFlow as tf
from dataset import tokenizer
import numpy as np
from collections import Counter
import math
import settings
# 格式处理要求
# 禁用词
disallowed_words = settings.DISALLOWED_WORDS
# 句子最大长度
max_len = settings.MAX_LEN
# 最小词频
min_word_frequency = settings.MIN_WORD_FREQUENCY
# mini batch 大小
batch_size = settings.BATCH_SIZE

# 加载数据集
with open(settings.DATASET_PATH, 'r', encoding='utf-8') as f:
    lines = f.readlines()
    # 统一标点符号
    lines = [line.replace(': ', ':') for line in lines]
```

```
# 数据集列表
poetry = []
# 逐行处理读取到的数据
for line in lines:
    # 定义格式，只能存在一个冒号
    if line.count(':') != 1:
        continue
    # 后半部分不能包含禁止词
    __, last_part = line.split(':')
    ignore_flag = False
    for dis_word in disallowed_words:
        if dis_word in last_part:
            ignore_flag = True
            break
    if ignore_flag:
        continue
    # 长度不能超过最大长度
    if len(last_part) > max_len - 2:
        continue
    poetry.append(last_part.replace('\n', ''))
# 词汇准备
# 统计词频
counter = Counter()
for line in poetry:
    counter.update(line)
# 过滤低频词
_tokens = [(token, count) for token, count in counter.items() if count >=
min_word_frequency]
# 按词频排序
_tokens = sorted(_tokens, key=lambda x: -x[1])
# 去掉词频，只保留词列表
_tokens = [token for token, count in _tokens]

# 将特殊词和数据集中拼接起来
_tokens = ['[PAD]', '[UNK]', '[CLS]', '[SEP]'] + _tokens
# 创建词典映射关系
token_id_dict = dict(zip(_tokens, range(len(_tokens))))
# 使用新词典重新建立分词器
tokenizer = Tokenizer(token_id_dict)
# 混洗数据
np.random.shuffle(poetry)
```

（2）数据集处理完毕之后，需要构建一个生成器，对数据集进行封装，便于后期训练，具体代码如下。

```
# 定义诗词生成器
class PoetryDataGenerator:
```

```
    def __init__(self, data, random=False):
        # 数据集
        self.data = data
        # 设定训练集规模
        self.batch_size = batch_size
        # 设定迭代的步数
        self.steps = int(math.floor(len(self.data) / self.batch_size))
        # 每个 epoch 开始时是否随机混洗
        self.random = random

# 定义填充特征，包括数据及长度
    def sequence_padding(self, data, length=None, padding=None):

        # 计算填充长度
        if length is None:
            length = max(map(len, data))
        # 计算填充数据
        if padding is None:
            padding = tokenizer.token_to_id('[PAD]')
        # 开始填充
        outputs = []
        for line in data:
            padding_length = length - len(line)
            # 统一诗词长度，不足则填补
            if padding_length > 0:
                outputs.append(np.concatenate([line, [padding] * padding_length]))
            # 统一诗词长度，超过就进行截断
            else:
                outputs.append(line[:length])
        return np.array(outputs)

    def __len__(self):
        return self.steps

    def __iter__(self):
        total = len(self.data)
        # 是否随机混洗
        if self.random:
            np.random.shuffle(self.data)
        # 迭代一个循环，每次输出一个 batch
        for start in range(0, total, self.batch_size):
            end = min(start + self.batch_size, total)
            batch_data = []
            # 对古诗逐字编码
            for single_data in self.data[start:end]:
                batch_data.append(tokenizer.encode(single_data))
            # 填充为相同长度
```

```
            batch_data = self.sequence_padding(batch_data)
            yield batch_data[:, :-1], tf.one_hot(batch_data[:, 1:],
tokenizer.vocab_size)
            del batch_data

 # 定义生成器的网络结构及计算规则
    def for_fit(self):

        # 死循环，当数据训练一个 epoch 之后，重新迭代数据
        while True:
            # 委托生成器
            yield from self.__iter__()



 # 构建模型
 model = tf.keras.Sequential([
     # 不定长度的输入
     tf.keras.layers.Input((None,)),
     # 词嵌入层
     tf.keras.layers.Embedding(input_dim=tokenizer.vocab_size, output_dim=128),
     # 第一个 LSTM 层，返回序列作为下一层的输入
     tf.keras.layers.LSTM(128, dropout=0.5, return_sequences=True),
     # 第二个 LSTM 层，返回序列作为下一层的输入
     tf.keras.layers.LSTM(128, dropout=0.5, return_sequences=True),
     # 对每一个时间点的输出都做 softmax，预测下一个词的概率
     tf.keras.layers.TimeDistributed(tf.keras.layers.Dense(tokenizer.vocab_size,
activation='softmax')),
 ])

 # 查看模型结构
 model.summary()
 # 配置优化器和损失函数
 model.compile(optimizer=tf.keras.optimizers.Adam(),
loss=tf.keras.losses.categorical_crossentropy)
```

（3）使用 tf.keras.Sequential 构建了一个顺序的模型，选择 Adam 作为优化器，交叉熵作为损失函数。看一下模型的结构，具体如下。

```
Model: "sequential"
_________________________________________________________________
Layer (type)                 Output Shape              Param #
=================================================================
embedding (Embedding)        (None, None, 128)         439552
_________________________________________________________________
lstm (LSTM)                  (None, None, 128)         131584
_________________________________________________________________
lstm_1 (LSTM)                (None, None, 128)         131584
```

```
________________________________________________________________________________
time_distributed (TimeDistri (None, None, 3434)        442986
================================================================================
Total params: 1,772,392
Trainable params: 1,772,392
Non-trainable params: 0
```

（4）模型训练，代码如下。

```
# 随机生成一首诗
def generate_random_poetry(tokenizer, model, s=''):

    # 将初始字符串转成 token
    token_ids = tokenizer.encode(s)
    # 去掉结束标记[SEP]
    token_ids = token_ids[:-1]
    while len(token_ids) < settings.MAX_LEN:
        # 进行预测
        _probas = model.predict([token_ids, ])[0, -1, 3:]
        # print(_probas)
        # 按照出现概率，对所有 token 倒序排列
        p_args = _probas.argsort()[::-1][:100]
        # 排列后的概率顺序
        p = _probas[p_args]
        # 归一化处理
        p = p / sum(p)
        # 再按照预测出的概率，随机选择一个词作为预测结果
        target_index = np.random.choice(len(p), p=p)
        target = p_args[target_index] + 3
        # 保存
        token_ids.append(target)
        if target == 3:
            break
    return tokenizer.decode(token_ids)

# 生成一首藏头诗
def generate_acrostic(tokenizer, model, head):

    # 使用空串初始化 token_ids，加入[CLS]
    token_ids = tokenizer.encode('')
    token_ids = token_ids[:-1]
    # 标点符号，这里只把逗号和句号作为标点
    punctuations = ['，', '。']
    punctuation_ids = {tokenizer.token_to_id(token) for token in punctuations}
    # 缓存生成的诗的 list
    poetry = []
    # 对于藏头诗中的每个字，都生成一个短句
    for ch in head:
```

```
        # 先记录下这个字
        poetry.append(ch)
        # 将藏头诗的字符转成 token_id
        token_id = tokenizer.token_to_id(ch)
        # 加入列表中
        token_ids.append(token_id)
        # 开始生成一个短句
        while True:
            _probas = model.predict([token_ids, ])[0, -1, 3:]
            # 按照出现概率，对所有 token 倒序排列
            p_args = _probas.argsort()[::-1][:100]
            # 排列后的概率顺序
            p = _probas[p_args]
            # 归一化处理
            p = p / sum(p)
            # 再按照预测出的概率，随机选择一个词作为预测结果
            target_index = np.random.choice(len(p), p=p)
            target = p_args[target_index] + 3
            # 保存
            token_ids.append(target)
            # 只有不是特殊字符，才保存到 poetry 中
            if target > 3:
                poetry.append(tokenizer.id_to_token(target))
            if target in punctuation_ids:
                break
    return ''.join(poetry)
```

（5）测试模型，代码如下。

```
import TensorFlow as tf
from dataset import tokenizer
import settings
import utils

# 加载训练好的模型
model = tf.keras.models.load_model(settings.BEST_MODEL_PATH)
# 随机生成一首诗
print(utils.generate_random_poetry(tokenizer, model))
# 有条件网络生成，即给出部分诗句
print(utils.generate_random_poetry(tokenizer, model, s='曾经沧海难为水，'))
# 生成藏头诗
print(utils.generate_acrostic(tokenizer, model, head='一二三四五六七'))
```

9.8 创建一个聊天机器人

聊天机器人的设计思路如图 9.30 所示。

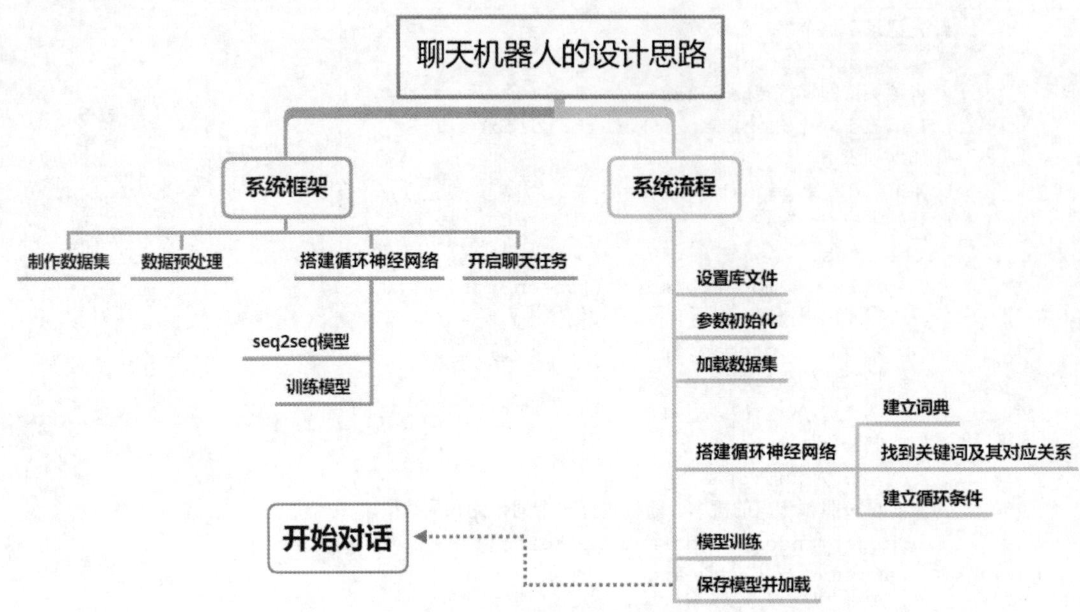

图 9.30　聊天机器人的设计思路

9.8.1　选择样本

基于图 9.30 的设计思路，首先要采集一部分聊天数据作为机器学习的素材，如图 9.31 所示。

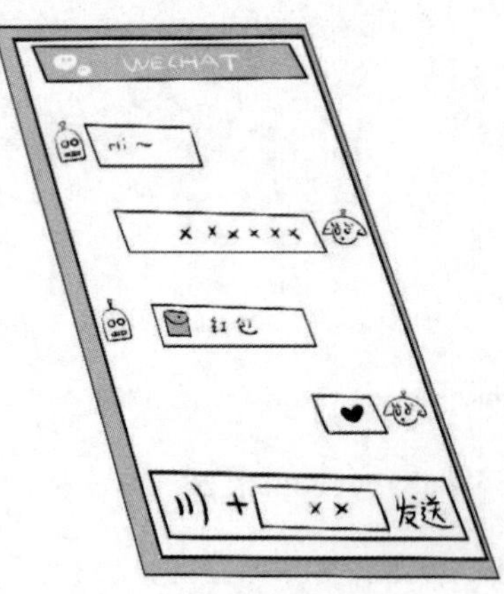

图 9.31　聊天记录

9.8.2　对样本进行预处理

对于素材数据进行预处理，将文本信息转化为纯语言信息，具体步骤如下。

（1）获取文件列表，找到 LEE.txt 与 SUN.txt 文件，读取文本信息，如图 9.32 所示。

（2）去掉非文字信息，如数字、标点符号、表情等，仅保留文字信息。对文字信息进行分词处理，其中 LEE.txt 中有 6789 个词，SUN.txt 中有 7031 个词。

（3）频次统计，对文本中出现的字符，按照出现的频次从大到小进行排序，每个字符对应的排序就是它在字典中的编号。

“测试”，1337；“语言”，18792；“如花”，3225；“这”，9801；“电影”，22145；“原理”，133；“好”，1899；“他”，7332；“为”，1332；“特务”，13902；“道”，9822；“具”，299；“卡”，13332；“垃圾”，258；“块”，13322；“尬聊”，1229，“入门”，4332；“无”，1236；“人”，32144；“痾”，5421；“伞”，33322；“命运”，23316；“明月”，76662；；“学习”，23317；“彩蛋”，54473；“献”，1784；“给”，3776；“灏”，43322；“和”，29998；“贺”，12332；“作者”，12223；“李”，3112；“昂”，33328；：“窗前”，12330；“光”，33321；“疑惑”，5433；“是”，2334；“地上”，3211；“爽”，23331；“变成”，43211；“编程”，23310；“曾经”，52901；“沧海”，4332；“难”，2145；“为”，45323；“水”，5425；“送”，5423；“路”，235；“巧克力”，54222；“橡胶”，5436；“香蕉”，21455；“海”，3321；“系统”，3221；“入库”，4366；“平板”，122；“电脑”，4443；“棋牌”，1987；“想起”，1277；“睡觉”，1357；“你”，1542；“干啥”，1280；“无敌”，1322；“刀”，12332；“书”，6447,；“玄幻”，32220；“小说”，2339；“爱情”，4994；“鼠标”，6221；“时间”，5421；“键盘”，6009；“充电器”，8022；“搬迁”，7544；“中央”，4117；“封控”，1333；“管理”，4886；“夏天”，42226；“冬天”，11332；“秋天”，2367；“手机”，22213；“午休”，3224；“困”，3255；“同学”，4336；“哈”，54221；“震动”，2145；“静压”，4366；“走”，12223；“电动车”，6332；“主机”，42257；“汇报”，43667；“山”，3256；“地砖”，32667；“大火”，12445；：：“基础”，2567；“感知”，5367；“定位”，2994；“水晶”，12555；“办理”，1446；“玻璃杯”，123444；“双层”，12333；“皇”，12355；“无序”，123455；“凳子”，1235；“桌子”，123456；

图 9.32　获取文本信息

（4）将句子转成 id 数据，经过分词后获取词典的索引值就是原文件中文字的 id。把文件中“问”和“答”的 id 数据放到不同的文件里，将文件批量转成 id 文件。“问”文件的 id 为 data_source_test.txt，“答”文件的 id 为 data_target_test.txt，如图 9.33 所示。

1290，5809，3760，67928，759，8237，9572，6973；2987，8979，3287，8927，8964，4467，1290，5809，3760，6792；8759，8237，9572，69732，9878，9793，28789，27896，44；4678，1290，5809，7606，7928，759；8237，9572，6973，29878，9793，287，89，278，964；4467，8129，1058，209，3760，679；2875，9823，795，726，973；298，789，7932，8789，2789；6444，6781，2490，9058，0978，3906，4347；8314，3288，6123，14，51；971，6981，7987，4918，728，390，490；298，7832，1503，2858，6903，2989；5833，9403，2981，1211，9053；3436，77，68，679，3212，112，3231，42；24，59，439，1028,107，809，870，897；606，7928，7598，237，957，269，73，29，8789，79328；789，2789，644，412，905，80，937，60，67；928，7598，237，9572，6973，298，7897；9328，7892，7896，444，6784，326，6521，343，1333，1343，1129，105，809，37；606，792，875，982，379，572，697，329，878，979；32，87，892，7896，44，412，905，809，37，60，679；2875，9823，7957，2697，3298，7897，9328，7892，7896，4446；7843，2665，213，43，13，331，34，316，781，290，580，937，6067，9287，598，2379，57，269，7329；878，9793，2878，927，89644，4678，129；1058，10937，606，7928，7598，237，957，2697，329，8789，7932，8789，278，9644，4678，1290，580，93，76，206，792，8759，8237，957，2697，3298，7897，932，8789，27896，444，67；87，60，67，928，75，982，379，57，269，7329，87，89，79，3287；8927896444129058093760679287；598，237，957，26973，298，78，979，328，789；278，964，446，784，3266，52134，313，3313，43，18，12，9058，1093，7，60，679；287，598，23，795，7269，732，987，897，932，8789，278，9644，4678，12，90，5809；37，60，679，2875，98237，95，7269，73298，789，793，2878；

图 9.33　文本信息转化

id 为 data_source_test.txt 的文件如图 9.34 所示。id 为 data_target_test.txt 的文件如图 9.35 所示。

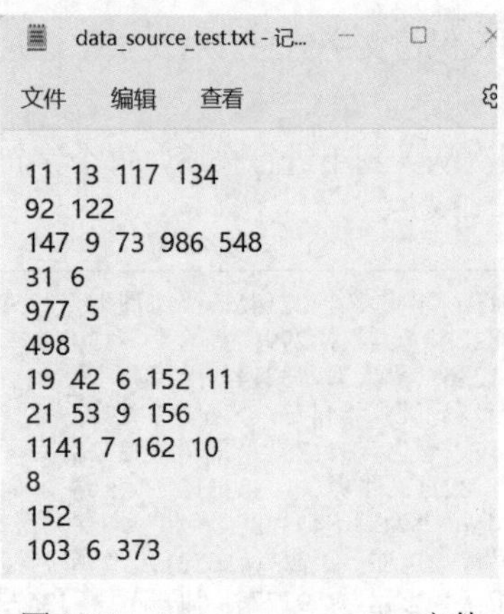

data_source_test.txt - 记...

文件 编辑 查看

11 13 117 134
92 122
147 9 73 986 548
31 6
977 5
498
19 42 6 152 11
21 53 9 156
1141 7 162 10
8
152
103 6 373

图 9.34 data_source_test.txt 文件

data_target_test.txt - 记...

文件 编辑 查看

981 1536 223 5 13 152
62 1429
85 22 283 689 8
47 165 9
996 1572 682
1351 25 29 396 252 17 187
24 118 236
47 562 443 12
41 22 138
132
54 17
1432 11 98 113 157 4 413 6

图 9.35 data_target_test.txt 文件

9.8.3 构建循环神经网络模型

1. 模型加载

网络结构为两层，每层是由相同的门控循环单元网络门细胞组成的网络，在 seq2seq 模型中编码器 encoder 与解码器 decoder 具有相同的结构。

门控循环单元网络内部结构涉及的公式为

$$z_t = \sigma(W_z \cdot [h_{t-1}, x_t])$$
$$r_t = \sigma(W_r \cdot [h_{t-1}, x_t])$$
$$\hat{h}_t = \tanh(W \cdot [r_t h_{t-1}, x_t])$$
$$h_t = (1 - z_t) h_{t-1} + z_t \hat{h}_t$$

2. 输入层

输入层主要针对问句进行编译，长度根据具体的输入而定；输入层的计算结果与回复语句共同作为隐藏层的输入，并且赋予一定的权重参数，通过对该权重参数进行优化，使生成结果接近目标词汇。整个过程中回复语句既参与损失计算又参与节点运算。

3. 隐藏层

模型中编码器与解码器有着相同的结构，都是由相同数量的门控循环单元网络门细胞组成的。在每个时刻，当前层的输出依赖于当前层次的输入和前一时刻的隐藏层输出，如图 9.36 所示。

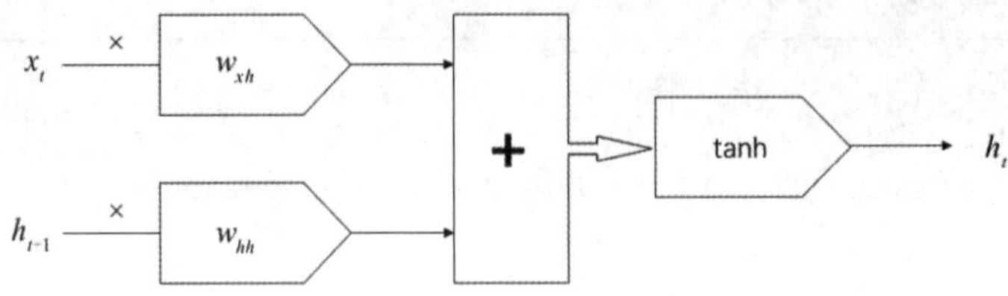

图 9.36 循环神经网络隐藏层的输入结构

4. 输出层

循环神经网络计算过程中会将前面每个时刻的输入作为参考进行考量，最终生成固定长度的语句，因此该语句更接近人物的对话。

9.8.4 开始和自己聊天

经过对人类的对话过程的学习和训练，最终训练的模型从语气和说话方式上都有着和人类类似的特征，训练过程文件和训练结果如图 9.37 和图 9.38 所示。

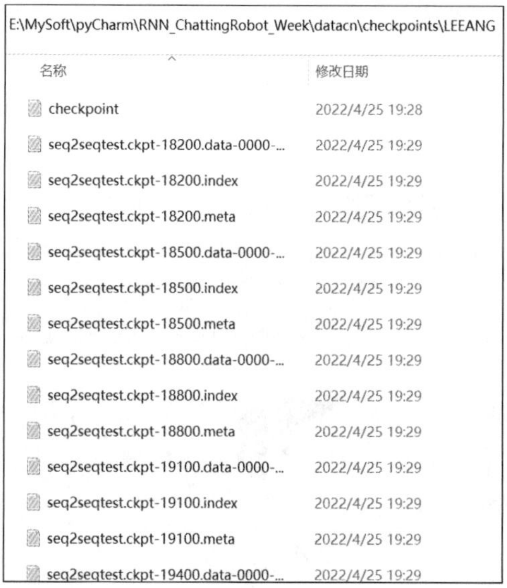

E:\MySoft\pyCharm\RNN_ChattingRobot_Week\datacn\checkpoints\LEEANG

名称	修改日期
checkpoint	2022/4/25 19:28
seq2seqtest.ckpt-18200.data-0000-...	2022/4/25 19:29
seq2seqtest.ckpt-18200.index	2022/4/25 19:29
seq2seqtest.ckpt-18200.meta	2022/4/25 19:29
seq2seqtest.ckpt-18500.data-0000-...	2022/4/25 19:29
seq2seqtest.ckpt-18500.index	2022/4/25 19:29
seq2seqtest.ckpt-18500.meta	2022/4/25 19:29
seq2seqtest.ckpt-18800.data-0000-...	2022/4/25 19:29
seq2seqtest.ckpt-18800.index	2022/4/25 19:29
seq2seqtest.ckpt-18800.meta	2022/4/25 19:29
seq2seqtest.ckpt-19100.data-0000-...	2022/4/25 19:29
seq2seqtest.ckpt-19100.index	2022/4/25 19:29
seq2seqtest.ckpt-19100.meta	2022/4/25 19:29
seq2seqtest.ckpt-19400.data-0000-...	2022/4/25 19:29

图 9.37 训练过程文件

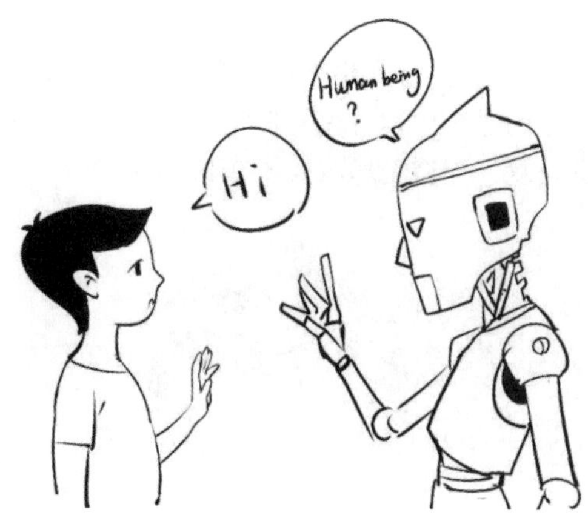

图 9.38 训练结果

9.9 永远追不上乌龟的兔子

龟兔赛跑的故事讲的是兔子看到乌龟跑得太慢，于是兔子在路上睡着了，最终的比赛结果是乌龟取得了胜利。这个故事教育人们面对任何对手都要认真，否则等待人们的可能就是失败。那么，如果兔子认真和乌龟赛跑，乌龟是不是就根本不可能获得胜利呢？事实上，在芝诺悖论中，兔子是永远追不上乌龟的。

现在重新开始龟兔赛跑，规则如下。乌龟首先跑 100m，假定乌龟的速度是兔子的 1/10。兔子想要追上乌龟的前提是首先达到乌龟当前的位置，当兔子跑到 100m 的位置时，乌龟又向前跑了 10m；这时候兔子继续追赶，当兔子又跑了 10m 时，乌龟再次向前跑了 1m；于是兔子再追，当兔子再次跑了 1m 时，乌龟跑了 0.1m，如此循环下去，结果就是兔子离乌龟越来越近，但是永远追不上乌龟。因为乌龟总是在不断地制造起点，兔子则要不断地去追赶这个起点，乌龟总是能在起点和自己之间制造一个距离，无论这个距离有多小。只要乌龟不停止前进，兔子就永远赶不上乌龟，如图 9.39 所示。

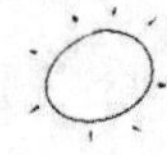

图 9.39　龟兔赛跑

沿用上面的说法，如果你从一个地方回家，那么你多久可以到家呢？答案是你永远也回不到家，因为在回家的过程中，首先要走完路程的一半，再走完剩下路程的一半，然后再走完剩下路程的一半，如此反复，无穷无尽，如图 9.40 所示。

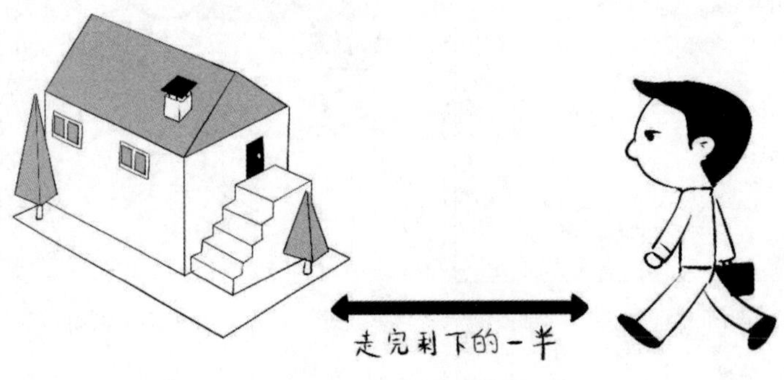

图 9.40　“回不去的家”

其实芝诺悖论是想证明一件事情，整个世界在时间和空间上是有限可分还是无限不可分的。

第 10 章 对抗神经网络

打开手机短信 App，可以看到有大量的信息被分类标注，如不重要信息、垃圾信息、广告信息等，那么手机是如何判断这些信息的类别的？这就涉及本章要介绍的对抗神经网络，为了了解对抗神经网络的工作原理，本章将重点介绍以下内容：

- 对抗神经网络的网络结构。
- 对抗神经网络的数学原理。
- 对抗神经网络的应用。
- 有条件的对抗神经网络。
- 实战垃圾邮件识别。

10.1 对抗神经网络的介绍

对抗神经网络的英文全称是 Generative Adversarial Network（GAN），又叫对抗式生成网络。对抗神经网络其实是两个网络的组合，可以理解为一个网络用来生成模拟数据（生成网络），另一个网络用来判断生成的数据是真实的还是模拟的（判别网络）。生成网络要不断优化自己生成的数据让判别网络判断不出来，判别网络也要优化自己让自己的判断结果更准确。二者关系形成对抗，因此叫对抗神经网络。

10.1.1 对抗神经网络的学习意义

了解对抗神经网络的定义后，对抗神经网络又有哪些应用场景呢？本小节将为大家展示对抗神经网络几大典型应用。

1．生成数据集

2014 年，Ian Goodfellow 等人发表论文《对抗式生成网络》，提出了基于对抗式生成网络生成新案例数据这一应用。这一想法的提出为对抗神经网络的学习研究带来极大的便利。神经网络的案例学习最大的工作之一就是构建数据集，如果这一想法能够实现，将会极大减少构建数据集的工作量，大家学习神经网络也可以不局限于现有的几种数据案例，这其中的意义不言而喻。

2．生成图片

生成图片包括人脸照片、现实生活和场景图片、动漫人物图片等。Tero Karras 等人在 2017 年发表的论文《GAN 质量、稳定性及变化性的提高》中展示了基于明星面部的生成照片，照片十分逼真，让人有一种非常熟悉但又不认识的感觉。

3．图像转换

这方面的应用案例更是不胜枚举并且应用到了人们的日常生活中。例如，将语义图像转化成城市和建筑景观图像、将卫星图像转化成导航地图图像、将白天景观转化成夜晚景观、将黑白图片转化成彩色图片等。

4．文字（图像转化）

利用对抗神经网络技术对图像进行合成，基于对某个事物的文字描述，将其转化为相应图像，如花、鸟、鱼、虫等。

5．图片转表情

顾名思义，未来的表情包可能更加丰富且奇葩。

6．面部老化

短视频 App 上曾有一个特别火的特效，当用户上传自己的照片之后，可以看到自己小时候或未来的样子。这里面就用到了基于对抗神经网络的面部减龄或增龄算法。

7. 图片修复

图片修复技术应该算是对抗神经网络的看家本领了，通过对目标图像的学习，进而掌握目标图像的特征点分布，最终实现对目标图像缺失部分的自动修复。

10.1.2 什么是对抗神经网络

对抗神经网络最强大的地方在于该网络具有自主学习性，这是对抗神经网络生成器的核心特点。给对抗神经网络一个输入样本，无论该样本有多复杂，通过训练，对抗神经网络总能找到该样本内的数据分布规律。这是对抗神经网络与传统网络模型最大的区别。

传统机器学习的工作方式是，给定一个数学模型，参数设置为变量，通过方向传播不断迭代优化，最终确定各个参数值。比如进行天气的预测，通常会给定一个回归模型，参数设置包括空气湿度、风力大小、风力方向、空气质量、阴晴现象等，但是具体的数值无法给出，需要对之前的已知参数值进行回归计算，最终得到某一地区某个时段的天气具体情况。比如判断西瓜是不是足够甜，会定义一个决策树模型，判断参数包括瓜皮颜色、瓜皮纹路、根部的硬度等，通过决策树的判断分类，可以很精确地判断西瓜是否足够甜。上述的例子无论是天气预测还是西瓜甜度预测，实际上都是事先定义一个模型，然后通过学习去确定参数和判断结果，相当于有了一个先验的基本模型。

而对抗神经网络模型之所以强大就在于它可以从一堆噪声数据中直接生成目标，如人脸。事实上，从噪声数据生成人脸图像，需要了解人脸图像结构的分布特征，如果知道人脸图像的分布特征，符合某一个数学模型，那么可以直接让神经网络去学习该模型，然后通过不断优化模型参数的形式，完善模型并生成目标人脸图像。但是显然事先是不知道生成人脸是基于哪种模型的，在这种情况下，对抗神经网络可以利用自己独特的自学习机制，对目标图像进行学习和训练，最终自己找到该模型，如图 10.1 所示。

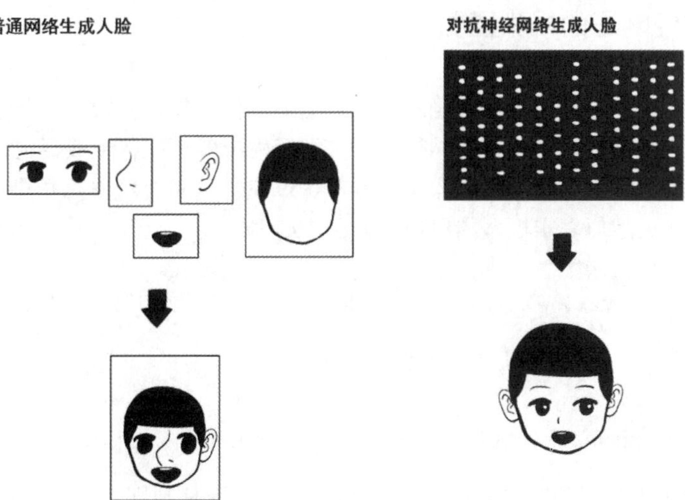

图 10.1　普通网络与对抗神经网络

对抗神经网络除了可以自学习分布模型之外，还可以自我进化损失函数模型。对抗神经网络的精髓是通过网络的对抗从而使生成目标可以以假乱真，这里的对抗就是生成器与判别器之间的对抗。生成器就是对抗神经网络自学习的数学模型，判别器则对应着损失函数。尽管损失函数不像生成器那样有着五花八门的模型形式，基本上对抗神经网络的判别函数都可以事先定义，但是针对不同的问题，判别器的判断准则依然是有区别的，而这个区别则是判别网络通过潜在学习不断优化更新，因此说对抗神经网络还可以自我进化损失函数模型。

10.1.3　对抗神经网络的结构

对抗神经网络的结构组成中最重要的两部分分别是生成模型和判别模型（图 10.2）。其中生成模型的作用是将输入的噪声信息转化为图像信息，这是一个升维的过程，生成模型的目标是让生成的图像尽可能真实；判别模型的作用就和它的名字一样，主要起到判断与鉴别的作用，它是一个二分类器，判断输出信息的真假。对于真实样本集的输出判断为真，对于生成模型的输出判断为假，类似于图灵测试。因此可以认为生成模型的目标就是骗过判别模型。

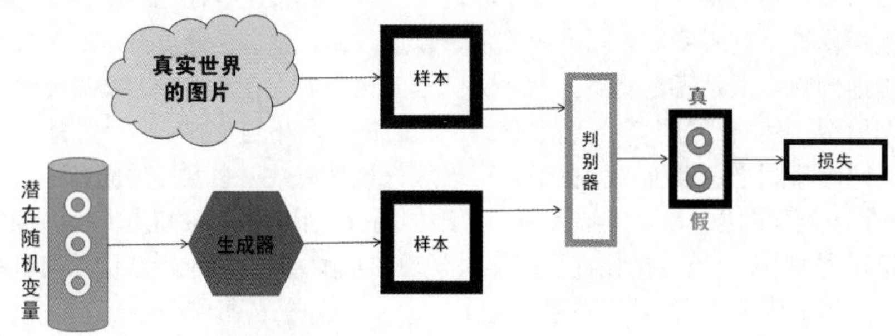

图 10.2　对抗神经网络的结构

10.1.4　对抗神经网络的损失函数

损失函数决定着判别器是否能够准确地判断数据的真伪，损失函数的优化是在反复训练中进行的，训练过程中判别器对假数据的判断结果会用来训练生成器，完善生成器的训练参数，当判别器对生成器生成的任何数据都无法判断真假（输出为 0.5）时，对抗神经网络模型达到了平衡。这就是对抗神经网络可以生成近似真实模型的原理，如图 10.3 所示。

对抗神经网络的价值函数表示为

$$\min_G \max_D V(D,G) = E_{x\sim P_{\text{data}}(x)}[\log(D(x))] + E_{z\sim P_z(z)}[\log(1-D(G(z)))]$$

其中，z 代表随机分布，$G(z)$ 是由随机分布生成的数据分布。

因此上式可以改写为

$$\min_G \max_D V(D,G) = E_{x\sim P_{\text{data}}(x)}[\log(D(x))] + E_{x\sim P_G(x)}[\log(1-D(x))]$$

上述公式体现了生成器和判别器之间的博弈关系。无论是判别器还是生成器，都在抢夺参数 $E_{x\sim P_G(x)}[\log(1-D(x))]$，其中判别器希望这个参数越大越好，而生成器则相反，希望这个参数越小越好。原因很简单，判别器的任务是对于真实数据输出为 1，对于虚假数据输出为 0。就上式而言，$E_{x\sim P_{\mathrm{data}}(x)}[\log(D(x))]$ 代表真实数据，判别器希望该项输出接近 1，参数 $E_{x\sim P_G(x)}[\log(1-D(x))]$ 代表虚假数据，同样希望该处输出接近 1，这样表明对虚假数据的判断准确；对于生成器则刚好相反，首先第一项参数 $E_{x\sim P_{\mathrm{d\ a}}(x)}[\log(D(x))]$ 只和判别器相关，因此这里不做讨论，对于参数 $E_{x\sim P_G(x)}[\log(1-D(x))]$，希望生成的数据难以被判别器识别，因此这里希望该参数的数值越小越好。

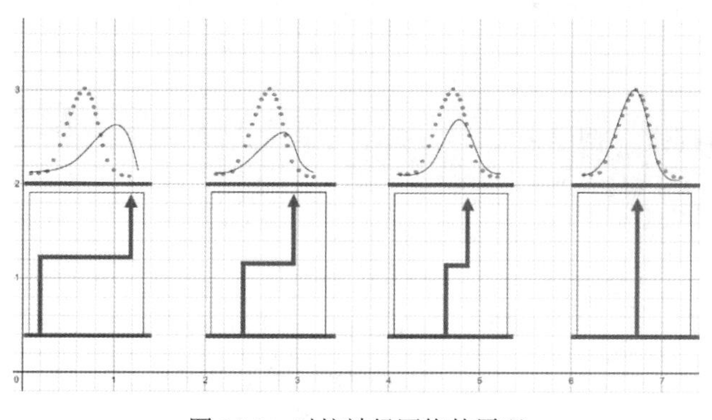

图 10.3 对抗神经网络的原理

上述过程体现了判别器和生成器之间的博弈关系，博弈过程如图 10.4 所示。

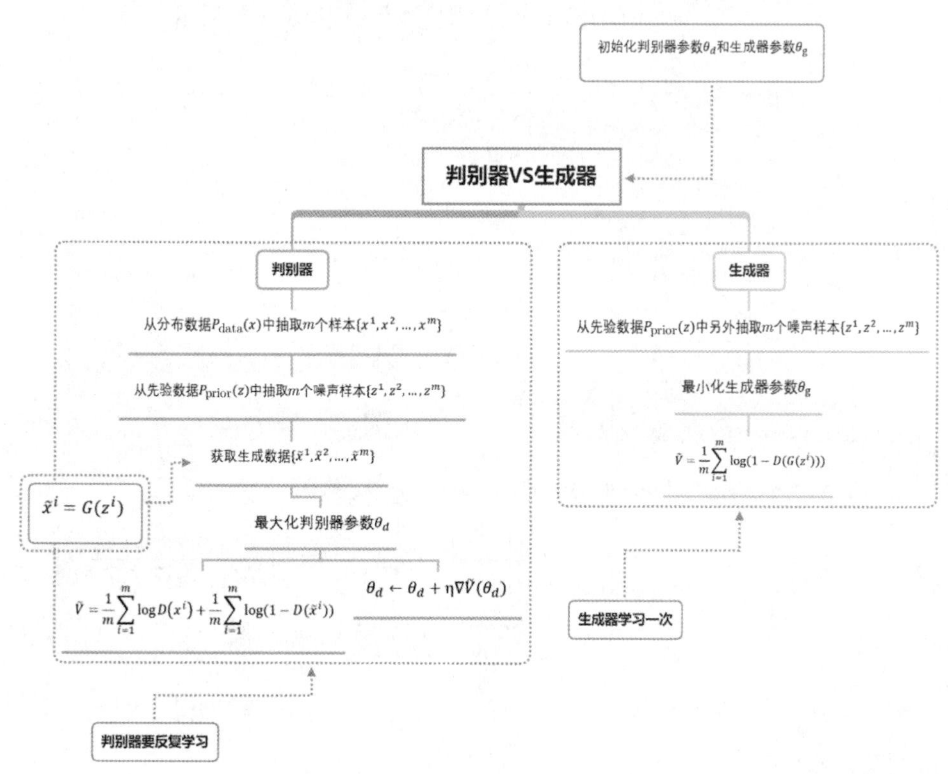

图 10.4 判别器与生成器的博弈过程

10.1.5　对抗神经网络的数学原理

10.1.4 小节中，从损失函数博弈的角度阐述了对抗神经网络的运行特点，本小节将从数学的角度对对抗神经网络的原理进行分析。由数理统计的知识知道，$E_{x\sim P_{[f(x)]}}$ 表示对于 x 服从 P 分布的函数值的期望。在对抗神经网络中，这种期望代表要最大化 $V(D,G)$。这两个期望值通过生成分布和真实分布的散度进行衡量，而最大化散度的目的就是希望利用判别器将真假数据完全区分，这也是 max 项的由来。

同样的道理，当判别器被固定之后，生成器的目标则是混淆真假数据，真假数据越难以区分则代表生成器性能越好，这就是 min 项的由来。

现在将 $V(D,G)$ 展开得到

$$\begin{aligned}V(D,G) &= E_{x\sim P_{\text{data}}(x)}[\log(D(x))] + E_{x\sim P_G(x)}[\log(1-D(x))]\\ &= \int xP_{\text{data}}(x)[\log D(x)]\mathrm{d}x + \int xP_G(x)[\log(1-D(x))]\mathrm{d}x\\ &= \int x[P_{\text{data}}(x)[\log D(x)] + P_G(x)[\log(1-D(x))]]\mathrm{d}x\end{aligned}$$

通过对最优判别器最大化 $V(D,G)$，可以得到

$$\begin{aligned}D^* &= \arg\max_D V(D,G)\\ &= \arg\max_D [P_{\text{data}}(x)[\log D(x)] + P_G(x)[\log(1-D(x))]]\end{aligned}$$

其中

$$\forall(a,b)\in R^2$$

$$y \to a\log y + b\log(1-y)$$

$$\max = \frac{a}{a+b}$$

因此

$$D^* = \frac{P_{\text{data}}(x)}{P_{\text{data}}(x)+P_G(x)}$$

将上述结果代入 $V(D,G)$ 得到

$$\begin{aligned}C(G) &= \min_G V(D,G)\\ &= E_{x\sim P_{\text{data}}(x)}[\log(D(x))] + E_{x\sim P_G(x)}[\log(1-D^*(x))]\\ &= E_{x\sim P_{\text{data}}(x)}\left[\log\frac{P_{\text{data}}(x)}{P_{\text{data}}(x)+P_G(x)}\right] + E_{x\sim P_G(x)}\left[\log\left(1-\frac{P_{\text{data}}(x)}{P_{\text{data}}(x)+P_G(x)}\right)\right]\end{aligned}$$

由于生成器的目标是让真假数据尽量接近，因此最优的结果就是两个分布相互重合，即 $P_{\text{data}}(x)=P_G(x)$，此时判别器 $D^*(x)=0.5$，生成器为

$$C(G) = E_{x\sim P_{\text{data}}(x)}(-\log 2) + E_{x\sim P_G(x)}(-\log 2) = -2\log 2$$

代入最优生成器得到

$$C(G) = -2\log 2 + E_{x\sim P_{\text{data}}(x)}\left[\log \frac{P_{\text{data}}(x)}{\frac{P_{\text{data}}(x)+P_G(x)}{2}}\right] + E_{x\sim P_G(x)}\left[\log\left(1-\frac{P_{\text{data}}(x)}{\frac{P_{\text{data}}(x)+P_G(x)}{2}}\right)\right]$$

根据期望的定义得到

$$\begin{aligned} C(G) &= -2\log 2 + \int x\left[P_{\text{data}}(x)\left[\log \frac{P_{\text{data}}(x)}{\frac{P_{\text{data}}(x)+P_G(x)}{2}}\right] + P_G(x)\left[\log\left(1-\frac{P_{\text{data}}(x)}{\frac{P_{\text{data}}(x)+P_G(x)}{2}}\right)\right]\right]\mathrm{d}x \\ &= -2\log 2 + \mathrm{KL}\left(P_{\text{data}}(x) \,\|\, \frac{P_{\text{data}}(x)+P_G(x)}{2}\right) + \mathrm{KL}\left(P_G(x) \,\|\, \frac{P_{\text{data}}(x)+P_G(x)}{2}\right) \\ &= -2\log 2 + 2\times \mathrm{JSD}(P_{\text{data}}(x) \,\|\, P_G(x)) \end{aligned}$$

其中 KL 散度和 JS 散度的计算公式为

$$\mathrm{KL}(P \,\|\, Q) = \sum P(x)\log\frac{P(x)}{Q(x)}$$

$$\mathrm{JS}(P \,\|\, Q) = \frac{1}{2}\mathrm{KL}\left(P \,\|\, \frac{P+Q}{2}\right) + \frac{1}{2}\mathrm{KL}\left(Q \,\|\, \frac{P+Q}{2}\right)$$

最终计算得到

$$C(G) = -2\log 2 + 2\times \mathrm{JSD}(P_{\text{data}}(x) \,\|\, P_G(x))$$

JS 散度概念见图 10.5。

JSD(· || ·)也叫 Jensen-Shannon 散度，简称 JS散度，和KL散度一样，也被用来衡量两个分布之间的差异。不同的是，JS散度有一个取值范围［0，log2］。当两个分布完全相同时，JSD(· || ·) = 0；当两个分布完全不同时，JSD(· || ·)=log2

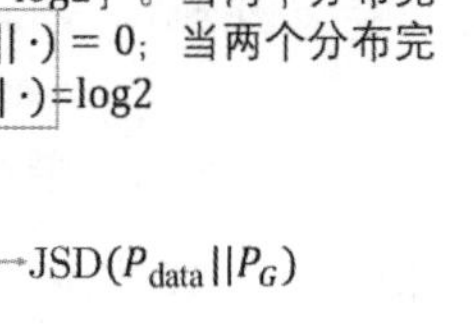

图 10.5　JS 散度的概念

计算机在求解时通常会用采用替代期望，因此 $V(D,G)$ 会被离散为

$$V(D,G) = \frac{1}{m}\sum_{i=1}^{m}\log D(x^i) + \frac{1}{m}\sum_{i=1}^{m}\log(1-D(z^i))$$

其中

$$x \sim P_{\text{data}}(x)$$
$$z \sim P_G(x)$$

10.2 对抗神经网络的应用

对抗神经网络的搭建过程和卷积神经网络类似，包含数据准备、层级建模、损失函数、训练与预测。下面通过流程图的形式分别展示上述过程。

1. 数据准备

与搭建其他神经网络一样，搭建对抗神经网络的第一步仍然是数据准备，包括环境搭建、图片设置等基本工作，如图 10.6 所示。

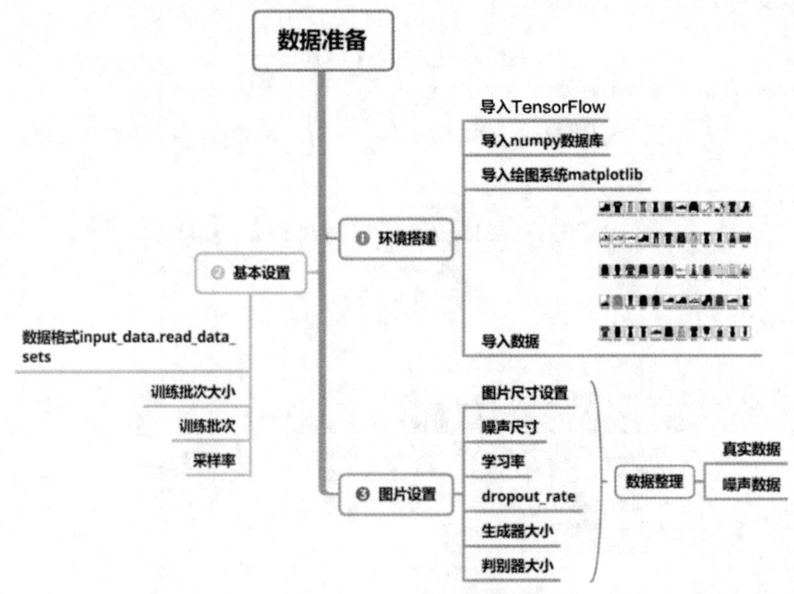

图 10.6　数据准备

2. 生成器

生成器相当于一个制造企业，因此生成器首先应该进行数据输入，类似于生产资料，然后生成器会根据目标对输入数据进行计算组合，生成器的工作流程如图 10.7 所示。

3. 判别器

判别器类似于质检员，它要了解判定目标，以此区分图像是真实数据还是生成器合成的结果，判别器的工作流程如图 10.8 所示。

从生成器和判别器的工作流程图可以看出，两者的构造过程几乎一样，区别就是一个在努力模仿，目标是不被发现；一个在努力鉴别，目标是完全区分真假。当生成器生成的数据无法被判别器区分时，说明生成器的训练是成功的。

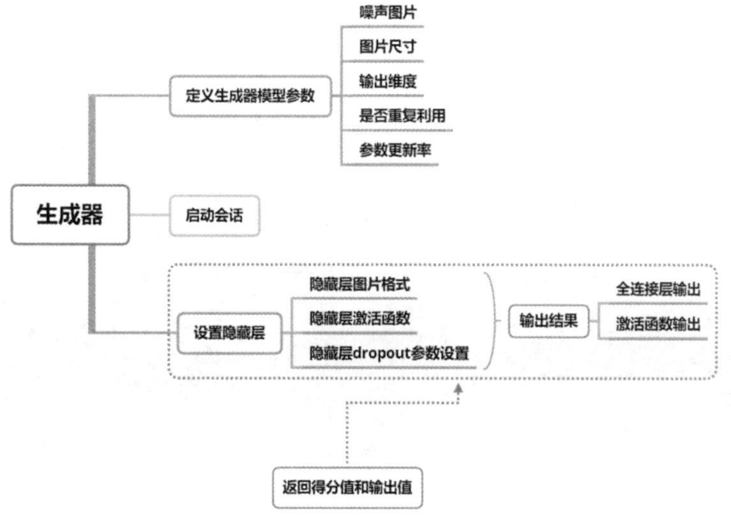

图 10.7　生成器的工作流程

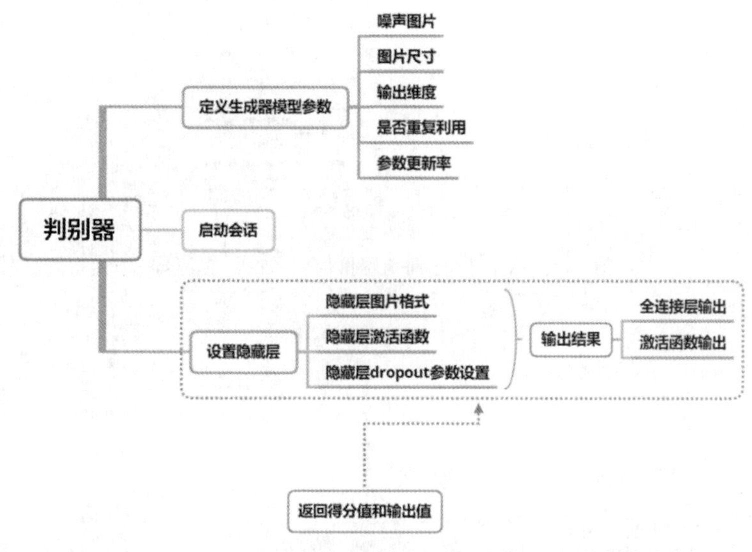

图 10.8　判别器的工作流程

4. 损失函数

判断生成器或判别器是否满足需求，最直观的方法就是通过损失函数进行计算。计算原则是，最小化生成器模型价值函数或最大化判别器模型价值函数，计算流程如图 10.9 所示。

5. 无条件的对抗神经网络的对抗训练

无条件对抗神经网络是指不设定任何限制条件对生成器进行训练，以此达到训练目标。这种训练的好处是训练自由度更高，在对目标没有任何了解的情况下进行这种训练，可以更好地实现目标，如图 10.10 所示。

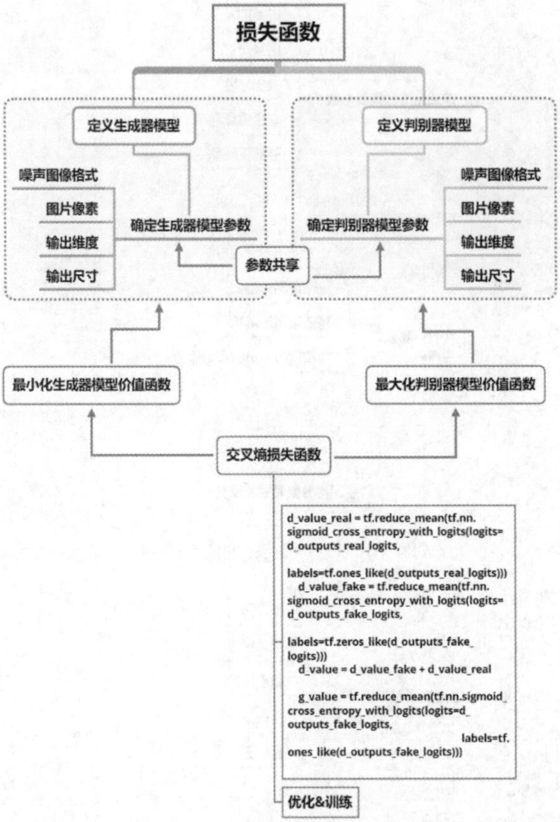

损失函数
定义生成器模型
定义判别器模型
噪声图像格式
图片像素
输出维度
输出尺寸
确定生成器模型参数
确定判别器模型参数
参数共享
噪声图像格式
图片像素
输出维度
输出尺寸
最小化生成器模型价值函数
最大化判别器模型价值函数
交叉熵损失函数
d_value_real = tf.reduce_mean(tf.nn.
sigmoid_cross_entropy_with_logits(logits=
d_outputs_real_logits,
labels=tf.ones_like(d_outputs_real_logits)))
d_value_fake = tf.reduce_mean(tf.nn.
sigmoid_cross_entropy_with_logits(logits=
d_outputs_fake_logits,
labels=tf.zeros_like(d_outputs_fake_
logits)))
d_value = d_value_fake + d_value_real
g_value = tf.reduce_mean(tf.nn.sigmoid_
cross_entropy_with_logits(logits=d_
outputs_fake_logits,
labels=tf.
ones_like(d_outputs_fake_logits)))
优化&训练

图 10.9　生成器与判别器价值函数的计算流程

无条件的对抗神经网络训练
运行会话
with tf.Session() as sess:
sess.run(tf.global_variables_initializer())
设定训练批次
设定循环次数
for i in range(epochs):
设定每次训练量
for batch in range(data.train.
images.shape[0] // batch_size):
batch_x, batch_y = data.
train.next_batch(batch_size)
优化判别器
sess.run(d_opt, feed_dict={real_img: batch_
x, noise_img: batch_noise})
sess.run(g_opt, feed_dict={noise_img:
batch_noise})
计算每一步循环之后的损失
d_value_train = sess.run(d_value, feed_
dict={real_img: batch_x, noise_img: batch_
noise})
d_value_real_train = sess.run(d_value_real,
feed_dict={real_img: batch_x, noise_img:
batch_noise})
d_value_fake_train = sess.run(d_value_
fake, feed_dict={real_img: batch_x, noise_
img: batch_noise})
g_value_train = sess.run(g_value, feed_
dict={noise_img: batch_noise})
观察样本
样本噪声数据归一化操作
运行生成器样本
条件判断
生成判别器&生成器损失结果

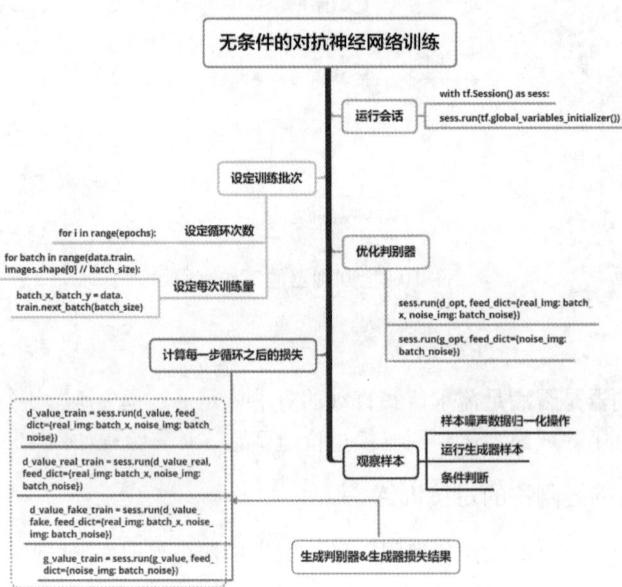

图 10.10　无条件的对抗神经网络训练

10.3 有条件的对抗神经网络

1. 有条件的对抗神经网络的由来

对抗神经网络和传统网络相比，最大的特点就是不需要事先确定好数据分布（事实上，很多时候很难知道数据分布）。对抗神经网络直接采用数据的方法，从事实上逼近真实数据，可以说这种生成模型的思想非常直接且粗暴，也非常有效，这就是对抗神经网络和其他网络相比之下最大的优势。但是这种优势有时候也会对对抗神经网络的性能造成很大限制，由于不需要事先建模，因此当利用对抗神经网络处理较大的图片信息时，对抗神经网络的可控性变得非常差，为了解决这个问题，学者们给对抗神经网络人为增加了一些约束，于是便有了有条件的对抗神经网络。

采取了有条件的对抗神经网络后，虽然提高了训练效率和精度，但是也损失了训练的自由度。

2. 有条件的对抗神经网络的结构特点

有条件的对抗神经网络可以看作对抗神经网络的 2.0 版本，它通过给生成器和判别器增加额外的信息条件 y，使得对抗神经网络的解决效率得到质的提升。在模型生成阶段，先输入噪声 p_z 和条件信息 y 共同组成联合隐藏层表征。因此，有条件的对抗神经网络的目标函数变为带有条件概率的两者极大极小之间的博弈（图 10.11）。具体公式为

$$\min_G \max_D V(D,G) = E_{x\sim P_{\text{data}}(x)}[\log(D(x))] + E_{z\sim P_z(z)}[\log(1-D(G(z)))]$$

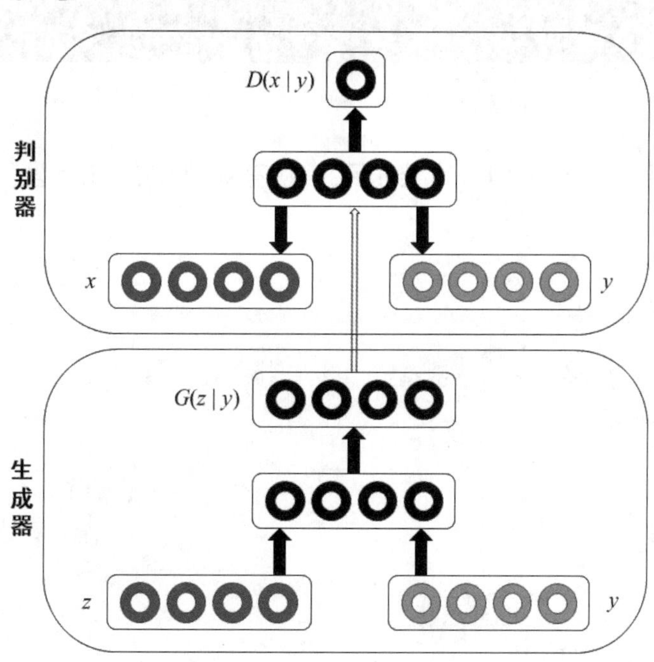

图 10.11 生成器与判别器的博弈

10.3.1　利用有条件的对抗神经网络训练 MNIST 数据集

MNIST 是图像识别领域经典的数据集，这里以该数据集为范本，演示如何基于 MNIST 数据集，利用有条件的对抗神经网络生成数字图像，如图 10.12 所示。

以 MNIST 数据集上的类别标签为限制条件（one-hot 编码）训练对抗神经网络，生成对应的数字。生成模型依据设定的数据格式，生成服从均匀分布的噪声向量，条件变量 y 采用类别标签的 one-hot 编码。生成模型将各层映射信息通过 Sigmoid 输出（784 维），即 28×28 的单通道图像。

判别模型的输入是 784 维的图像数据和条件变量 y（类别标签的 one-hot 编码），输出则是该图像来自训练集的概率，概率超过 0.5，判定为真；否则为假。

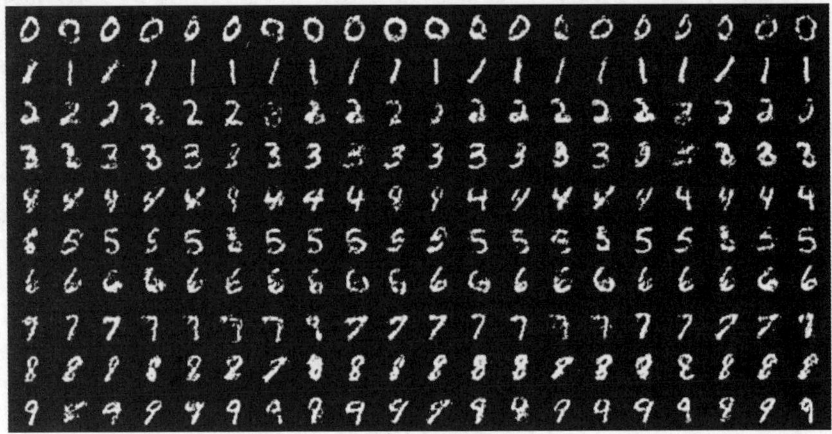

图 10.12　MNIST 数据集

10.3.2　基于有条件的对抗神经网络框架搭建有条件的生成模型

1. 基本信息录入

```
# 导入基本库及数据信息
import TensorFlow as tf
from TensorFlow.examples.tutorials.mnist import input_data
import numpy as np
import matplotlib.pyplot as plt
import matplotlib.gridspec as gridspec
import os #导入 os
```

2. 参数初始化

```
# 初始化参数时使用 xavier_init 函数
def xavier_init(size):
# xavier_init 函数格式(fan_in, fan_out, constant = 1):
# low = -constant * np.sqrt(6.0 / (fan_in + fan_out))
```

```
    # high = constant * np.sqrt(6.0 / (fan_in + fan_out))
    # return tf.random_uniform((fan_in, fan_out), minval=low, maxval=high,
dtype=tf.float32)
    in_dim = size[0]
    xavier_stddev = 1. / tf.sqrt(in_dim / 2.)
return tf.random_normal(shape=size, stddev=xavier_stddev)     # 返回初始化结果
X = tf.placeholder(tf.float32, shape=[None, 784])            # X表示真实样本
# 识别器会对真实样本与生成样本进行比较
```

初始化方法由Bengio等人在2010年的论文 *Understanding the difficulty of training deep feedforward neural networks* 中提出。目的是保证前向传播和反向传播的方差一致性，通用公式为

$$D=\frac{(b-a)^2}{12}$$

$$w \sim U(-\sqrt{\frac{6}{n_{\text{in}}+n_{\text{out}}}},\sqrt{\frac{6}{n_{\text{in}}+n_{\text{out}}}})$$

3. 搭建有条件的对抗神经网络生成器

```
# 设定生成器的输入（噪声录入），格式设定为N列100行的矩阵
Z = tf.placeholder(tf.float32, shape=[None, 100])
# 使用xavier方式初始化生成器的G_W1参数，格式为100行128列的矩阵
G_W1 = tf.Variable(xavier_init([100, 128]))
# 初始化生成器G_b1参数，格式为长度为128的全0向量
G_b1 = tf.Variable(tf.zeros(shape=[128]))
# 使用xavier方式初始化生成器的G_W2参数，格式为128行784列的矩阵
G_W2 = tf.Variable(xavier_init([128, 784]))
# 初始化生成器G_b2参数，格式为长度为784的全0向量
G_b2 = tf.Variable(tf.zeros(shape=[784]))
# 生成器中可训练参数集合
theta _G = [G_W1, G_W2, G_b1, G_b2]
```

生成器与判别器是一个博弈过程，这个过程如图10.13所示，其中生成器通过输入噪声数据，根据与目标比对，最终输出图片；判别器刚好相反，判别器对数据进行特征点分析，判断该数据的真伪，过程类似于普通卷积神经网络。因此判别器的搭建方式与生成器刚好相反。

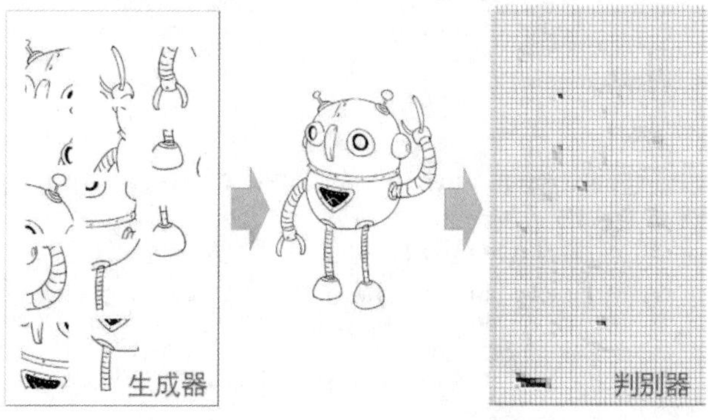

图10.13　生成器与判别器的特点

4. 搭建有条件的对抗神经网络判别器

```
D_W1 = tf.Variable(xavier_init([784, 128]))
D_b1 = tf.Variable(tf.zeros(shape=[128]))
D_W2 = tf.Variable(xavier_init([128, 1]))
D_b2 = tf.Variable(tf.zeros(shape=[1]))
theta_D = [D_W1, D_W2, D_b1, D_b2]
```

5. 生成对抗训练

```
#定义生成器 G 的噪声输入格式[m,n]
def sample_Z(m, n):
# 对生成器的输入进行了归一化处理
return np.random.uniform(-1., 1., size=[m, n])
# 定义生成器
def generator(z):
# 引入 ReLU，Sigmoid 激活函数进行内部计算
    G_h1 = tf.nn.relu(tf.matmul(z, G_W1) + G_b1)
    G_log_prob = tf.matmul(G_h1, G_W2) + G_b2
    G_prob = tf.nn.sigmoid(G_log_prob)
# 返回 G_prob
return G_prob
# 获取生成器生成结果，判别器判断真实手写体结果，判别器判断生成手写体结果
G_sample = generator(Z)
D_real, D_logit_real = discriminator(X)
D_fake, D_logit_fake = discriminator(G_sample)
# 引入交叉熵函数判断真实样本与虚假样本的计算误差
D_loss_real = tf.reduce_mean(tf.nn.sigmoid_cross_entropy_with_logits
(logits=D_logit_real, targets=tf.ones_like(D_logit_real)))
D_loss_fake = tf.reduce_mean(tf.nn.sigmoid_cross_entropy_with_logits
(logits=D_logit_fake, targets=tf.zeros_like(D_logit_fake)))
# 判别器的误差计算
D_loss = D_loss_real + D_loss_fake
# 生成器的误差计算
G_loss =
tf.reduce_mean(tf.nn.sigmoid_cross_entropy_with_logits(logits=D_logit_fake,
targets=tf.ones_like(D_logit_fake)))
```

6. 创建训练会话

```
# 引入手写体数字集的位置信息
mnist = input_data.read_data_sets('../LEE/MNIST_data', one_hot=True)
# 引入判别器与生成器的求解器
D_solver = tf.train.AdamOptimizer().minimize(D_loss, var_list=theta_D)
G_solver = tf.train.AdamOptimizer().minimize(G_loss, var_list=theta_G)
batch_size = 64
Z_dim = 100
sess = tf.Session()
sess.run(tf.initialize_all_variables())
```

```
# 可视化设定
def plot(samples):
# 初始化包含25张子图像的图片
fig = plt.figure(figsize=(5, 5))
# 依次保存25张子图像，每个子图像的大小为32×32
    for i, sample in enumerate(samples):
        ax = plt.subplot(5,5,figsize=(32,32))
        ax.set_xticklabels([1,2,3,4,5])
        ax.set_yticklabels([1,2,3,4,5])
        ax.set_aspect('equal')
        plt.imshow(sample.reshape(32, 32))
return fig
# 保存可视化结果的路径
path = '/data/User/LEEA/'
i = 0
for it in range(1000):
    if it % 500 == 0:
        samples = sess.run(G_sample, feed_dict={Z: sample_Z(16, Z_dim)})
        fig = plot(samples)
        plt.savefig(path+'out/{}.png'.format(str(i).zfill(3)), bbox_inches='tight')
        i += 1
        plt.close(fig)
# 将一个batch所需的真实手写数字作为判别器的输入条件
X_batch, _ = mnist.train.next_batch(batch_size)
# 训练结果
    _, D_loss_curr, D_loss_real, D_loss_fake, D_loss = sess.run([D_solver, D_loss,
D_loss_real, D_loss_fake, D_loss], feed_dict={X: X_mb, Z: sample_Z(mb_size,
Z_dim)})
    _, G_loss_curr = sess.run([G_solver, G_loss], feed_dict={Z: sample_Z(mb_size,
Z_dim)})

    if it % 500 == 0:
        print('Iter: {}'.format(it))
        print('D loss: {:.4}'. format(D_loss_curr))
        print('G_loss: {:.4}'.format(G_loss_curr))
        print()
```

10.4　垃圾邮件的甄别实战

现实生活中，离人类最近的对抗神经网络的应用实例就是垃圾邮件的甄别。每次打开邮箱，里面都会有正常邮件、广告邮件和垃圾邮件，那么系统是如何识别这些邮件的种类的？下面设定一个场景详细分析这一过程。

老王是一名房产销售经理，他每天的工作就是去市中心推销房子。可是富人区的保安很负责任，从来不让老王进入小区，于是老王只能通过发传单的方式将住房信息投放在小区门口，传单发了很多，但是完全没有回应，老王感觉很诧异，直到有一天，老王发完传单没有离开，发现了其中的秘密，原来是传单被保安撕掉了，如图 10.14 所示。

图 10.14　老王发现传单被撕

老王跑去问保安：“你们也太负责了吧，每个信件都检查得这么仔细吗？要不然我给你们点提成，如果业主买了房子，我们利益共享？”可是保安面无表情地拒绝了这么一个充满诱惑的条件，并陷入了回忆，如图 10.15 所示。

老王听到这终于找到了问题所在，看来自己的广告信件需要做一些伪装了，如图 10.16 所示。

图 10.15　保安开始回忆

图 10.16　垃圾邮件伪装成理财信息

经过调整，老王的广告终于送到小区业主手中，但是效果依然不理想，因为仍然有很大一部分邮件被认为是广告邮件，为了搞清楚原因，老王让自己的助手扮演保安，自己找来大量的邮件，其中有正常邮件、广告推销，让助理分辨，终于老王发现了规律。

享受了一段时间的幸福时光后，老王发现：广告投放率又下降了。他一打听发现，原来是业主发现了一个奇怪的事情，很多邮件看起来是正常邮件，但是打开一看，是垃圾邮件，于是业主要求保安集体对这些垃圾邮件进行特征学习。

于是，老王为了自己的工作，保安为了自己的饭碗，都在不断地改进制作邮件和分辨邮件的能力，最终达到了某种纳什均衡。老王的邮件基本以一个相对稳定的通过率进入小区，结果就是小区业主依然会收到垃圾广告，但是频率大大降低了。

老王和小区保安的博弈过程可以总结为以下 4 种情况。

（1）真确定：邮件是老王投递的垃圾邮件并且被保安判定为垃圾邮件，真确定示例如图 10.17 所示。

- 发生器（老王）：被抓包，工作做得不够好，需要优化。
- 判别器（保安）：当前不需要做什么。

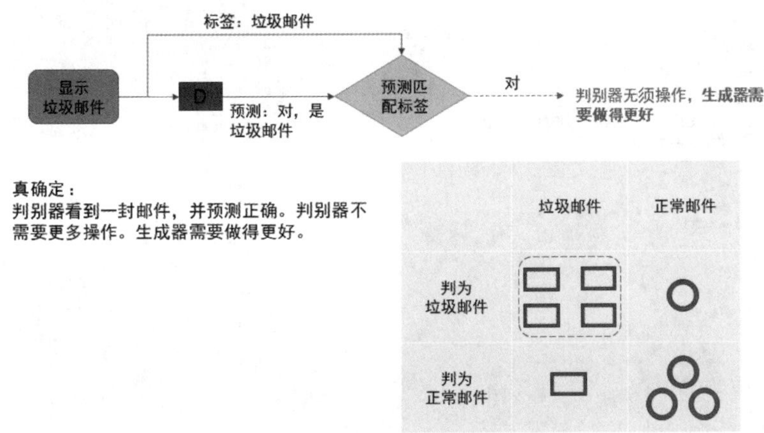

图 10.17　真确定示例

（2）假否定：邮件不是垃圾邮件，但是被保安判定为垃圾邮件，假否定示例如图 10.18 所示。

- 发生器（老王）：当前不需要做什么。
- 判别器（保安）：工作做得不够好，需要优化。

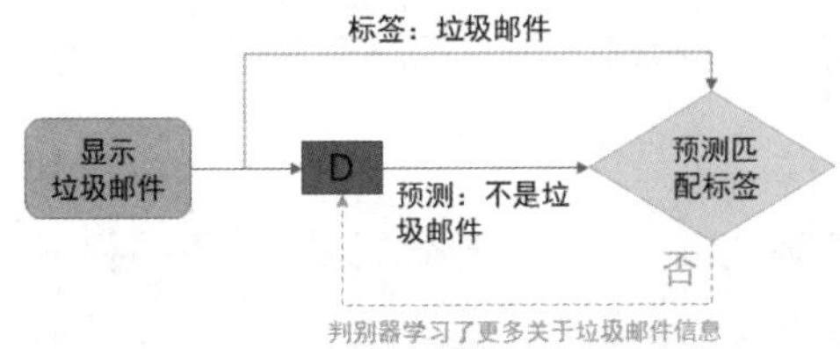

假否定：
判别器看到一封邮件，预测它是垃圾邮件，尽管它不是。判别器学习了更多关于垃圾邮件的特征。

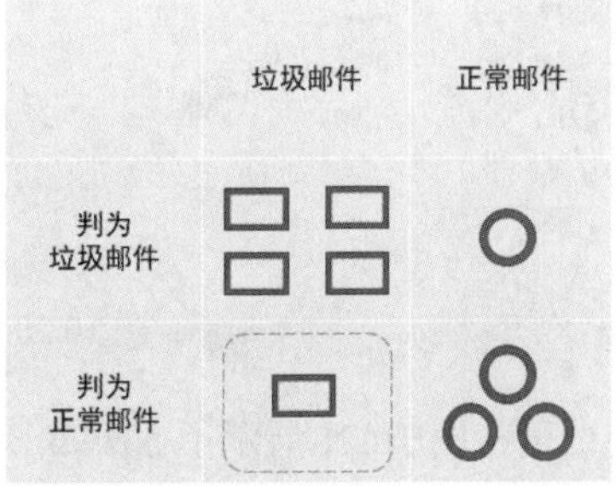

图 10.18　假否定示例

（3）假确定：邮件是垃圾邮件，但是被保安判定为正常邮件，假确定示例如图 10.19 所示。

- 发生器（老王）：当前不需要做什么。
- 判别器（保安）：工作做得不够好，需要优化。

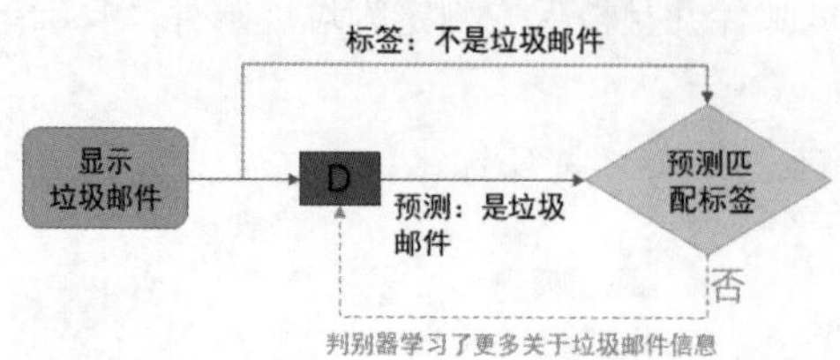

假确定：
生成器试图愚弄判别器，判别器预测失败。生成器成功，并强制进行改进。

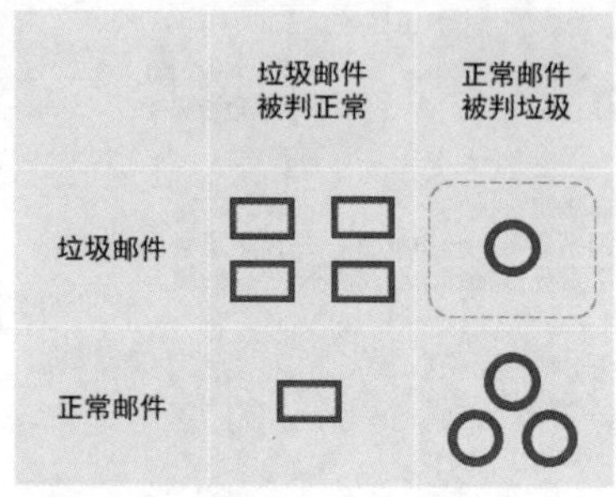

图 10.19　假确定示例

（4）真否定：邮件不是垃圾邮件，保安也判定为正常邮件，真否定示例如图 10.20 所示。

- 生成器（老王）：当前不需要做什么。
- 判别器（保安）：当前不需要做什么。

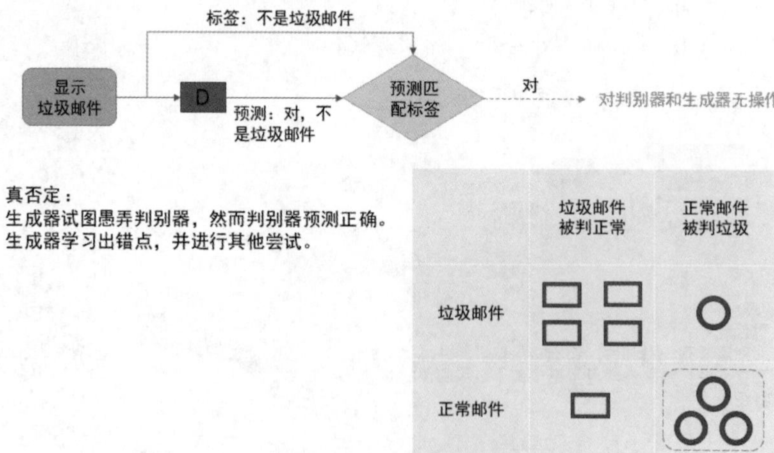

图 10.20　真否定示例

基于上面的讨论，图 10.21 展示了 Network 是如何训练的。

训练的步骤如下。

（1）取训练集 x，随机生成噪声 z。

（2）计算损失。

（3）使用反向传播更新生成器和判别器。

分析结果是真确定、假否定、假确定的情况下需要更新。

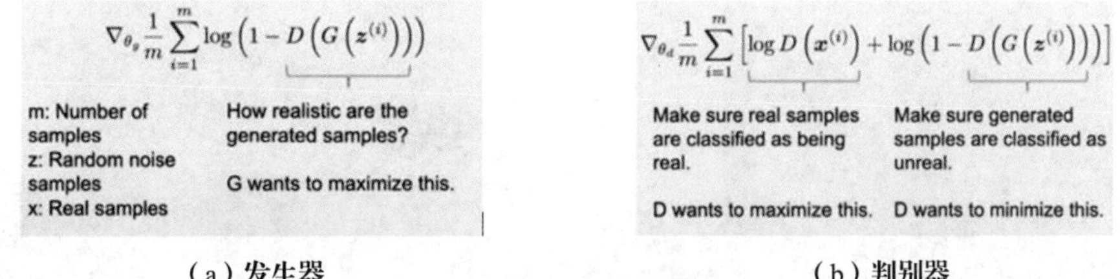

（a）**发生器**　　（b）**判别器**

图 10.21　网络训练过程

真确定：意味着生成器生成的错误数据被抓包，需要对生成器进行优化。需要经过参数被固定的判别器计算损失值，更新生成器的权重。注意一次只能对两个网络中的一个进行参数调整。

假否定：意味着真的训练集被判别器错认为虚假数据。只更新判别器的权重，如图 10.22 所示。

假确定：生成器生成的假数据，被判别器判定为真的训练集。只对判别器进行更新，如图 10.23 所示。

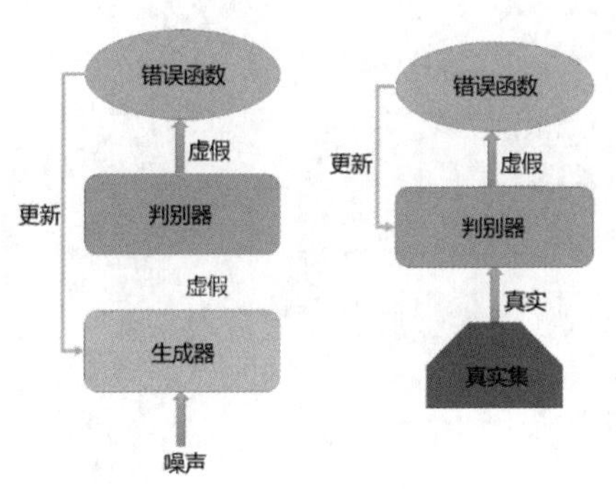

图 10.22　真实训练集被错判

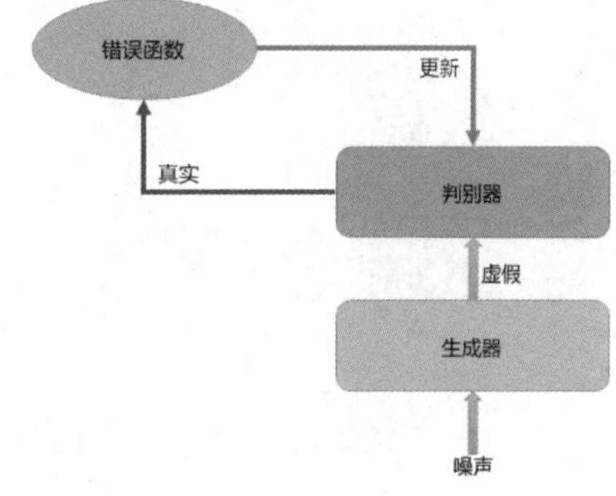

图 10.23　错误训练集被错判

现在从数学的角度来解释一下。有一个已知的真分布，生成器生成了一个假分布。因为这两个分布不完全相同，所以它们之间存在 KL 散度，也就是损失函数不为 0，如图 10.24 所示。

图 10.24　KL 散度示例

判别器同时看到真分布和假分布。如果判别器能分清楚生成器生成的假分布与真分布，就会生

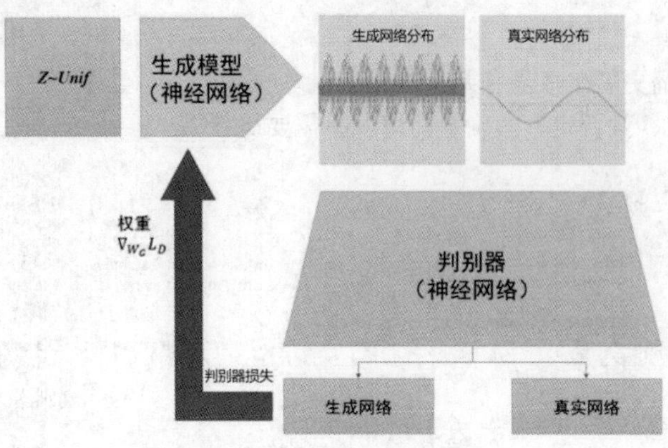

图 10.25　判别器反向传播

生成器更新完成后，生成的假数据更符合真分布，如图 10.26 所示。

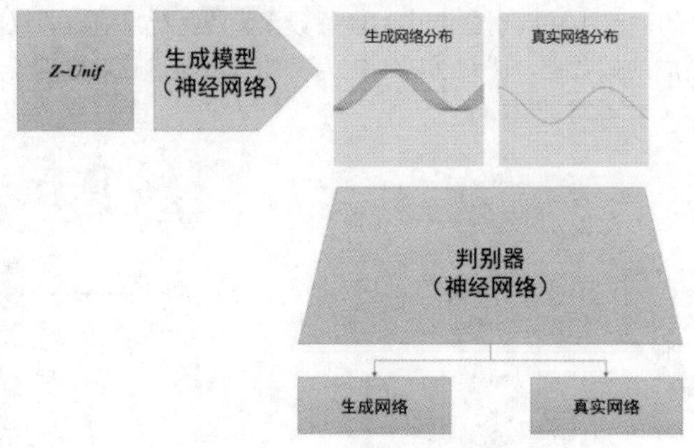

图 10.26　生成器优化训练

生成的假数据仍然不够接近真分布，判别器依然能识别出来，则再次对生成器进行权重更新，如图 10.27 所示。

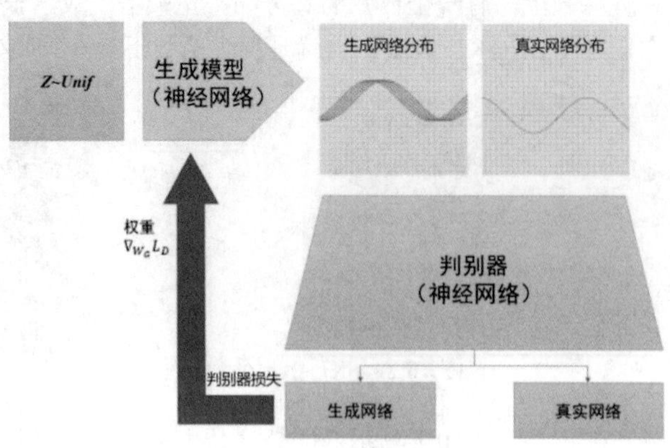

图 10.27　更新生成器

终于这次判别器被骗过了，它认为生成器生成的假数据就是符合真分布的。这个就对应假确定的情况，需要对判别器进行更新，如图 10.28 所示。

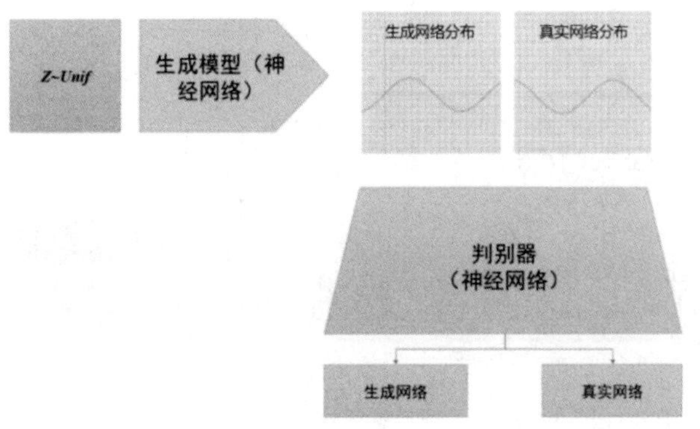

图 10.28　判别器无法区分真实数据与生成数据

此时通过损失函数反向传播来更新判别器的权重，完成对判别器的训练过程，如图 10.29 所示。

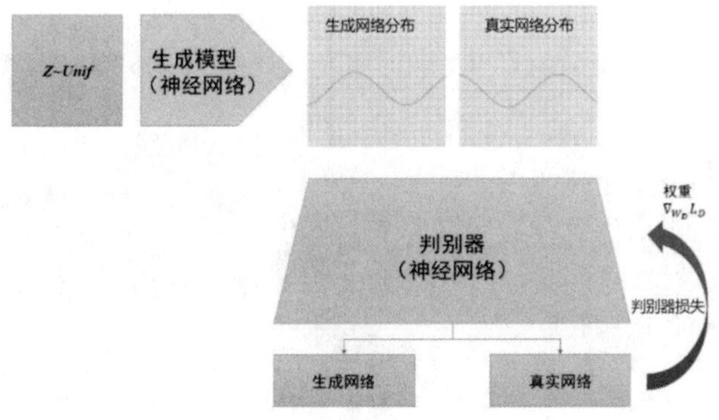

图 10.29　判别器的训练

继续这个过程，直到生成器生成的分布与真分布无法区分时，网络达到纳什均衡，如图 10.30 所示。

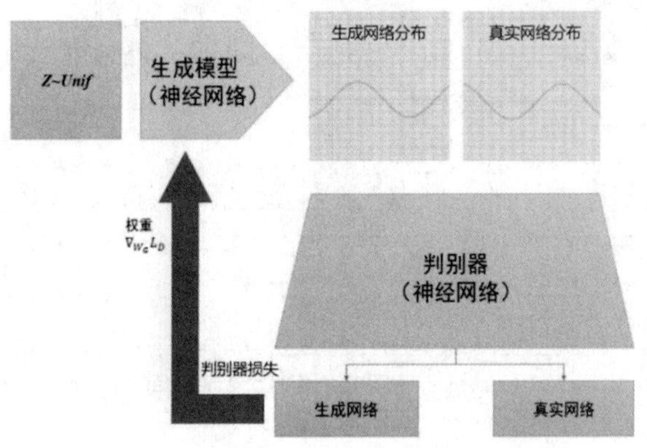

图 10.30　判别器与生成器达到纳什均衡

10.4.1 下载数据库

```
# 数据集准备
import TensorFlow as tf
from sklearn.feature_extraction.text import CountVectorizer  # 引入特征提取函数
spam_feature = spambase.data
import numpy as np #导入 numpy
import matplotlib.pyplot as plt
import matplotlib.gridspec as gridspec
# gridspec 是图片排列工具，在训练过程中用于输出可视化结果
import os
import email
# 邮件解析工具，使用 Python 的 email 模块解析这些电子邮件（它处理邮件头、编码等）
import email.policy

max_features=5000
max_document_length=100

def save(saver, sess, logdir, step):          # 保存模型的 save 函数
   model_name = 'model'                        # 模型名前缀
   checkpoint_path = os.path.join(logdir, model_name)        # 保存路径
   saver.save(sess, checkpoint_path, global_step=step)       # 保存模型
   print('The checkpoint has been created.')

def xavier_init(size):                         # 初始化参数时使用的 xavier_init 函数
    in_dim = size[0]
    xavier_stddev = 1. / tf.sqrt(in_dim / 2.) # 初始化标准差
    return tf.random_normal(shape=size, stddev=xavier_stddev) # 返回初始化的结果
```

10.4.2 分析工作数据与广告数据

```
# 邮件分类
def load_email(is_spam, filename, spam_path=SPAM_PATH):
    """get email by set is_spam
    """
    directory = "spam" if is_spam else "easy_ham"
    with open(os.path.join(spam_path, directory, filename), "rb") as f:
       return email.parser.BytesParser(policy=email.policy.default).parse(f)

# 获取邮件列表
ham_emails = [load_email(is_spam=False, filename=name) for name in ham_filenames]
spam_emails = [load_email(is_spam=True, filename=name) for name in spam_filenames]
print(spam_emails[1].get_content().strip())
```

10.4.3 生成对抗网络

```
 # 定义判别器
 x_real = tf.placeholder (shape=[tf.float32, input_dim=1000000, output_dim=128,
name='not_spam')
 D_W1 = conv_1d(network, 128, 3, padding='valid', activation='relu',
regularizer="L2")
 # 使用 xavier 方式初始化的判别器 D_W1 参数，3 个数量为 128 核的网络，不做填充处理，
 # 激活函数采用 relu 函数，L2 正则化
 D_b1 = tf.Variable(tf.zeros(shape=[128]))
 # 全零初始化判别器的 D_W1 参数，形状为 128 的向量
 D_W2 = conv_1d(network, 128, 4, padding='valid', activation='relu', regularizer="L2")
 # 使用 xavier 方式初始化的判别器 D_W2 参数，4 个数量为 128 核的网络，其他条件同上
 D_b2 = tf.Variable(tf.zeros(shape=[128]))
 # 全零初始化判别器 D_W2 参数，形状为 128 的向量
 D_W3 = conv_1d(network, 128, 5, padding='valid', activation='relu', regularizer="L2")
 # 使用 xavier 方式初始化判别器 D_W3 参数，5 个数量为 128 核的网络，其他条件同上
 D_b3 = tf.Variable(tf.zeros(shape=[128]))
 # 全零方式初始化判别器 D_W3 参数，形状为 128 的向量
 theta_D = [D_W1, D_W2, D_W3,D_b1, D_b2, D_b3]
 # theta_D 表示判别器的可训练参数集合

 # 定义生成器
 Z = tf.placeholder(shape=[tf.float32, input_dim=100000, output_dim=128)
 # Z 表示生成器的输入（在这里是噪声）
 G_W1 == conv_1d(network, 128, 5, padding='valid', activation='relu', regularizer="L2")
 # 使用 xavier 方式初始化判别器 G_W1 参数，5 个数量为 128 核的网络，采用 L2 正则化
 G_b1 = tf.Variable(tf.zeros(shape=[128]))
 # 全零初始化判别器 G_W1 参数，形状为 128 的向量
 G_W2 = conv_1d(network, 128, 4, padding='valid', activation='relu', regularizer="L2")
 # 使用 xavier 方式初始化判别器 G_W2 参数，4 个数量为 128 核的网络，其他条件同上
 G_b2 = tf.Variable(tf.zeros(shape=[128]))
 # 全零初始化判别器 G_W2 参数，形状为 128 的向量
 G_W3 = conv_1d(network, 128, 3, padding='valid', activation='relu', regularizer="L2")
 # 使用 xavier 方式初始化判别器 G_W3 参数，3 个数量为 128 核的网络，其他条件同上
 G_b3 = tf.Variable(tf.zeros(shape=[128]))
 # 全零初始化判别器 G_W3 参数，形状为 128 的向量
 theta_G = [G_W1, G_W2, G_W3,G_b1, G_b2, G_b3]
 # theta_G 表示生成器的可训练参数集合
```

10.4.4 建立算法模型——谁是垃圾软件

```
def sample_Z(G, noise_dim=100000, n_samples=10000):
# 生成维度为[m, n]的随机噪声作为生成器 G 的输入
X = np.random.uniform(0, 1, size=[n_samples, noise_dim])
```

```
    y = np.zeros((n_samples, 2))
    y[:, 1] = 1
return X, y
# 定义生成器，z 的维度为[N, 100]
def generator(z):
G_h1 = tf.nn.relu(tf.matmul(z, G_W1) + G_b1)
# 输入的随机噪声乘以 G_W1 矩阵加上偏置 G_b1，G_h1 的维度为[N, 128]
    G_log_prob = tf.matmul(G_h1, G_W2) + G_b2
    # G_h1 乘以 G_W2 矩阵加上偏置 G_b2，G_log_prob 的维度为[N, 784]
    G_prob = tf.nn.sigmoid(G_log_prob)
    # G_log_prob 经过一个 sigmoid 函数，G_prob 的维度为[N, 784]
return G_prob                                          # 返回 G_prob

# 定义判别器，x 的维度为[N, 784]
def discriminator(x):
    D_h1 = tf.nn.relu(tf.matmul(x, D_W1) + D_b1)
    # 输入乘以 D_W1 矩阵加上偏置 D_b1，D_h1 的维度为[N, 128]
    D_logit = tf.matmul(D_h1, D_W2) + D_b2
    # D_h1 乘以 D_W2 矩阵加上偏置 D_b2，D_logit 的维度为[N, 1]
    D_prob = tf.nn.sigmoid(D_logit)
    # D_logit 经过一个 sigmoid 函数，D_prob 的维度为[N, 1]
    return D_prob, D_logit                             # 返回 D_prob 和 D_logit

G_sample = generator(Z)                                # 取得生成器的生成结果
D_real, D_logit_real = discriminator(X)                # 取得判别器判别的真实手写数字的结果
D_fake, D_logit_fake = discriminator(G_sample)         # 取得判别器判别的生成手写数字的结果
D_loss_real =
tf.reduce_mean(tf.nn.sigmoid_cross_entropy_with_logits(logits=D_logit_real,
labels=tf.ones_like(D_logit_real)))
# 判别器判别真实样本的判别结果的误差（将结果与 1 比较）
D_loss_fake = tf.reduce_mean(tf.nn.sigmoid_cross_entropy_with_logits
(logits=D_logit_fake, labels=tf.zeros_like(D_logit_fake)))
# 判别器判别虚假样本（即生成器生成的手写数字）的判别结果的误差（将结果与 0 比较）
D_loss = D_loss_real + D_loss_fake                     # 判别器的误差
G_loss = tf.reduce_mean(tf.nn.sigmoid_cross_entropy_with_logits
(logits=D_logit_fake, labels=tf.ones_like(D_logit_fake)))
# 生成器的误差（将判别器返回的对虚假样本的判别结果与 1 比较）
dreal_loss_sum = tf.summary.scalar("dreal_loss", D_loss_real)
# 记录判别器判别真实样本的误差
dfake_loss_sum = tf.summary.scalar("dfake_loss", D_loss_fake)
# 记录判别器判别虚假样本的误差
d_loss_sum = tf.summary.scalar("d_loss", D_loss) # 记录判别器的误差
g_loss_sum = tf.summary.scalar("g_loss", G_loss) # 记录生成器的误差
summary_writer = tf.summary.FileWriter('snapshots/', graph=tf.get_default_
graph())     # 日志记录器
D_solver = tf.train.AdamOptimizer().minimize(D_loss, var_list=theta_D)
# 判别器的训练器
```

```
G_solver = tf.train.AdamOptimizer().minimize(G_loss, var_list=theta_G)
# 生成器的训练器

mb_size = 128
Z_dim = 100                                  # 生成器输入的随机噪声的列的维度
```

10.4.5 数据评估

```
sess = tf.Session()                          # 会话层
sess.run(tf.global_variables_initializer())  # 初始化所有可训练参数

def train(GAN, G, D, epochs=500, n_samples=10000, noise_dim=10, batch_size=32,
verbose=False, v_freq=50):
    d_loss = []
    g_loss = []
    e_range = range(epochs)
    if verbose:
        e_range = tqdm(e_range)
    for epoch in e_range:
        X, y = sample_data_and_gen(G, n_samples=n_samples, noise_dim=noise_dim)
        set_trainability(D, True)
        d_loss.append(D.train_on_batch(X, y))

        X, y = sample_noise(G, n_samples=n_samples, noise_dim=noise_dim)
        set_trainability(D, False)
        g_loss.append(GAN.train_on_batch(X, y))
        if verbose and (epoch + 1) % v_freq == 0:
            print("Epoch #{}: Generative Loss: {}, Discriminative Loss:
{}".format(epoch + 1, g_loss[-1], d_loss[-1]))
    return d_loss, g_loss

d_loss, g_loss = train(GAN, G, D, verbose=True)
```